U0184701

THEORY & PRACTICE OF COMMUNITY GARDEN

社区花园理论与实践

刘悦来　魏　闽　范浩阳　编著

上海科学技术出版社

图书在版编目（CIP）数据

社区花园理论与实践 / 刘悦来，魏闽，范浩阳编著
. -- 上海 : 上海科学技术出版社，2021.1（2024.3重印）
ISBN 978-7-5478-4794-7

Ⅰ. ①社… Ⅱ. ①刘… ②魏… ③范… Ⅲ. ①花园－园林设计 Ⅳ. ①TU986.2

中国版本图书馆CIP数据核字(2020)第031404号

策划编辑 陈 晨
责任编辑 楼玲玲 董怡萍

社区花园理论与实践
刘悦来 魏 闽 范浩阳 编著

上海世纪出版(集团)有限公司
上海科学技术出版社 出版、发行
(上海市闵行区号景路159弄A座 9F-10F)
邮政编码 201101 www.sstp.cn
苏州市古得堡数码印刷有限公司印刷
开本 787×1092 1/16 印张 18.75
字数 450千字
2021年1月第1版 2024年3月第2次印刷
ISBN 978-7-5478-4794-7 / TU·291
定价：168.00元

内容提要

本书有“没有理论的理论”和“没有共识的共识”，更有社区花园的鲜活案例。作为2019年首届“共治的景观”社区花园与社区设计国际研讨会的成果，书中集合了中国、美国、英国、日本各国多地社区花园研究者的最新观点和一线实践者们的最新实验案例，对于当下中国城市更新和社会治理，有着重要的方向探索和实践价值。

EXIT

社区花园：城市有机更新的先行实验价值

我一直认为城市是鲜活的生命体，城市的生命在于其不断迸发的活力。城市更新是城市永恒的主题，更新是持续不断的，但也应是小规模渐进式的。城市不是破旧立新，而是推陈出新。历史文化在持续的城市更新中得以延续并不断获得新的生命，城市从而得到持续不断的生命活力。前些年大拆大建的改造，不就是一个更加快速的、更大尺度的生命体“新陈代谢”活动吗？的确是这样，但是作为一个生命，新陈代谢活动不能够永远在大尺度上进行，就像任何一个生命体一样。人体新陈代谢活动是在细胞层面的，不可能今天换个胳膊明天换条腿，所以对于城市而言就是小规模渐进式的，而非大规模的。所有的新陈代谢活动都要遵循规律，一旦出现不应该属于它本身的东西，那就出问题了。过去大规模的旧城改造有一定的历史原因，必须要结束，城市更新必须进入有机轨道。

目前我国城市建设和发展亟须从非常时期转向常态化时期，从粗放型增量发展转向精细型存量发展，即“有机更新”。就城市发展的全生命周期而言，增量性发展阶段是短期的、非常态化的，而存量型发展阶段是长期的、常态化的，我们城市改造更新必须尽快进入“正常”状态，即更新状态。

刘悦来老师和团队所进行的社区花园研究和实践在上海已经有超过90个自己做的社区花园，经过培训赋能已经影响了超过600个微型社区花园，成为“人民城市人民建”思想指引下的社区层面共建共治共享的鲜活体现，取得了广泛的社会影响力。这一个一个的社区花园就是一个一个的参与式微更新，更是有机更新的重要实验，社区花园所代表的微更新就是细胞层面的有机生长。2019年，我主持的上海城市更新及其空间优化技术重点实验室特别支持社区花园实验研究，专门成立社区花园与社区营造实验中心，希望这些实验点能够成为当下上海乃至全国大都市有机更新的先行实验，而这本书也是中心的重要研究成果，集聚了国内外社区花园相关学者的理论研究和实践者们针对各地城市和社区特色所进行的一个一个最新的案例，着实让人惊喜。

从这一个一个的案例中，我看到了也是我一直认为的指向未来的城市更新的方向——建立政府-市场-市民-社会四位一体协同机制和规划者-建设者-使用者-管理者-需求者五位一体的协同机制，合力创造最适合人生活和工作的城市空间环境，共创属于每一位市民的有归属感的睦邻家园，这是城市的根本价值。

伍 江

同济大学常务副校长、教授

社区花园：人民城市的草根实践

2017年我主持《上海手册》的编写时，就关注了刘悦来博士带领团队进行的社区花园实践，当年“高密度城市社区花园实践”作为中国本土的重要案例获得了好评。我曾经到创智农园，现场感受了社区花园小案例的大价值。这个价值不是由政府自上而下发起提供的，而是由社会组织自下而上倡导推进的。与刘悦来博士交流，我觉得社区花园实践对于建设人民城市，具有草根PPP和社区微基建两方面的意义。

从PPP角度看，国内当下研究和运用PPP的主流，主要是合同形式的PPP和进入发改委、财政部的两库项目。公共管理研究PPP，是希望公私合作成为城市社会发展的一种普遍精神，因此要广义得多。在合作主体上，传统的PPP集中在政府与企业之间的合作，现在需要拓宽到公私合作的三种形式，即政府与政府之间的合作（政府与非同地国有企业的合作）、政府与民间企业组织的合作、政府与社会组织之间的合作。在具体形式上，不仅包括合同类PPP，还应该包括体制类PPP和监管类PPP。因此许多非营利组织可以参与到基础设施与公共服务的合作生产中来。创智农园这样的例子，是典型的非营利组织参与社区公共服务的案例。社区花园这样的PPP是一种民间自下而上的突围。其特征，一是PPP直接与人民需要相联系，超越了公与私的博弈；二是使用者支付为主，没有太多的政府约束，有稳定的现金流支撑；三是真正体现PPP运营服务为王。

2020年初我提出微基建的理念，强调在传统基础设施大基建和数字化基础设施新基建之外，还需要以15分钟步行圈为基础发展面向老百姓日常生活需要的微基建。这是基础设施建设和公共服务的最后一公里项目，是从满足高速度增长的物质生活需要到满足高质量发展的美好生活需要，是城市建设从过去40年的有没有到未来30年的好不好的关键一跃。过去强调高大上的标志性项目建设，现在要特别关注城市建设为民服务的便利性如何。社区花园是典型的微基建案例。微基建以15分钟步行为半径进行布局，这与人的舒适感相关。微基建服务的人群包括60岁以上的退休族，18～60岁的上班族，15岁以下的青少年，社区花园特别受到两端人群的欢迎，其实让上班族安心的办法就是稳定两头的一老一小。微基建对于上海建设人民至上的新全球城市有重要意义。中国的全球城市与西方的全球城市的区别就是要言行一致地强调人民性，体现社会主义现代化的本质。

很高兴刘悦来博士把社区花园的理论与实践整合成书。希望社区花园的未来发展，能够结合中国的文化传统，将耕读传家的精神融合到当代新生活中来，开启人民城市美好家园的永续篇章。

诸大建

同济大学可持续发展与管理研究所所长、教授

自下而上建构社区共同体

现代社区既是一个复杂的、带有思辨的学术概念，又是一个综合性的、充满功能性的都市斑块。社区的复杂性和综合性共同决定了关于社区的营造绝非只关注建筑物和景观的物理性搭建，而应该将注意力更多地放在那些不可见的营造过程和环节之中。换言之，社区营造不仅关注物理性建造，还聚焦居民参与的程度，维系社区健康运转的各种机制。作为科研机构的研究人员，刘悦来老师编写的这本社区营造的书籍关注的就是这些常被忽略的各种过程和机制，这是本书的一大特点。与此同时，山水比德与刘悦来老师共同成立的社区研究中心，秉承“产学研”的合作模式以探索社区营造的新模式，也是基于此出发点。

风景园林行业需要超越单纯的形式和风格美学，不断扩展自身的外延和深度，在社区营造这个分支领域中也面临着重要的转变：从过去资本主导型的单一服务模式向“多元主体共同参与的”协作模式发展；参与性社区的营造（比如以参与性社区的建设指导手册）不再被动地服务于房地产开发，而是以“前置的模式”率先介入整个项目的流程中；将社区营造可以一站到位的基本认知转变成一种“持续性的建设过程”的认知。

在一个广阔的理论范畴中，社区可以被视为齐格蒙•鲍曼所界定的小型“共同体”，因此，社区内部的居民如何互动，如何在集体活动中获得认同感，如何增强个体之间的联系，便是如何在参与性的理论旗帜指引下营造具有共同体属性的社区的当务之急。

在实际的操作层面中，既要注重收集居民诉求信息的科学性和全面性，还要兼顾各方利益团体的综合统筹和配合。比如，设计人员可以通过随机采访、座谈、观察等方式获取一手信息，组织多轮的业主座谈，相互协调各方的基本需求和生活愿景。又如，项目组可以尝试以一个工作坊的形式连接社区的使用者、设计者和管理者，按“信息采集—业主座谈—方案投票—深化完善”的次序组织整个参与性社区的具体程度。

营造参与性社区并非拒绝物理性建造，也不是要放弃可持续性的生态营建及文化记忆和都市归属感。因此，营造社区是一个包涵各种事物的建构过程，主要涉及美学、空间、社会心理、生态、文化特质和田野性参与等层面的内容。同时，我们还要认识到，思考社区营造不能局限于此，还需要将思考的关怀重点放在人性、社会问题和都市议题等层面上，以自下而上的方式营造社区，以自上而下的方式思考社区，共同创造一种互相熟悉、平等、信任、依赖、分享的“社区共同体”。

孙　虎

广州山水比德设计股份有限公司董事长、

高级工程师

前言
Foreword

这本书的名字是和编辑陈晨先生讨论的结果，他说小黄书（2018年出版的《共建美丽家园——社区花园实践手册》）作为四叶草堂团队的一本实践手册，已经是一本畅销书，指导了一定的现场实践，现在亟须一本社区花园理论和全国各地案例的书，于是书名定下了。这是一种忐忑不安的心情，随着书稿的汇集整理，压力越来越大，十分焦虑，我这段时间其实一直在做一个自我解释和圆场的工作，就是社区花园如果有理论，是风景园林的理论还是城乡规划、建筑学的理论？甚至是社会学、社会工作、人类学抑或政治学的理论？还是真的没有什么特别的理论？这里我也特别想能有机会做一个简短的回顾，算是本书的前言吧。

2002年春天我开始做博士研究（导师刘滨谊教授），当时选定的研究领域是景观管理，为什么是景观管理？这个故事始于我1995年毕业开始的景观规划设计实践，1999年我在国有设计院工作，主持了好几个景观设计的项目，那一年也是中国很多城市进行大规模旧城改造、拆房建绿、景观美化的一年。这些城市景观项目决策背后的机制是什么？当时的我看到的是长官权力或资本开发各自的强势意志体现，或者是两者的共谋。市民作为最终用户，只能被动地接受，接受这座城市的“公共产品”——无论市政产品还是地产景观，没有什么选择。原因是什么？公民精神和公共意识缺位，鲜有参与路径、快速发展的迫切需求，容不得你有时间去更好地征求意见，更不用说深度参与计划和决策了。与此同时，福利分房的结束、单位大院制的解体、市场产权的进一步明晰，使得个人对产权的内向关注及物业市场化接管社区公共空间所带来的逐利性运维，共有空间的品质参差不齐并逐渐简单化，这种矛盾在逐渐加大。后来，我的学位论文的正式题目定为《中国城市景观管治基础性研究》，结论是只有走向更加公众参与的景观运营，才是可持续的景观管理，才能称得上是景观治理（Landscape Governance）。也正是在做博士论文期间，我开始深入地关注社区花园（Community Garden）和社区营造。社区花园是一种自下而上的景观管治实验，小微而渐变，它不是一种彻底的变革。但恰恰这样，在当下我国它可能成为一条重要的社区参与的路径，一条空间路径，也是一条缝隙，可以逐渐扩大的，或许有上下通达的可能性。

2005年博士毕业后我有机会在母校同济大学建筑与城市规划学院教书，教景观设计，带社会实践，同时也在全国景观园林专业系所中比较早地开设了景观管理政策与法规的课程。在教学中，我比较注意引导学生思考景观现象背后的运行机制，工作坊也会通过引入一些圆桌会议或者辩论赛的方式来进行。其中讨论最多的是“城市绿地中到底能不能种菜”，特别是2007年《物权法》开始实施后更多的市民开始出现各种维权，这些事件的背后是空间权力为主体的利益纠葛——因为集体共有产权的公地悲剧需要更多的协商，而这种协商难度是巨大的。那时候开始的研究和实践主要是一些探索性的景观规划，我和团队几乎在每一个文本的后面都会加上一个篇章——景观管理（管治）和实施机制，当然也几乎没有办法真正实施。基于宏大项目的权力和资本关注程度极高而往往很多想法难以实现，有没有一种方式或者项目载体能够进行公众参与的优化型介入？

于是在2010年，泛境（Pandscape）设计事务所成立，“广泛关注，小微改善”是泛境的初衷，到2014年时已经完成了一些小微空间更新项目的设计，包括世纪公园的蔬菜花园，这是上海第一个在城市公园中的可食地景设计。这些小项目由于关注度不高，因而给设计、实施带来了一定的灵活空间，能够开展一些实验。当时团队面临一个很现实的问题，就是无论是政府还是开发商都觉得社区参与是非常缓慢的事情，会影响效率，还很可能造成管理失控。还有，这些公众参与的空间品质到底如何？由非专业施工的景观能好看吗，靠谱吗？最后，倡导的自然的生长会不会变成荒草的野蛮杂乱生长？当然其中的机制问题更加重要，如何做到多元共治和共赢？这一切已经到了必须要我们自己去做出案例、实现突破，才能让更多人认识到社区花园的价值，担心才会逐渐消解，事业才能推动。这个机会直到2014年四叶草堂正式成立才到来，那一年第一个社区花园的直接实践缘起于中成智谷何增强先生和管理团队的信任，于是有了火车菜园、有了第一间自然学校、有了朴门永续实践基地，这也是第一个正式意义上的社区花园。我们开启了自然营造的实验，最早几个社区花园都是源于企业的直接支持，而不是政府，间接地说明企业是创新的主体，而政府的责任是公平和公正。这几个实验也奠定了社区花园引入公共领域的可能性——更美观的社区花园、更容易打理、更能集聚社区力量，从而成为社区治理的阵地。到2015年下半年，我们受瑞安房地产创智天地的邀请开始着手创智农园的设计调整及社区参与运维方案拟定，并开始了创智农园的全面社区参与运维实验。就在创智农园策划组织的同时，我们启动了和政府的第一个正式社区花园的合作项目——鞍山四村第三小区百草园的设计和策划组织。百草园也是我们第一个位于居住小区中的社区花园，缘起于我们系主任韩锋教授和时任四平路街道办事处主任杜娟在人大会上的交流，在经历了设计、营造、维护、管理之后，我们和街道建立了社区景观提升和社区营造基地，也将传统的工程项目和社会治理相结合。自此以后，我们逐渐开启了政府合作以社区花园作为社区治理抓手的自治项目路径，截至目前已经服务超过30个街道。

回到社区花园，社区花园是Community Garden的中文翻译，其实Community Garden有很多译法，在学界大部分译作“社区农园”，还有“社区园圃”及“市民农园”。我们坚持叫社区花园。为什么？说起来还真是中国特色。对于刚刚城市化不久的大部分中国城市而言，“农”被认为是“土”的，low的，好不容易把农田、野岭、沟塘等变成“公园”“绿化”，怎么能再去恢复农田野地？当然还有一个很重要的原因，就是在很多物业失维的社区，存在大量的居民自己占地种菜的现象，这种现象引发了居民内部的矛盾，投诉量居高不下，成为社区管理的顽疾之一。如何从个人私利到公共利益的观念和行动转化，减少公地悲剧，实现和谐共建？我们和政府合作建设百草园的实验，证明了有组织的社区参与、科普型的种菜和农作物、清晰明了的分配是完全可以被居民所接受的，是安全可靠的。在这个基础之上，中国大部分城市城市化时间不长，很多居民年轻时还是农民，对于土地的情感还在，技术也还在，这反而成了社区花园推广发展、深入生活的重要资源。

说起社区花园的理论，如果说我博士论文的理论引用比较多的是经济学、公共管理和公共政策的理论；那么对我本人影响最大的，是复旦大学社会学系于海教授的社会学理论。自2016年初至今，于老师给予了社区花园事业无比的支持。正是在于老师不遗余力的支持下，2017年得到彭震伟教授的支持，上海高密度城市社区花园微更新作为全球7个案例中唯一的中国案例入选联合国人居署主编的《上海手册：21世纪城市可持续发展指南》（简称《上海手册》），2018年上海的社区绿化自治再次入选《上海手册》社会篇案例。2019年初诸大建教授来创智农园，他鼓励社区花园是民间公私合作模式（Public-Private-Partnership，PPP）的好案例，这样的案例是基于公共经济和管理理论的中国实验，后来诸老师撰文将社区花园定位为社区微基建的一种，可以进行民间自下而上发起的草根PPP模式。

这本书的内容和机缘，是来自2019年春天的社区花园与社区设计国际研讨会。团队在2018年出版《共建美丽家园——社区花园实践手册》之后，陆续收到各地社区花园行动者们的信息，大家希望有更多交流的机会，最好能召开一次各地联合的社区花园会议，并进行一次社区花园的圆桌会议，讨论中国社区花园的未来。而这次会议在吴志强院士、相关院系领导支持下，终于如愿在同济大学召开。主题的发言与交流、工作坊的举行、案例的分享，这是一次全国性的交流与讨论。特别是在秦畅老师主持下的圆桌会议，侯志仁、李迪华、何志森、王本壮等老师更是特别指出了在未来可能进入的快速发展期如何更好保持社区花园的民间自主性避免工具化的问题。

2019年11月，社区花园与社区营造实验分中心正式获得学校批准，隶属于上海市城市更新及其空间优化技术重点实验室。社区花园实验室的目标是建立不同类型的实验基地，实现土地的生产力和人与人关系的建构；研究并制定社区花园及社区营造课程；构建社区花园网络，实现高密度人居环境的有机更新；制定社区花园营造流程与规范，构建社区花园健康可持续发展评价指标体系。本书的出版，是社区花园实验室的一个初始性的成果。今后，理论与实验的研究会走向更加深入，更为广泛。

在政策引导方面，2019年1月，社区花园首次被中国国民党革命委员会上海市委员会（简称民革上海市委）（民革上海市委副主委、上海市政协委员王慧敏女士发言，本书有收录提案关键内容）作为大会发言提案在两会提出；2020年1月，社区花园多元参与式微治理路径首次成为上海市人大议案（由上海市人大代表、上海人民广播电台首席主持人秦畅女士议案）。这些必将影响上海空间更新与社区治理有机融合之相关政策与实施机制。

回想团队2014年开始进行社区花园市民参与式微更新微治理现场实验，强调以空间为阵地成为社区治理的抓手，陆续至今已经在上海直接参与设计营造了超过90个社区花园，经过培训赋能，由居民自发设计营造运行的迷你社区花园已经超过600个。这些实验最大的目的是激发市民对于自身环境改善的关注，从关注到开始行动，进而自我参与维护，最终形成自治社团，建立在地组织。社区花园策划、设计、营造、管理、维护的过程有长有短，总体而言具有一个特色——回归到真实的社区生活本身，顺应并借助自然和土地的力量，支持社区建立市民的自我成就感和相互协同的精神。这些项目一开始是基于企业单位对自身环境提升品牌影响的需求，慢慢发展为街道、社区所接受的社会治理项目，也逐渐从单点的实验扩展为更为系统的规划。

2018年起笔者参与了多个区的社区规划师工作，并主持执行了杨浦区社区规划师培训工作，全面支持区域社区微更新、微改造、微治理。当年开启了社区规划师驻场办公室，2019年进一步开展驻地辅导计划、试点社区规划共创小组，初步形成社区规划师团队支持下的社区居民和青年设计师结对共创模式，创造性地融合多方力量共创提案，为社区规划和建设工作培养了储备力量。2019年创智农园睦邻门的打开，更加坚定了我们对社区规划现实意义的认知：基于民间的空间提案如何能更有效地实施？在其实施过程中有诸多的艰难困苦，但多元共治体现得淋漓尽致。在社区规划的过程中，发现问题是每一位社区居民的本能，如何更好地理解并提供解决方案，这需要专业的智慧，不仅仅是空间规划设计能力、现场引导能力，更是对于实施机制全过程的理解力。倘若能将居民和规划师配对，深入社区，共同探讨社区的规划方案，就能永续地支持社区。当然，如何更好地协同第一部门、第二部门、第三部门及社区居民的利益诉求形成共识，是配对小组要解决的关键问题——我们这几年推动的“共治的景观”系列社区设计、社区营造、社区参与工作坊，就是在探讨这个问题的协同解决方案。以多元共治为前提，以社区规划师深度参与社区的角色设置来推动社区参与是非常值得关注的，也是每一位设计师可能参与的重要方式。这是一条政府推动的社区规划之路，另一条完全基于民间的线索一直存在。2020年疫情期间我们发起的SEEDING行动，倡导居家自主邻里守望互助，以无接触分享种子/绿植的空间媒介来传递爱与信任的力量。人际关系的连接和空间的介入路径是家庭—楼道/楼栋—社区，以行动者共创的方式筹划社区花园空间站与在地网络，协同构筑安全美好的永续家园，也推动我们去尝试研发更多线上云端的服务内容和线下的种子接力站等空间媒介，去更好地传递爱与信任。这是一个不断推进的自我修正的行动计划，发展到现在已经超越了因疫情禁足不得已的隔空相互支持本身。我们注意到行动者在这个主动自我突破的过程中收获了友邻的信任与支持，涌现出不少自发开放私密或者半私密空间共享给社区的案例，这些主动参与的案例并非我们的项目所在地，也没有任何的利益交换，纯粹是基于个人发展或者对于家庭、社群的需求，这些需求本身就是精细化治理的根本所在。大家通过行动更加坚定了社区自治互助的价值和意义，并把它当成社区花园实践行动的起点，通过人与自然、人与人之间的交流和互助，也特别为本次疫情受到影响的民众带来心理疗愈的安慰。也正是基于此，我们的社区规划思路是拟深入进行社区规划协同工作模式的实验，更好地统筹资源支持空间规划和社会治理有机融合，特别是各街道睦邻家园、美好社区建设，扎根服务一线社区实践，进一步培育先锋种子，引导更多的社区规划、社区营造和在地创生机会，而这一切都是基于市民生活本身，美好生活是永远的刚需。

作 者

目 录

CONTENTS

Chapter 01 第一章 理论研究

目
录

Chapter 02 第二章 案例实践

Chapter 01 理论研究

从空间营造到社区营造——上海社区花园系列空间微更新微治理实验

刘悦来[1] 魏 闽[2] 范浩阳[3]

城市化是全球环境变化和经济转变的直接驱动力，是社会发展的必然趋势。20世纪80年代以来，中国快速城市化进程带来了大规模、高强度的空间生产，在资本和权力的推动下，城市绿地建设快速增长。公园绿地由政府财政支持和专业队伍养护，由于受财政经费所限及快速生产带来的简单指标，绿地在实际运营中往往出现空间质量低下，缺乏社会参与的现象。而附属绿地特别是居住社区绿地则由于管养物业化、受维护经费和技术限制，呈现衰败和荒废景象。这些居住景观作为社区配套组成部分，在地产公司完成销售使命后，便移交社区物业管理，甚或成为社区的负担。与此同时，在不断加快的城市化进程中，可建设绿地越来越少，绿色士绅化产生的不公平影响也逐渐凸显。当快速建设的绿地增量骤减，存量土地优化和因资源不均衡带来的衰败地区的更新成为城市建设面临的重大挑战。从国际经验来看，如何提升公共空间品质、复合使用、调动社区民众的积极性、共同参与设计营造维护管理，是当前都市空间发展与社会治理的主要任务。

作为高密度城市的代表，2014年底开始，上海率先在社会建设领域进行改革，其中市委“一号课题”成果《关于进一步创新社会治理加强基层建设的意见》和涉及街道体制改革、居民区治理体系完善、村级治理体系完善、网格化管理、社会力量参与、社区工作者这6个层面的配套文件（简称“1＋6文件”），是社会建设领域的纲领性措施，明确了社区自治的基调。2015年，上海市政府发布《上海市城市更新实施办法》，旨在“适应城市资源环境紧约束下内涵增长、创新发展的要求，进一步节约集约利用存量土地，实现提升城市功能、激发都市活力、改善人居环境、增强城市魅力”，从制度层面拉开了城市更新的大幕。2015年12月20—21日在北京召开的中央城市工作会议明确指出：城市工作要把创造优良人居环境作为中心目标，努力把城市建设成为人与人、人与自然和谐共处的美丽家园。要统筹生产、生活和生态三大布局，提高城市发展的宜居性。2019年10月31日，党的十九届四中全会《中共中央关于坚持和完善中国特色社会主义制度、推进国家治理体系和治理能力现代化若干重大问题的决定》指出，要健全充满活力的基层群众自治制度，探索城乡社区治理、基层公共事务和公益事业中基层群众参与管理的有效方式；必须加强和创新社会治理，完善包含社会协同、公众参与的社会治理体系。

也正是在这样的大背景下，上海各区和基层政府启动了不同名称的空间更新与社会治理行动，市规划与土地系统自2015年起开展了公共空间微更新系列行动，希望可以摒弃以视觉美学为主旨的空间设计营建，走向空间更新与社区建设的有机互动和融合。

1　同济大学景观建筑与城市规划学院景观系学者，同济大学社区花园与社区营造实验中心主任，四叶草堂联合发起人、理事长。
2　四叶草堂联合创始人、副理事长，国家一级注册建筑师。
3　四叶草堂联合创始人、总干事，国家一级注册建筑师。

上海的社区花园微更新系列行动正是面对上述问题，从疏于管理的社区公共空间人手，基于民间对社区环境及美好生活追求的迫切需求，也是一种在地力量的突围。上海社区花园缘起于2014年企业的支持，到2016年获得基层政府支持，这是一个逐渐深入的过程。这些行动最早并非发源于园林绿化、规划建设等专业部门，也不是地方政府，而是空间运营企业对自身空间环境与景观服务质量提升和持续改善的需求。这些企业不是以销售物业为主的开发企业，而是自己持有物业进行长期运营以期获得持续利润的运维企业，他们敏锐地感知到空间质量的持续价值。社区花园的社区参与能够获得流量，这些参与者对其物业的美誉度又成为口碑和品牌，使得这类企业成为社区花园先行实验的重要支持力量——确切地说，早期有组织的社区花园的雏形也是来自企业的探索——2010年以来上海一些商场在屋顶开放空间进行的都市农业俱乐部型的实践在获得口碑的同时也促进了人与人之间的交流。在企业的支持与社会组织及在地力量实践和推动下，研究和实验逐渐获得了政府的认可和支持。政府支持的前提是认为社区花园可能是推动社会治理的重要抓手，而社区治理是社会治理和国家治理的基础。

1 社区花园：定义与发展

社区花园是民众以共建共享的方式进行园艺活动的场地，其特点是在不改变现有绿地空间属性的前提下，提升社区公众的参与性，进而促进社区营造。社区花园以可食地景为主要的设计元素，而正是可食地景对都市土地生产力的恢复和对人与人之间协作的需求点燃了社会大众的参与性。究其原因，其一，社区花园倡导的都市田园生活是植根于中华文明对理想诗意生活的向往和期待，当社区居民觉醒自己可以并有时间和能力为社区的公共空间负责的时候，社区主体性逐渐显示，协同共创得以促进。其二，中国大部分城市第一代农转非由20世纪80年代的青壮年到目前刚处于退休年龄，空闲时间较多，加上20世纪50年代以来城市居民特别是大院时代的住居空间环境，经历过相当长时间的居民（大部分是单位内的组织和安排）自主管理和运维，有较强的群众基础。上海的社区实践基于高密度都市公共空间或者社区共有空间，其用地属性决定了种植可食地景带来的收获物分配复杂性，所以作者团队的实践在种植品种方面选择非直接蔬菜瓜果，产出以科普教育为主。社区花园作为公共空间使用的一种形式，没有参与改变土地性质和绿地属性，而是一种功能的叠加——以深入的社区参与丰富了城市绿地的内涵。从参与设计到在地营造到维护管理机制的建构，这种建构是基于空间的自然保育和修复，又在不断加深人与人之间的联系，逐渐成为公众日常生活的有机组成部分。社区花园实验在其开展的过程中直接指向了生态文明建设和社会治理创新，实现了人们对美好生活追求过程中不平衡不充分的弥补和修复，这正是上海社区花园实验的当代价值所在。

关于社区花园的定义，国外的研究者认为社区花园是城市绿色空间的一种形式，可供公众共同从事园艺或农业活动，提供生态环境、社会经济和健康福祉等方面的利益。无论是在私人所有的土地还是在公众所有的土地；既可以在城市，也可在郊区或者乡村。国内学者则将其定义为在不改变绿地空间属性的原则下，居民以共建共享的方式开展园艺活动的场所，强调社区公众的参与。由此可见，社区花园强调的是市民和社会组织对花园建设、管理和维护的共同参与。综上，笔者将社区花园定义为绿色空间的表达形式，它是社区民众以共建共享方式进行园艺活动的场地，是提升社区公众参与性、构建社区和谐人际关系、拉近人与自然相处距离、实现社区有机更新，进而促进社区营造与社区共治的空间载体。

社区花园的分类目前尚没有明确或者统一的标准。根据作者团队的实践，大致可以从用地性质、空间尺度、发起机制作以下区分：根据用地性质和空间使用可划分为街区型、住区型、校区型、园区型及其他类型（含商业空间、屋顶等）；根据用地规模可以划分为大、中、小型社区花园；根据组织发起性质可以分为有组织的自上而下型及公众自发的自下而上型等。

2 社区花园的社会参与：类型与策略的演化

2014年笔者团队在上海宝山区建成第一个专业组织运作的社区花园——火车菜园；2016年6月培育出第一个住宅小区内的居民参与的社区花园——杨浦区四平路街道鞍山四村第三小区百草园；2017年至今，在上海市域内获得超过12个行政区的支持，以政府购买服务的形式进行更大规模的推广，逐步演化形成社区花园社会参与的5种类型和相应的运营策略。

2.1 政府、企业、社会组织和社区共建的综合型社区花园

通常综合型社区花园的用地属性为公园绿地（一般为G14游园的范畴），由政府、企业、社会组织和社区参与共建，功能复合程度较高，具有都市农业、儿童自然教育、社区公共客厅和文化空间的复合功能，成为社区花园和社区营造的示范性基地。通常是政府指导、企业投资、专业组织运作、在地社团参与，由于其规模和功能的完备，该类社区花园通常还承担了社区营造项目培训、孵化社区自组织的角色功能。以创智农园为例，项目地处杨浦区创智天地一个有围墙的新老社区之间，地块为围墙外侧的一片占地2 200 m²的狭长闲置用地，用地性质为游园，2015年由企业代建，社会组织参与设计运营，目前已形成一定的社会影响力，吸引了更为广泛的社会力量加入社区花园和社区营造。农园由设施服务区、公共活动区、朴门花园区、一米菜园区、互动园艺区组成，园内设置有垃圾分类箱、蚯蚓塔、堆肥桶、小温室等可持续能量循环设施。农园中部是旧集装箱改造而成的移动式建筑，作为睦邻社区活动空间和自然教室（图1）。基础建设完成后，由社会组织带动居民加入了后续的设计、建设和运营，并提供学术沙龙、自然教育、社区音乐会等文化活动资源。政府、企业和社会组织由此搭建了多方共治的平台，以促进跨越世代、阶层、经济和社会障碍的社区交往为目标，营造多元化城市中的环境健康与公平。

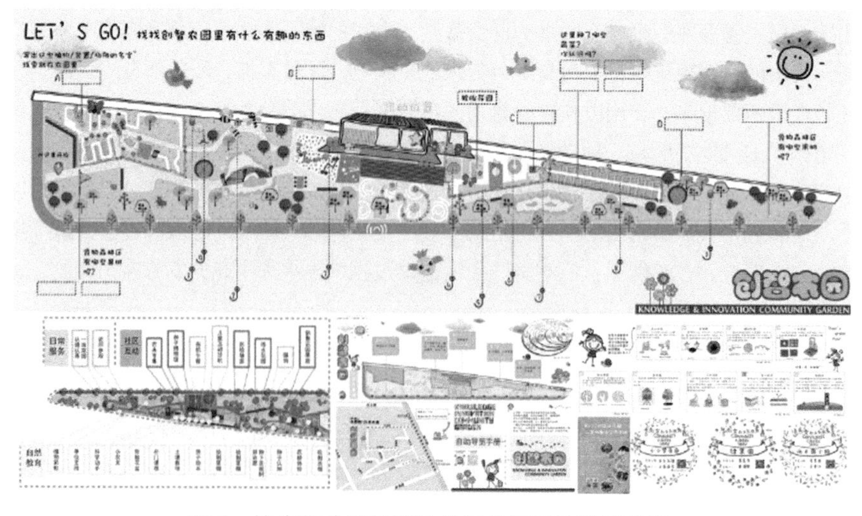

图1 综合型社区花园的多元参与互动科普系统

创智农园老旧社区由于围墙的隔离，到农园参与活动需要绕行。在设计师发起的农园公共艺术活动中，在墙上画了一道五彩缤纷的魔法门，更预留出了一条通向这扇门的道路，希望未来真的能够打开门，拉近农园与住区的距离。通过在地社会组织团队与政府的沟通，以及社区的努力，在花园边围墙上凿开一个小门，冠之以“睦邻门”，打通了新老社区之间的空间隔离，促进了两个社区的邻里交往。带着“打破心墙”的寓意，作为多元参与社区共治的典型项目，连续入选2017、2018年度《上海手册》及“2018年中国（上海）社会治理创新实践十佳案例”。

2.2 居委主导、居民参与的社区花园

由专业组织培训，在地居委主导和部分出资，居民参与的社区花园，面积在200 m^2以上，旨在激发居民互动和对社区公共事务的参与度、积极性。此类社区花园现有60余处，多处于老旧小区，社区花园作为社区参与的空间载体，由居委发动党员和楼组长带动居民，成立社区花友会等社区在地组织，承担日常维护、活动组织的工作。以杨浦区四平路街道鞍山四村第三小区百草园为例，面积210 m^2，用地性质为居住区附属绿地。该小区是建于20世纪50年代的密集型居住区，社区内公共活动空间缺乏且质量较差、小区人口老龄化比例高（23.5%）。但小区人口关系较为稳定，长期邻里关系和谐，居委会组织能力也较强。小区内爱好园艺的老年人比较多，已经存在园艺自治社团组织。经与业委会共同商议，划出这块对居民影响比较小、环境不佳的公共空间地块，商定种植与管理方案须经社区居民一致通过。在广泛的社区沟通基础上，确定居民休闲活动、亲子互动和自然教育的功能，以及儿童活动、香草种植、大众花园三个分区。就方案草图征询居民意见，设计改造方案的过程中，还举办了“小小景观设计师”的现场创作活动，给予儿童表达想象和期望的机会。景观施工中将流程拆解为若干个可以独立完成的步骤，包括整地、厚土栽培、铺草坪、栽植、撒种、铺路、覆盖等，并逐次设置成居民可参与的课程，边教学边施工，还鼓励居民把自家植物带到花园与大家共同分享。

社区空间营造的过程，也是社区凝聚力营造的过程。研究者借助百草园组织多种自然教育或者社区营造的主题活动，对社区居民进行再组织和再培训，挖掘社区达人，建立社区内部的人才库，鼓励让居民去影响居民。目前百草园有两个自治兴趣小组：一个是社区里的老年花友会，他们在统计每个人的空闲时间，结合他们各自的特色特长以及各个施工阶段所需要的主要能力，制作出施工排班表，组成了浇水施肥组、捡拾垃圾组、整理花园组等，并社区中分享养护管理的心得体会；另一个是百草园小志愿者队伍，有40余位成员，能独立完成给蔬菜搭架子，给植物浇水、施肥等简单的养护工作。小志愿者还组织过中秋灯谜会等社区活动，已成为社区营造和花园管理的重要力量。

2.3 培训社区领袖，带动片区参与型社区花园

在专业组织指导和示范下，由在地居民自行设计、自发建设、自我管理的迷你型社区花园现已超过500余处（这些大量的小花园是经过社会组织专业培训后进行自我升级的），一般面积较小，成本较低，但是在地居民建园护园的自发性、主动性、积极性较高，后期维护运营效果较好。在社区参与花园营造的实践中，社区中特别积极并富有影响力的人起到了关键作用，一般可以称之为社区领袖。2017年9月，作者团队与浦东新区浦兴路街道合作进行社区花园工作坊培训，通过培训社区领袖，以带动各自社区的花园营造（图2）。首次参加工作坊培训的共34人，来自19个小区，主要是居民区党

图2　社区花园在地培训

组织成员、居委会成员和社区积极分子，也有小区比较有号召力的其他成员。有些准备学习后回社区开展花园营造工作，也有的已经展开，但遇到一些困难，希望得到街道和专业组织的支持。培训包括策划、设计、施工、维护、管理五部分内容，室内讲座、户外动手培训及参观在两天时间内穿插进行，学员完成培训后回小区进行技术传播。该工作坊至今已完成了三期培训，这种以街道为更大范围，突破单点实验、进行系统赋能、支持培育社区领袖、带动在地自治的方式，显著提高了社区花园的社会实践传播速度。在培训的基础上，进行整体街道层面的社区花园规划是顺理成章的下一步工作，也是作者团队正在推动的事情——系统培训不限于上海本地，已经输出到长三角和国内其他地区。

2.4　社区自主提案、营建与管理的在地共创小组型社区花园

作者团队一直在探讨一种社区自主提案的机制，自2017年开始陆续通过共治的景观工作坊形式开展系列社区参与培力（图3），2019年初在创智天地政立路580弄片区实施“在地共创小组”计划。一方面组织社区完全自主提案社区花园的营建；另一方面，以此链接研究者、青年学生、独立设计师和部分社区创业者，让有志于社区规划的学生和学者的理想和专业技能落地，也让居民的诉求借助研究的力量被社会听到。根据计划，小组由各社区志愿者组成，自行策划社区营造的内容、位置、规模和方案，大学生亦可自行提案，提案相互支持的社区和大学生可联合组建小组，作者团队以大学专项科研基金给予每组资助。在实验中，小组提案已不限于社区花园，而扩展到了与社区环境和文化相关的多类主题，比如增加围墙的立体绿化及休闲座椅等设施、墙绘、利用废弃材料制作装置、建设疗愈花园、发掘小区零散闲置用地进行利用及社区戏剧和文化采集等，反映出居民最实际的和迫切的诉求。小组亦不断吸纳社区其他居民，逐步壮大在地自组织，协力建设维护、合力监督，并建立管理团队成立社区社会组织。

图3　共治的景观社区参与工作坊推动在地小组

2.5　社会广泛参与的普惠型社区花园

市民通过与专业组织广域的线上或线下互动，获得相应的种子和工具并尝试在公共空间种植的活动，以在地社会组织发起的上海郁金香种子计划和民间公益组织禾平台发起的萌芽计划为例，参与人员为市民个人，空间不限于居住社区或其他公共空间，参与人数众多、辐射面域广，旨在向未来的支持者传递社区自治、公众参与理念，增加陌生城市中人与人之间的联系和温情。在以微信的形式在社区花园项目进行同步网络推广过程中，收到全国范围内的关注和个人、团体的线上询问。作者团队同步策划和实施“萌芽计划”，与民间公益基金会合作，对进行希望营建社区花园的群体进行培训和指

导，培育这些个人或团体走出社区花园第一步、自主进行社区花园建设。“萌芽计划”以线上答疑指导、线下集中培训的方式进行，2017—2019年已连续开展3期，从永续种植技能、生态花园设计到花园营造方法，提供全程专业知识。学员来自全国十多个省市。通过对这些热爱园艺的普通市民的培养，可以让其作为主导者，影响更多社区居民自发地加入社区花园营造中在所参与计划的系统支持下，逐渐联结多方资源，扩大规模并形成常性的在地社会组织，共同目标均在于通过不同方式共同营造更加自然美好的社区环境，实现社区的健康可持续更新。

依托萌芽计划线上线下答疑的问题汇编，结合另外几个项目的实践体会，作者团队进行了技术开源，将全部社区花园参与和技术流程整理成书《共建美丽家园——社区花园实践手册》(图4)：包括社区花园的类型、营造前的调研准备、可能遇到的困难、花园设计要点、维护与管理及建立自组织社团等内容。手册设计图示生动清晰，文字简洁，通俗易懂，便与向全社会推广。

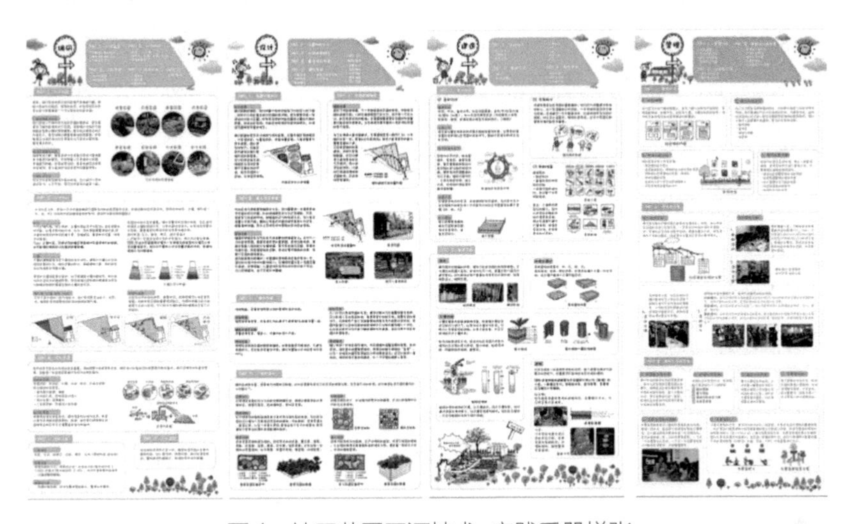

图4　社区花园开源技术-实践手册样张

目前作者团队正在发起“花开上海”社区花园参与行动，更多去发掘已经进行的个体社区园艺行动，进行技术支持，使得这些小微自建花园具有一定的开放性，减少参与者行动的负面外部性，在社区进行登记，加入民间社区参与共建网络，成为普惠型社区花园的有机组成部分。

上述五种不同的社区花园实施机制，不是截然分开的类型，而是应对不同阶段和空间类型的策略。这些策略很多的情况下是相互嵌套的组合，以应对公共空间和共有空间的复合性，也正在成为城市空间规划和治理体系的一个有机组成部分。2019年初以作者团队社区花园实践为原型的上海市民花园已经成为市政协大会提案，2020年初成为上海市人大提案，正在积极向政府相关支持政策方向演化。

3　社区花园参与式微更新反思

上海的社区花园是作为一种公共空间生产和运维方式反思的存在，实验了景观的社会价值：回归日常生活的景观，居民深度参与自己所在社区的空间更新和社区建设成为一种新的生活方式，我们能够清晰地看到这个趋势。这个趋势也是景观文化的发展趋势，即走向善治的景观。社区花园参与式微更新过程中，政府、企业、民众、社会组织的关系是什么？如何更可持续？根据社区花园设计营造维护管理的经验，那些小型的、周期较长的、居民从一开始就高度参与的项目建成后，居民往往具有较高的满意度；而越是政府投资大、建设周期短（工期紧）、居民参与度低的，社区感受度越不明显。

根据作者团队的实践，社区花园作为空间微更新的一种，强调物质投入是适时适地低成本的，设计营造是贴近生活易于实施的。社区花园的设计和营造如何通过一种新的方式，实现与通常快速生产相对的一种平衡，以社区花园作为空间象征和社会治理的媒介，引导用户主动参与到景观空间生产中，通过在地行动，使参与者从被动的消费者变为负责而有生产力的人民。

目前社区花园以“专业组织运作的社区花园”为基地，逐步培育“居委主导、居民参与的社区花园”，到发展出“完全居民自组织社区花园”及影响广泛的“城市种子漂流”行动。图5是作者团队在上海城市中形成的以绿色种植行动为主题的社区自治版图，这是公众从一开始就高度参与的景观设计，从粗糙稚嫩到日臻完美的过程。社区花园就是这样一种产品，从设计开始，施工、养护等一系列过程都由现在或未来的使用人群带着对未来的预期共同参与完成。这个全流程参与的过程可以成为高质量的体验，而不仅仅在建成后的直接呈现。这和快速高投入的景观空间建设是两种不同的设计逻辑和生产方式。在精英决策商业运作大环境下，主流的景观生产方式就是政府和企业采购的景观。最终用户，也就是民众，绝大多数情况下只能被动接受和使用，没有选择权。我们的设计和营造在找寻另一种方式，与上述方式相对的一种平衡。这种方式可以使社区花园作为一种优良的社会治理媒介，在空间生产中达到在地社区自我管理的状态，是对现行景观生产方式的补充或者说是矫正——超越效率和消费，引导用户主动思考，参与到景观生产中去。真正的开发商和机构精英更应是未来真正和场地息息相关的使用者，而这个过程的根本目标就是通过在地行动，参与者实现了转变——从单纯的景观产品的消费者变为负责而有生产力的人民。

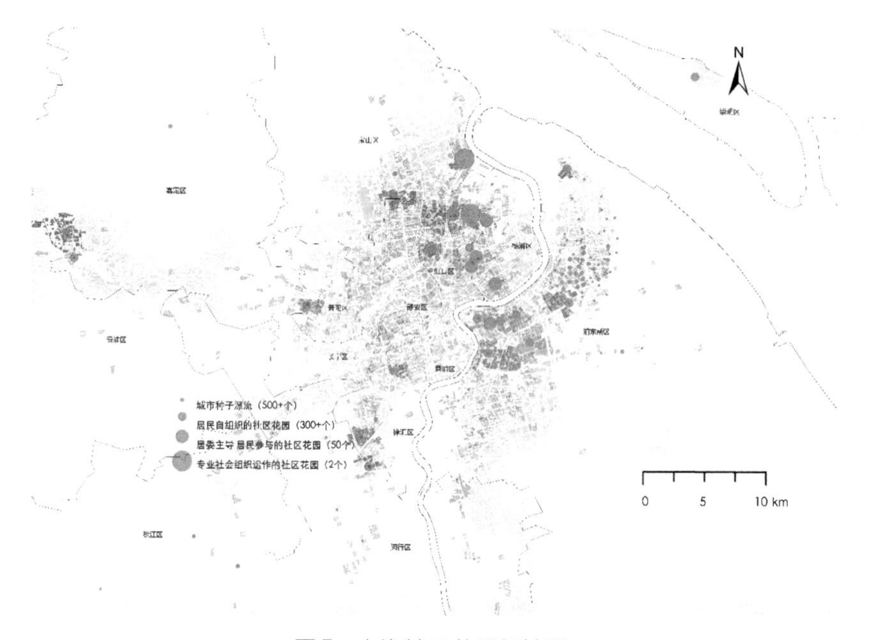

图5　上海社区花园绿地图

从景观的生命周期而言，精心加工制作的景观尤其是人工构筑产品，从它建成的那一天起，就开始被动地受到外力的抵抗而逐步走向衰败——事实就是越精巧的东西越容易出问题。作为消费品的景观空间从开始启用的那一刻，精确开始逐渐变得模糊起来。很多地产公司购买的景观设计服务与最终营造的景观很大程度上沦为了其房屋销售的道具。而社区花园主要靠植物等有自然生命的元素，通过用户的使用协同生长，营造属于自己社区的景观，这是一个协同进化的过程，也是一个从模糊到逐渐精确的过程。我们在探索前期对社区居民进行辅导支持，提供体验学习的机会，使居民掌握基本的社区景观设计营造技能，参与人员再去影响和带动更广大的社区人群来共同营造景观，后期制定完善的自主管理制度用以规范整个流程，利用人群学习与合作的能力，相互带动。在此过程中，人群的花园营造技法不断精进，从而使空间景观从开始就通过学习迭代提升，生生不息。

从景观空间的服务功能而言，越精准的设计反而局限了使用者，其空间实质上是封闭的。用户只能被动地使用这块场地，并没有自由发挥的空间，特别是人工构筑的景观，对这些被精确设计过的“物”的迷恋，对“技巧”的执着，不同程度上会降低对自然的反应。与之相对，社区花园倡导一种开放界面并适度“留白”的设计，让人们自由地参与到设计过程中。当然，过程中需要参与者不断地去调适，与自然生命共同成长，与社区共同成长，从中感知自己力量的壮大，这其中，随着动手能力的增强，在真实的生活中，人格也得以更加健全。

从系统安全的角度而言，集中式的设计营造生产方式有着高效的特点，但是存在系统安全隐患，任何一个环节出问题都会直接导致结果的改变。社区花园作为景观空间的一种类型，采用的是分布式的生产方式，把景观生产的不同环节和区块分摊给不同的人，这些人包括家人、邻人、友人。大家以互助的方式形成自治团体，协力为之，如果某一个小环节或者某一小块出了问题，不会导致系统整体崩溃。当然，集中采购、高效生产在很多时候是需要的，只是应该有另一种方式存在。此外，城市社区花园中可食地景的食品安全问题也是一个不能回避的问题。在较大规模的花园实践中首先进行土壤检测特别是重金属污染，这是必不可少的环节。在先期土壤检测技术条件难以实现的项目上采取可食种植箱、种植槽换土的方式，以确保参与者食用得安全可靠。由于当下城市土地特别是居住绿地的共有性，涉及产出的分配机制较为复杂，上海社区花园蔬菜瓜果的种植数量较低——以作者团队的实践，仅在花园中开辟极少量直接种植瓜果蔬菜的种植箱，这些种植容器都进行了专门的换土控制，并以社区在地有机堆肥的方式进行维养。

从能源消耗与可持续而言，精确设计并精巧实施的景观产品在其整个设计、生产过程和后续报废的处理过程中，特别是其降解的过程，需要消耗大量的能源，很多会形成环境问题。这是资本推动的消费导向的空间生产的根本问题，目前没有好的办法解决，景观只是其中一个小小片段。作为公共空间的关注者抑或专业从业者，我们在汹涌大潮中需要保持警惕，任何旨在推动社会进步和可持续发展和如何更好地参与到友善环境保护培育和社会善治中去的不同探索，都是值得的。社区花园系统倡导充分利用在地的资源特别是“废弃物”，设计看重全生命周期的考量无疑是一种反思与补充。我们强调与自然充分接触，亲手感受泥土的温度、种子萌发的力量和因此带来的由衷喜悦，这个景观生产过程是漫长的，也是值得期待的。这种主观能动的“小”，和被动消费的“大”，是一种有趣的对比，这个过程对人的影响要数十年后才能看得出来。

4 结语

“社区花园是都市景观的一个奇迹，更是社区营造的一个典范，创业者们把一片废地做成了一个充满活力的公共空间。从空间入手的改造，以自然展开的教育，热闹得看似是一块园地，成就的却是社会发育的大文章。社区花园把步道带到脚下，把种植带回都市，把劳作带进课堂，把游戏带给孩子，把互动带回邻里，把生产带入生活。这一系列的回归，是把大尺度的城市进步与亲切尺度的日常改善整合起来，旨在超越旁观与创造的对立、都市与乡土的分裂、专家与常人的区分、生产与消费的分离。归根到底，以自然教育和自然种植的活动整合过去几十年由资本化空间生产带来的人与人的疏离。社区花园的组织者相信这场改变空间风向的努力是可能的，因为社会本身有创造力，土地本身有创造力，人们需要做的是把改善和创造生活空间的主动权拿回自己的手里，更具体而言，拿回孩子的手里，拿回孩子的父母和亲人的手里，拿回全体居民的手里，这就是社区花园案例给予我们最重要的教益。”这是社会学家于海教授对社区花园的研究和评价，表明了社区花园系列空间微更新实验的社会价值远大于空间本身的价值。

社区花园是社区营造的绿色起点，需要特别说明的是社区花园作为空间微更新的一种，其投入是低成本的，设计营造是简单易行的，是小而美的实施，是充满期待的过程。目前社区花园以枢纽型的专业组织运营的社区花园为基地，逐步培育居委主导、居民参与的社区花园，到系统培育发展出完全居民自组织社区花园并且通过在地小组进行更深入的互动探索，最终希冀扩展出影响广泛的普惠型社区花园行动（图6）。上海作为全国早期进行以社区花园为抓手的参与式空间微更新微治理探索以应对“城市病”的城市，对于中国城市空间更新与社会治理的发展具有一定的借鉴意义，这种意义就是空间更新和社会治理的有机结合，旨在提升广大市民日益增长的对美好空间美丽家园的探索，其路径是多元的、包容的，社区花园只是其中一种探索而已，这就是对美好生活本质的理解，对市民自我实现价值观的深度理解和支持，也是中国风景园林学科的重要社会价值所在。当然，社区花园参与式微更新微治理同样存在着不可回避的矛盾和难点，就是民间力量的可持续性及多元利益相关的协同性，这也是一个漫长的社会教化的过程：市民观念的改变与培育、社区能力的提升与实践、相关机制和政策的完善与持续都是值得深入研究实验的要点所在，也期冀上海社区花园实验能够给国内相关城市的风景园林社会参与研究实践提供一个鲜活的讨论样本。

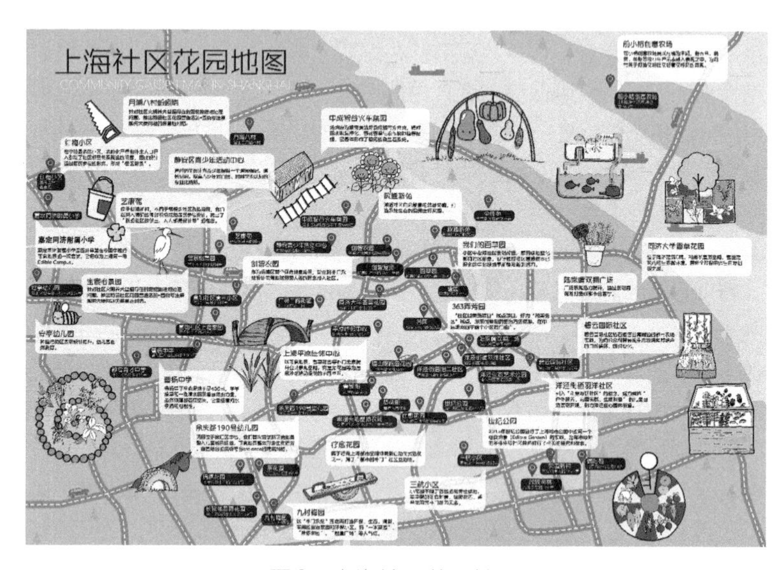

图6　上海社区花园地图

综上所述，社区花园并不是一种新的用地性质，它是作为公共空间使用的一种形式而存在，在不改变土地性质和绿地属性的前提下以深入的社区参与丰富了城市绿地的内涵与外延，人工与自然、城市与乡村、专业与业余在社区花园中开始变得模糊和融合，回到彼此相互熟悉信任的邻里关系，使居民重新认识到了公共空间中土地的价值，以更乡土、更丰富的生境营造更新了人与自然的连接，这些从参与设计到在地营造到维护管理机制的建立与实施，不断加深人与人之间的联系，逐渐成为公众日常生活有机的组成部分。在其实现过程中有两个重要的维度指向：生态文明建设和社会治理创新，从这两个维度实现了人们对美好生活追求过程中不平衡不充分的弥补和修复，这正是社区花园的当代价值所在。

中国空间更新与社会治理的结合正当其时，旨在提升针对广大市民日益增长的对美好生活的需求所采取的任何探索，这是值得鼓励的。我们坚持认为核心思路一定是多元的、包容的。社区花园只是其中一种探索而已，前面对精准设计的反思并不是否定专业的力量，恰恰相反，多元参与式景观设计对设计师提出了更高的要求，这就是对美好生活本质的理解，对市民自我实现价值观的深度理解。规划师、设计师等专业者必须全身心投入到美好生活的创造和创新中去，务求扎根在地的社区行动和实践。

社区花园是社会城市

于 海[1]

当我提起社区花园的时候，我的关注点是落在社区上。社区花园是社会城市，这个定义中的“社会城市”是借用霍华德（Ebenezer Howard）在《明日的田园城市》的倒数第二章中提到的社会城市的概念。这里的借用是基于当下中国的现实，对这个概念进行发展、深化以及重新定义。

社区花园的重点不在“花园”，而在“社区”，从社区延伸到社区图书馆、最近备受关注的店招问题，再延伸到社会城市上，这些内容都跟社会息息相关。而日常生活中人们讨论的社会性议题，与霍华德的社会面概念有相似的含义。在对社区花园进行定义的时候，我关注的议题是社会面是如何成长的，即社会面兴衰起伏的情况。

关于社会城市，我将结合中国过去70年的历史，讲解城市社会面在此过程中的兴衰变化。

霍华德书中陈述的“社会城市”——营造公共空间的本质是在营造社区，以及在此过程中表现出来的本性中的社会面，与联合国人居署提出的包容性城市的概念是相吻合的，这个概念也正是2016年我主持的《上海手册》的主题。芒福德（Lewis Mumford）说，“城市是社会活动的剧场”。正是通过一些人用心组织的活动，使各色各样的人在空间（如花园）中产生交集，空间才具有了社会性。

另一位大人物简・雅各布斯（Jane Jacobs）揭示了一个事实，这也是许多规划师和城市管理官员都漠不关心的事实：邻里社区不仅仅是一堆建筑物，还是由社会联系构成的有机组织构造，是一团温暖的情感，其中有许多熟悉的面孔，如医生、牧师、肉食店老板、面包房师傅、做蜡烛的工匠等。这一切印象都紧紧地联系着“家园”这个概念。无论未来城市怎样的美轮美奂，最让人无法释怀的还是组织和滋养人情往来的生活家园，失去了家园，人必将失魂落魄。我每天都要去买菜，跟卖葱卖肉的小贩打交道，而雅各布斯描述的社区就包含这些人，这些与我们朝夕相见、产生互动的“熟悉的面孔”。我们要向这些城市规划大师们学习，不断地对社会城市这个概念进行更新发展。

从1949年到现在70年间，城市社会面的兴衰涉及社会性、互动性、社会资源。1978年开始的改革开放，其目标是消灭原来的种种弊病。这个实验是空前的，直到今天还在继续，包括上海统一店招的“悲惨状况”。这便是社区花园实验重要性强的原因，它不是小事，而跟国家70年的战略治理连在一起。我年轻时对社会主义改造没有那么深切的感觉，后来慢慢意识到，只有通过社会主义改造，把所有的资源全部掌握在党和国家手里，才能够全面实现改造社会和改造人性的目标，这是非常宏大的。这场社会主义的生产资料改造对于革命来说是极其重要的，它有两个目标要实现，一个是改造我们的社会，一个是改造我们的人性。全部生产资料的公有化，国家指令的经济体制，政社合一的单位制和公社制，致使原有的自主的、有资源的、独立的社会基本上不存在了。那么社会生活会完全消灭吗？不会。城市的社会面在哪里？日常生活还在，日常生活中人的交往还在。在上海，社会面主要体现在两个方面：一是里弄的社区网络；一是工人新村的集体主义社区，比如曹杨浴室是集体主义的浴室。尽管一个原来意义上的社会现象不见了，但仍能从日常生活中看到社会网络、看到人与人之间的联系。

1　复旦大学社会与公共政策学院社会学系教授。

而最近40年，上海的大拆大建受到了批评。大拆大建引出社会面的什么问题？固然，在这个过程中，物理空间在增加，物质条件在改善。但是有一种有趣的现象也不容忽视——当空间很挤很窄的时候，大家都想逃离原来的里弄环境，等到真正逃离以后又开始怀念了，怀念那个互动的环境，怀念在里弄穿一件新衣服可以被人欣赏。以前的称赞多容易，在弄堂口一转，马上就有人过来搭讪，“侬老好看了”。现在发现，别人的欣赏、赞美是非常昂贵的一项社会表达。所以我发现，在宽广的空间里面，社会尊重、社会交流会由此缺失。因此，对于大拆大建，我最关注的问题是社会性的流失、社会面的缩小。而目前推进的社区治理、社区建设和社区花园都是在做极为重要的社会性重建工作。

在我的著作《上海纪事：社会空间的视角》的最后一章中，我以创智农园为例分析“从空间生产到社区营造”。

回到生活世界，不是简单地回到里弄世界，重建里弄空间的立面，新天地已经做到极致；紧随而来的建业里，也是只有里弄的躯壳而无里弄的生命。回到生活世界，也不是简单地否定门禁社区，不是没有理由否定，而是没有力量否定。当多数居民还把门禁社区与专享专业服务、特定的社群身份、围合世界的安全保障和私人空间的自主感受联系在一起时，即便是出台法令，也难以打开已经封闭的小区。我们能做的是不再新建门禁社区，以及在彼此隔绝的封闭小区外重建共享的生活空间。

上海创智农园的实践正体现了“回到生活世界和生活空间”的宗旨。项目是在毗邻但被围墙隔开的几个小区之间的一块废弃地建成的一个都市农园，它是一个社区互动的中心，也是一个将居民从彼此分离的小区中吸引出来的、共享的生活世界。这样反客为主的故事意味深长，人们自然要问，为什么我们自己生活的社区不大像社区？我们的社区缺的是什么？农园又怎样做成一个让我们乐意去并参与其间活动的一个社区？

把农园定义为舒茨理论中的生活世界或列斐伏尔理论中的生活空间，有如下理由：

首先，农园是一个社区中心，它连接了一个大学职工社区、两个商品房社区、一条商业街及附近的幼儿园和小学（图1）。由集装箱改建成的室内空间囊括了农园社区的学校、会场、剧院、俱乐部、咖啡馆和餐厅；农园的户外空间是公园、菜地、步道、游乐场和农贸市场。在以上场所中，都名副其实地上演着各自的活动。套用德·塞托的语式，是专家演讲把沙龙变成了学术空间，是孩子劳作把菜地变成了农耕空间，是居民联谊把会场变成了社交空间，是消费者与生产者的直接见面把集市变成了交易空间。所有这些活动，把一块开放地变成了一个社区空间。

其次，农园是一个儿童世界，农园的核心项目是围绕儿童的自然教育、自然认知和自然种植来打造的。看似只是与植物打交道，实际上认识自然、亲近土地、实践农耕的活动都是在大人、专业人士及父母的指导下展开的，是在与其他孩子的交流合作中进行的。自然教育项目是把孩子投入一个真实

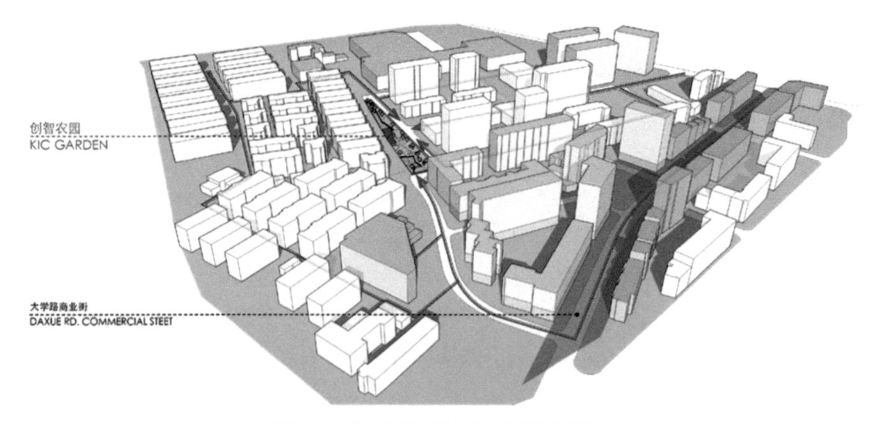

图1　创智农园所在社区示意图

的世界里，与对他们的社会化关系有重大影响的其他人发生丰富的互动，这是生活世界中最有意义的事。农园对于孩子是一个游戏的世界，种菜、翻地是劳作的游戏，沙坑嬉戏是学习合作与促发想象力的游戏。儿童在游戏中获得自我及社会性人格。缺少儿童游戏的空间是我们批评城市开发的主要弊端，因为人与机器玩，人性难免偏失，孩子只有与孩子玩才可能发展出正常的人性。

最后，农园是一个文化世界，是一个被学术沙龙、市民会场、自然课堂、艺术讲堂、手工作坊等各类文化活动所充满的文化世界。这里创造和传播都市农业的理念，旨在超越旁观与参与的对立、城市与乡村的分裂、专业与业余的区分、生产与消费的分离。这些区分和对立，实质上是不同主体的区分和对立。绿色、生态和共治的文化在农园的践行中创造出为所有参与主体所共享的意义世界，这回到了舒茨所说的互为主体的"我们关系"的概念，并已经影响更为广泛的社群。农园也是芒福德理论中的城市剧场，为孩子开设的自然教育和面向公众的公益沙龙都是农园剧场的常规剧目；节庆日的专题活动如植树节的现场动员、儿童节的亲子互动等，让农园成为极具戏剧性和仪式感的场所，这些也成为引领新的生活方式和公益时尚的风口。这让我们想起列斐伏尔所说的"表达的空间"概念，农园表达的不只是日常生活的故事，也传递出对新的、可能的生活空间的讯息，去看"创智农园"正成为沪上的一种流行风尚，证明农园已经把自己打造成一个意义丰富的文化空间。

创智农园由四叶草堂发起而来，但投入这项空间营造的还有两个合作者——创智天地的地产商瑞安公司和杨浦区绿化市容管理局，各自的动机或有别，但推动的力量和趋势是一致的，大尺度的空间生产让位于人性尺度的空间营造；资本和国家主导的空间改造在社区让位于居民和专业团队自主的空间实验。

在政府层面，大尺度的空间生产在社会后果上不可持续，在空间资源上也难以为继，所以，上海市委书记提出建设用地供应负增长的要求。2016年上海各区征收土地的数据显示，中心城区已拆无可拆。2015年上海出台的《上海市城市更新实施办法》被学者认为是标志城市更新从增量开发到存量挖潜转变的里程碑文件，文件提出的"城市有机更新"的概念，最核心的是"以人为本的空间重构和社区激活"。在此背景下，上海市绿化局提出居民绿化自治的概念，进而杨浦区将此块公共空间的绿地营造和公共服务的权限授予一个社会组织，既是创新之举，也是顺应大势。

在企业层面，瑞安是商业地产，但信奉不但要造房子，更要造社区，它已经把创智天地所在的大学路商住区做成了有活力有性格的社区，它有动力支持专业人士将原本的荒地改造成有吸引力的公共空间，这有利于其地产的价值提升，也为其大学路社区增添一个活力场所。

专业的社会组织四叶草堂，他们的背景是景观设计专业人士，其联合创始人先前从事最多的是市政景观绿化工程，从中看到了这些工程的弊端，特别是大规模的移植并不一定适合本地条件的大树，造成的景观奢华和效益损失，维护这些水土不服的大树成为后续无尽的耗费，城市造绿本是大善事业，但造绿同样没能完全摆脱政绩工程之路，没有摆脱大尺度空间生产的路子，为看得见的政绩，城市绿地工程贪大求洋，如何发展在地绿化？如何让绿色事业花钱少、效益高，真正改善社区环境，特别是弥合消费与生产的鸿沟、城市与乡土的分裂、观赏与参与的对立，将自然种植引入社区生活？所有的这些追问和尝试成为四叶草堂组织起一场依靠草根力量从事环境更新的初始动力。

创智农园的实验并非孤例的案例，以微空间更新为名的实验已经成为风潮或运动。2015年和2019年上海空间艺术季关注的不仅仅是大型公共空间的艺术创作，也聚集微空间的设计和更新，产生一批示范项目，入选的就有四叶草堂的创智农园改造项目和花开上海项目。2015年上海成立城市公共空间设计促进中心，微更新是其主要议程之一，2016年和2017年中心评审的22个微更新项目有小区入口、里弄、中心绿地、小区广场、别墅，也有街头燃点，全是日常生活发生的空间。"下得了社区才是好规划师"，这或许是最接地气的空间设计口号，也透露了从空间的规模生产到社区的人性化改造的风向转变。

以上的转向大体是最近10年发生的进程。理论上的反思自20世纪70年代列费佛尔的《空间的生产》和戴维·哈维的《社会公正与城市》出版以来从未止息，马克思主义城市学者的工作不仅聚焦在资本化空间生产和不平衡地理发展的批判上，也对向一切人开放的由居民使用者主导的空间方案有原则性的指示和阐释。

社区生活是在地的，是在步行范围内并通过步行来实现的，而这些恰是德·塞托第二个空间的故事，也是创智农园的空间文章的要点。在德·塞托看来，步行正是人与空间的直接的和原始的接触。“故事始于地面上的脚步。它们有数量，但却是一种不成系列的数量。我们数不出这个量，因为构成它的每一个单位都是质的；一种融合了触觉感知和运动学适应的风格。它们的集合是数不胜数的个性的集合。脚步游戏是对空间的加工，它们造成了种种场所。从这方面来说，步行的运动技能形成了‘其存在确实造就了城市的真实体系’之一……正是它们在进行空间化。”

我们从德·塞托的步行者故事中读出了什么？日常生活是用步行书写的，这意味着失去步行道或步行艰难的城市对日常生活是不友善的；在步行中，人的感官是活跃的，是与环境呼应的，所以步行的实践不是用量来定义的，而是用质来定义的，这个质既是行动的品质，也是环境的质感；步行与空间的关系怎样？步行不仅发生在空间中，步行更是在加工空间、创造空间，“在几何学意义上被城市规划定义了的街道，被步行者转变了空间。”步行造就的不仅是城市的一个体系，而且是城市的真实体系之一，其隐含的推论是，若失去了步行的条件，街道还是街道，但不复是日常平凡生活真实的空间了。回到步行的世界，创造一个以使用者为本的空间，“开始想象一个人与人之间都能彼此察觉与接触的空间”，恢复居民对于自己生活空间改善和创造的主动权，这就是创智农园的空间文章。

创智农园实验传达的信息，实际上更可视为国际社会的风向转变。最近十年，联合国人居署、世界银行、亚洲开发银行等多家机构发布的城市报告都有涉及城市不平等和社会分裂的空间根源。2017年世界城市日活动中，以创智农园为代表的社区花园作为全球七大案例之一入选《上海手册》，并于2018年再度入选专题报告，此外，社区花园案例还入选了《上海市城市总体规划（2017—2035年）》。2016年的人居三大会，用《基多宣言》取代了20世纪30年代的《雅典宪章》，在美国城市学者萨森和桑内特看来，《雅典宪章》将城市看成可用部件组合起来的理性机器，追求效率至上和功能分区，以及规定繁复的规划和行政管制，扼杀了人与人的自由交流和城市生活的社会多样性。这两位学者参与制定的《基多宣言》的宗旨是建设一个开放的城市，关键是城市的活力和社会多样性，提出了一系列实现其宗旨的议程，其中的目标之一是支持建立“向所有居民开放、安全、包容、可达、绿色和高质量的公共空间和街道网络”“促进非营利的社区活动，使人们进入公共共建，加强适宜步行和骑行的环境建设，最终提升居民健康和幸福度”。各地的媒体用“从《雅典宪章》到《基多宣言》”的标题报道人居三大会的理念，正反映了城市战略从锻造增长机器到繁荣社区生活的风向转变。

我们从城市空间逐渐碎片化、原子化和封闭化的角度关注社会，呼吁人们回到经典社会学的生活世界和经典城市学的生活空间。上海创智农园提供了一个在后里弄时代重建共享空间的案例，农园的社区中心功能、儿童社会化功能及创造和共享意义上的文化功能，是今日上海多数社区难以同时具备的。农园作为一个我们定义的生活世界的范本或许仍然过于理想化，但这种理想是出于人性成长的需要、出于人的存在感的需要、出于人亲近土地的需要、出于人与人善意互动的需要，这些需要都是植根于人性深处的动力。农园的组织者相信这场改变空间风向的努力是可能的，因为社会本身有创造力，土地本身有创造力，人们需要做的是决心把改善和创造生活空间的主动权拿回自己的手里，拿回孩子的父母和亲人的手里，拿回全体居民的手里。农园创造的生活场景必定会成为感动更多都市人心灵的示范。这就是创智农园的案例给予我们的受益。

社区花园=城市革命

侯志仁(Jeffrey Hou)[1]

世界上许多近代的革命运动多半是农民或劳动阶级所启动，今天我们若要发起一场城市的革命，或许也可以考虑从城市里的农园来开始。

近年来，随着气候变迁、粮食生产日益受到重视，城市农耕与可食地景已经成为世界上广受关注与推崇的浪潮。城市农耕与可食地景所涉及的社会议题，从公平正义到粮食安全无所不及，相关的案例也愈来愈多，遍及全球各地。在加拿大，温哥华市政府曾提出要在2010年冬季奥运会举办之前增建2 010个园圃，为了达成这个目标，城市里的很多剩余土地、街道空间、公园绿地等都被市民打造成为社区花园，改变了城市的面貌；韩国的首尔市政府从2012年也开始制订了一系列的城市农耕政策，希望在不久的将来能够超越伦敦，成为名副其实的全球城市农耕之都(Capital of Urban Agriculture)；即使在人口稠密的香港，也有很多利用屋顶天台等空间打造成都市农庄的案例，充分利用了城市里的三度空间(图1)；甚至在有长久社区园圃历史的北欧国家，比如瑞典，也不断有新型的园圃出现，包括利用荒废的铁道来做社区农耕。

图1　香港都市农庄(City Farm, Hong Kong)

我研究社区花园(Community Garden)已有约15年的时间。10年前我和两位同事出版了《Greening Cities, Growing Communities》(2009年)一书，探讨西雅图社区园圃的制度与案例，之后我也陆续做了许多与社区花园相关的研究。在这些不同的研究中，我们最大的发现在于，社区花园虽然在城市农耕的推动上扮演了非常重要的角色，但是它在城市里的功能不仅是种菜或是生产粮食而已，社区花园其实还有非常多、非常重要的社会与环境的面向。在本文中，我挑选了五个面向来探讨社区花园在城市发展上可以扮演的不同角色与代表的意义，以及它何以能被视为是一种“城市革命”。

1　营造社区、重建社会关系

社区花园，顾名思义就是社区或社群所经营的园圃，也因此社区花园最主要的意义之一就在于社区营造，用社群网络把社会上渐渐被孤立绝缘的个体联结起来。在西雅图，社区花园的推动和统筹由市政府邻里局(Seattle Department of Neighborhoods)来负责，而邻里局最重要的事务就是社区营造，提倡社区的联结和互动。也因此从社区花园的设计到施工，市政府在资金、制

1　美国华盛顿大学景观建筑系教授，环太平洋社区设计网络发起人。

度上都有一些配套措施，来鼓励市民主动地发起与参与。当园圃落成后，它不只是用来种菜，也可以举办各种社区活动，通过活动来拉近社区邻里的关系。既然是园圃，在里面所举办的很多活动自然跟食物有关，而食物就是拉近人与人之间距离的一个很好的联结。这种社会的联结不仅是在于种菜的居民，对社会多元族群的关怀，也是社区花园可以扮演的角色。在西雅图，很多社区花园里面都设有所谓的“公益园圃（Giving Garden）”，其用意就是将作物捐送给有需要的弱势群体，这类的社会救济也是一种社会关系的联结，联结不必一定是直接的，也可以是间接的，通过食物与关注作为媒介。

2 重构城市与生态之间的联结

除了社区与社群之外，社区花园也可以是城市里人与自然接触的媒介。台北市最早的一处社区屋顶花园设在锦安里社区活动中心的楼顶上（图2）。2015年间我曾访谈过几位屋顶花园的“农夫”，听他们讲了非常多种菜的心得经验，包括食物与耕作的季节性——什么季节该吃什么样的食物，该季的什么食物最新鲜。访谈的时候我以为他们是一群种菜达人，后来才知道他们之前完全没有种菜的经验，只是参与种植了一两季就有如此满腹的农耕与环境知识。除了学习种菜之外，这里的农夫们同时也进行各种各样生态和环境方面的实验，比如雨水的收集与净化，以及利用厨余、咖啡渣等素材，研究最简易有效而不产生恶臭的堆肥方式。由此可知，社区花园可以扮演城市生态与环境学习的重要平台，在社区花园营造与种植的过程中，城市居民能学习到很多平常无法接触到的生态与环境知识，进而也了解城市发展对生态环境的影响，一步步重建城市、人与生态之间良性的联结。

图2 台北市锦安里屋顶花园

3 活化城市空间

在西雅图市区里走动，经常可以看到空地上的花园、电塔下的花园、公路旁的花园，也有将立体停车场屋顶改装作为社区花园的案例，居民可以一边种菜、一边观赏西雅图市中心的天际线。与亚洲比起来，美国的城市密度相对较低，有很多空间可以更有效地利用，包括人行道旁的绿地。10年前，西雅图市议会修改了法令，只要不影响交通安全，市民可以申请在自家门口的路边种菜，如今走在社区路上就好像徜徉在农场里，四处都是菜圃。亚洲城市密度普遍偏高，但并不等于没有机会，香港数量可观的屋顶花园就是一个值得参考的案例，其他城市如首尔、台北、东京、大阪等地，也不断有新的案例出现。一处处荒废的空地被活化成一块块城市绿洲，社区花园就是活化城市空间的一种手段，活化了空间也活络了社区网络并充实了市民的生活。

4 改变公共空间的营造模式

现代社会中一般大众对城市公共空间的想象，就是它们多半是由政府部门规划或是专业主导，然后委托承包商进行施工与建造。相对于这类制式的公共空间，社区花园的营造方式却可以很不一样。社区花园最基本的要求是需要居民自己来种植，因此，社区花园需要居民的参与和协力才可以营造出来，它的公共性就体现在社区的参与和协力上。

在西雅图，社区花园不只是社区居民自己来种植，政府也鼓励社区从头到尾来参与营造自己的社区花园。巴尔顿街园圃（Barton Street P-Patch）就是这一类型的案例（图3）。在这里除了花园配置初期有专业协助之外，从整地、施工到各式各样户外活动的设计都由居民动手自己完成，因此，花园里也不断涌现很多园友和义工个人的手作创意，利用家里随手可得的建材，创作出各式各样、多彩缤纷的装饰物，每隔一段时间去参观，每次都有新的作品出现。由于园圃的放射型配置貌似蜘蛛网，于是居民配合做了一座蜘蛛造型的艺术雕塑，藏在草丛中（图4）。居民们也自行记录整个营造的过程，每个步骤都有居民参与。这样的做法推翻了专家主导的空间营造方式，充分让市民的力量展现出来，让这座花园成为一处不断演变的空间，有别于一般僵硬的公共空间。

图3　西雅图巴尔顿街园圃

图4　西雅图巴尔顿街园圃的艺术雕塑

5　城市的共生与共治

除了个别的案例之外，社区花园的推动也指引了另外一种城市治理模式。在台北市，城市花园的推动于2015年开始成为一项重要的政策。柯文哲在2014年竞选台北市长的时候响应民间团体的诉求，提出了“田园城市”计划，并在当选之后很快地利用市政府的种种资源来推动该政策的实行。台北市具体的做法是让不同的市政府部门来分工负责，比如公园与路灯管理处负责整体规划、教育局负责小田园（校园园圃）、产业发展局负责屋顶园圃、农业局负责市民农园、民政局负责社区花园等。

这些部门所扮演的功能固然重要，但政策的执行除了不同政府单位的推动之外，很多事务还要靠民间的力量来推展。都市农耕网就是一个重要的民间倡议团体，它不仅为市政府田园城市的政策提供了论述上的基础与支援，同时也监督政策的执行。社区大学（简称社大）则是另一个重要的团体，以推动公平教育与社会改革为宗旨，台湾的社大属于民间社团，目前台湾地区有80多个聚点，仅在台北市就有13个校区，他们分散在不同的行政区，开设各式各样的课程，包括友善农耕、有机农耕与食农知识等（图5）。课程之外，社大也经常举办与城市农耕相关的讲座与活动，让更多的市民有参与和学习的机会。通过这些课程与活动，社大在台北市田园城市政策的推广、培训与实务运作上扮演着非常重要的角色。有了想耕作、会耕作、善于经营园圃的民众，才会有成功的社区花园以及城市农耕的政策。

就行政效率来讲，台北市的“田园城市”政策效果相当可观，短短4年内已经有了725处据点，包含小田园、社区花园、屋顶花园与市民农园，以及16万人以上的参与。这不仅是一项公共政策，更是政府与民间团体通力合作下的成果，指引了城市共治的新模式。

这种民间团体跟政府的合作，加上之前所谈到的社区花园不同的面向，包括重建社会网络、活化城市空间、改变公共空间的营造模式等，所代表的就是一种“城市革命”。这种循序渐进、自下而上的城市革命可以让城市的发展与演进和市民生活更加贴近，公民团体的倡议与市民的参与，也让民间自

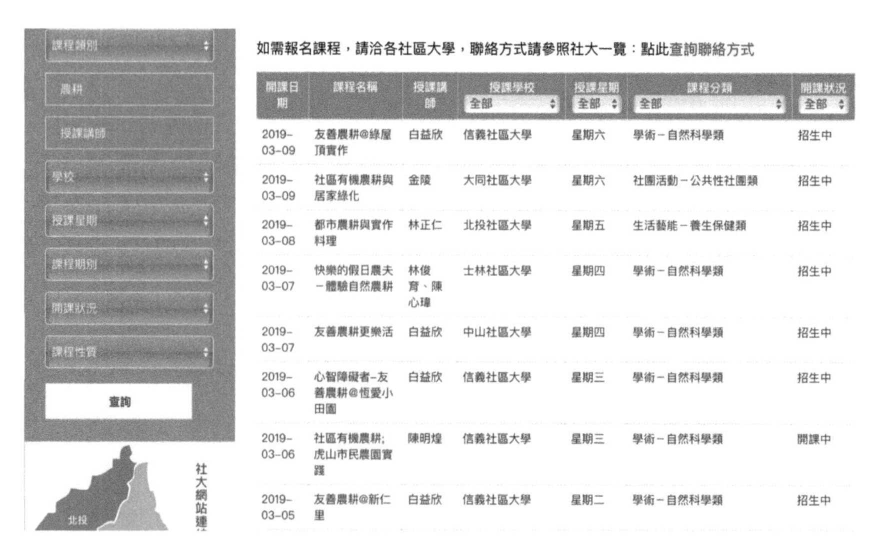

如需報名課程，請洽各社區大學，聯絡方式請參照社大一覽：點此查詢聯絡方式

開課日期	課程名稱	授課講師	授課學校 全部	授課星期 全部	課程分類 全部	開課狀況 全部
2019-03-09	友善農耕@綠屋頂實作	白益欣	信義社區大學	星期六	學術－自然科學類	招生中
2019-03-09	社區有機農耕與居家綠化	金陵	大同社區大學	星期六	社團活動－公共性社團類	招生中
2019-03-08	都市農耕與實作料理	林正仁	北投社區大學	星期五	生活藝能－養生保健類	招生中
2019-03-07	快樂的假日農夫－體驗自然農耕	林俊育、陳心瑋	士林社區大學	星期四	學術－自然科學類	招生中
2019-03-07	友善農耕更樂活	白益欣	中山社區大學	星期四	學術－自然科學類	招生中
2019-03-06	心智障礙者-友善農耕@恒愛小田園	白益欣	信義社區大學	星期三	學術－自然科學類	招生中
2019-03-06	社區有機農耕;虎山市民農園實踐	陳明煌	信義社區大學	星期三	學術－自然科學類	開課中
2019-03-05	友善農耕@新仁里	白益欣	信義社區大學	星期二	學術－自然科學類	招生中

图5　用“农耕”为关键词检索到的开放课程

发和自我的动能可以充分展现，在活化城市空间的同时也让社会网络以及人与自然之间的关系变得更加紧密。

从社区花园出发，就让我们来进行一场城市革命。

公众参与社区创变的设计：从闲置空屋到社区广场

飨庭伸（Shin Aiba）[1]

我们的研究起源于东日本大震灾中由于海啸严重受灾的岩手县大船渡市绫里地区的突后街区复兴项目。飨庭研究室从2012年开始参与复兴计划的制订，对街区复兴过程中的社区营造进行支援，以及对同样经常被海啸侵袭的地区进行调查。绫里广场项目从2018年开始，是为了利用被海啸冲蚀后遗留下来的遗址而在此建设广场的一个项目。大船渡市政府以及绫里地区公民馆共同协作，以地区的居民为对象开展了四次设计工作坊，总结成了规划方案。在人口减少、土地的低利用及未利用化成为社会问题的背景下，在因海啸灾害而经历了巨变的受灾地中，引导地区居民的积极性，共同制订了相关计划，谨慎地预测将来会遇到的空间维持管理的困难，完成了计划案。近期与地区居民还在继续进行广场的详细设计和以植物栽培为中心的广场管理方法相关的工作坊。

2011年，日本发生了大地震和大海啸，有2万人死亡和失踪。关于这方面，团队在帮助一直合作的一个地区进行街区复兴工作。这个村落在2011年的大地震中有6个人失踪，从2006年与2011年的航拍对比（图1）可以看出，这个村落的建筑已经消失了很多，这是地震和海啸带来的非常可怕的后果。

2006年航拍（地震前）

2011年航拍（地震后）

图1　岩手县大船渡市绫里地区灾害前后航拍图

1　日本东京都立大学都市政策科学学院教授。

村落没有了，人和人之间的联系也消失了，所以计划在这里建立社区花园，但是可能完成的难度比较大，也不太清楚之后会有什么样的变化。

图2有三种颜色的边界线，是在100年间遇到过的三次海啸侵袭这个村落的范围，100年前是橘色的线，可以看出来，海啸已经大面积地毁坏了村落。

飨庭研究室在2012年进入绫里地区帮助他们实施灾后复兴计划，日本的复兴活动与中国也许不一样，日本会首先修复住宅和工作的地方。因为这个地区产业以渔业为主，所以灾后复兴计划优先改善住宅和渔业场所，而社区花园和社区广场的项目比较靠后。政策规定，已经被海啸侵袭的地区不能用于建造住宅，所以只能建设和渔业相关的建筑。住宅区需要在山的另外一边以最快的速度进行建设（图3）。由于日本多层治理结构与地方自治，加之土地私有制，地方政府受到多项法令的交叉限制，使得灾后复兴计划进行得非常缓慢。日本的复兴，和中国相比十分的缓慢，在中国1年能够完成的项目在日本可能要用4年。

与中国集中灾后重建空间的高效率不同，日本灾后复兴计划的主要途径是赋权于民众，推动居民参与区域复兴计划。第一步就是要把居民召集在一起共同企划复兴方案，第二步可以做各种各样小型的活动，最终在2015年和2016年左右建成了住宅（图4）。在如何处理海啸受灾后遗留的空地的议题

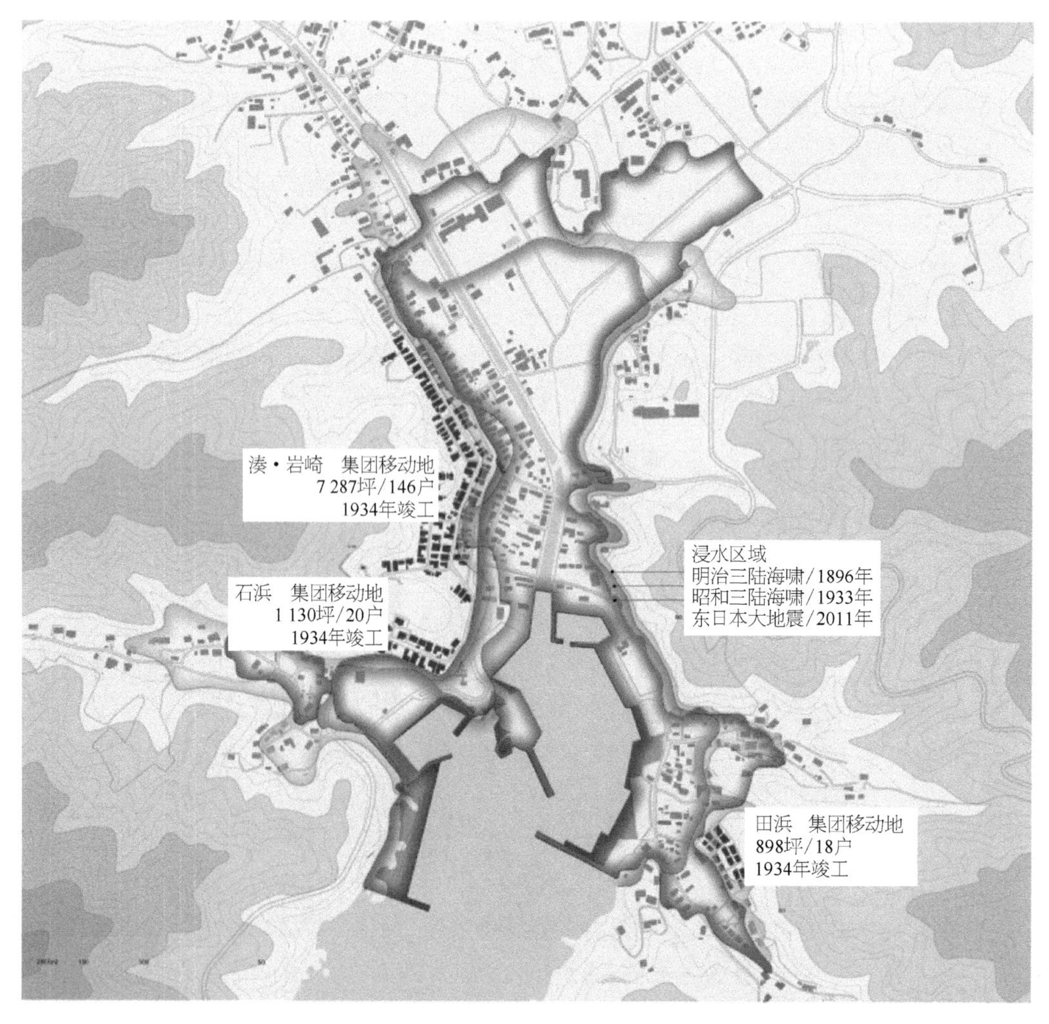

图2　岩手县大船渡市绫里地区三次海啸的到达范围图

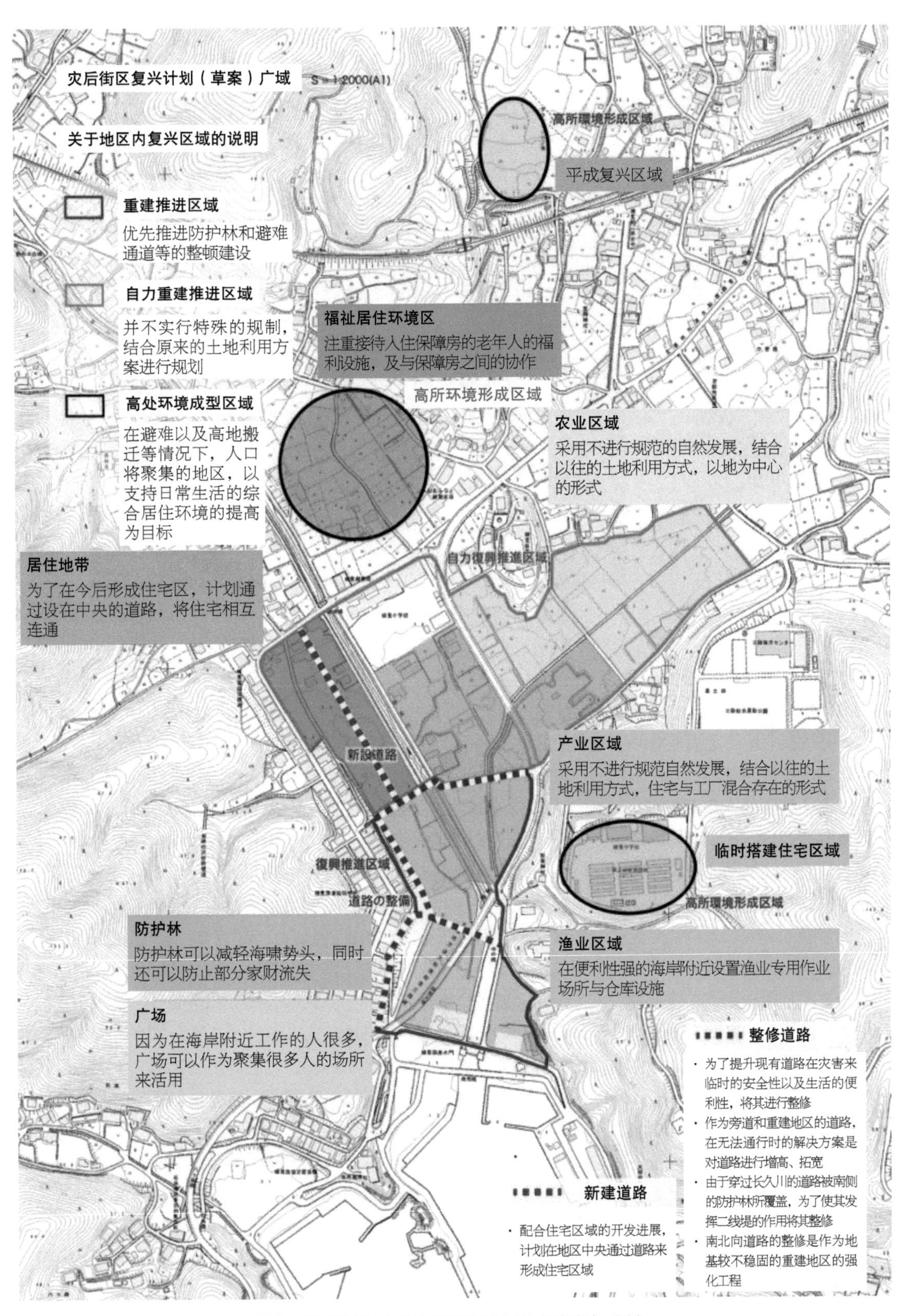

图3　绫里地区灾后街区复兴计划（草案）广域

图4　日本复兴计划执行过程

上，团队思考了很多方法。例如图5红色区域有2 300 m^2，政府计划建一个广场，由于住宅建设的优先级高于广场建设，而这个区域如果闲置就会长出很多荒草，那么建一个公园广场会更合适。

图5整个地图范围是被海啸侵袭的区域，地面上的建筑物全部都被海啸冲走了，政府的土地是红色区域的范围，其实只有很小的一块区域，其他地方是私人用地，政府的计划就是从红色区域开始建设。这个地区的人口正在减少，如果人口持续减少，那么即使建设了广场，使用的人也会逐渐减少。因此，需要思考建设怎样的广场，才能为留下来的市民提供更丰富的生活。政府提案在这里种植草坪作为一个公共空间，但我们觉得可以做得更好，所以召开了多次工作坊来听取居民的意见。2 000人的村落里，我们召集了20多个人，尤其招募到一些年轻人，他们在海啸发生的时候是大学生或是刚刚工作的年轻人，他们希望能为自己家乡做贡献，所以来到工作坊畅所欲言。我们召开了很多工作坊，有带着市民去到现场的工作坊，也有用模型表达自己设计方案的工作坊，最终总结了三个提案。然后把三个提案打印出来放在地上供大家讨论，接着去到实地考察，感受具体的尺寸和空间，以及思考我们具体要做怎样的东西，再慢慢进行计划。计划完成之后，得到的结论是做一个广场。这个方案实际上受到了当地居民的强烈反对，他们认为如果有广场就需要管理和打扫，在别的地方建房子，周围的人其实很少，所以他们觉得广场意味着更多的工作量，这对他们是一个困扰，尤其是如果建有厕所，后期的清洁管理谁来负责是最大的问题，没有人想负责厕所的清扫。

飨庭研究室相应地提出三个替补计划供讨论，其中最大的提案是一条可供大家散步的周长125 m的跑道（图6）。因为大家都非常关注健康，经常会过来散步，通常都会从家里一直走到海边或是到邻居家，大家会思考今天散步了多长距离，所以在这个广场中设计了这样一条方便大家计算的跑道，周长125 m，走4圈就是500 m，期望能聚集一些喜欢散步的人，渐渐提升这里的人气。同时，也设计了一些长椅，提供给散步累了聚集在一起聊天的人，可以增加这里的活力，这就是我们所想的。图6是将来的预想图，按照计划顺利进行，这里会产生很多的活动。如果不管周围被海啸冲走的空地的话，会

图5　受到海啸侵袭的土地

图6　广场预想图

长出很多杂草。广场上会种植一些花草，如果向周围也延伸一些的话，会种一些本地的花草，而不是比较特殊的花草，例如郁金香等。日本法律规定不能侵占他人的土地，不管这个土地现状如何，不能随意在这里种草种花。如果在这个地方种了草，草会向周围土地扩展，即使长到旁边私人的土地上去，所有者也未必会注意到。在不久的将来我们希望能够形成这样的一个状态，被海啸冲走的所有的区域通过种植成了一大片草地，让当地人的生活变得更加丰富精彩。

飨庭工作室跟村民讨论，如何让这些草不用经常打理就能形成很好的状态。2019年3月我们开始了这个实验，在这个区域种植了不同品种的草，来观察半年以后杂草的情况，判断每种草坪需要多少人工维护才能够保持一个很好的状态（图7）。因为当地有野生的鹿，鹿会过来吃花草，所以用网搭建了一个围栏来阻隔鹿过来吃草。

中国的人口还在不断增加，现在日本正在经历人口逐渐减少的阶段，人口减少会有什么事情发生呢？社区力量会消减。但即使社区力量在消减，也可以种植草坪，维护草原的生长。只是需要花费更长的时间来做试验，了解更多的结果，让大家商量如何采取更好的方法，在这个过程当中慢慢理解当地村民的心情，慢慢理解人们心情的波浪。有的群众被海啸冲走了，房屋也被冲走了，很多村民搬到其他的地方居住了，因此，要重建这个社区需要更大的努力。

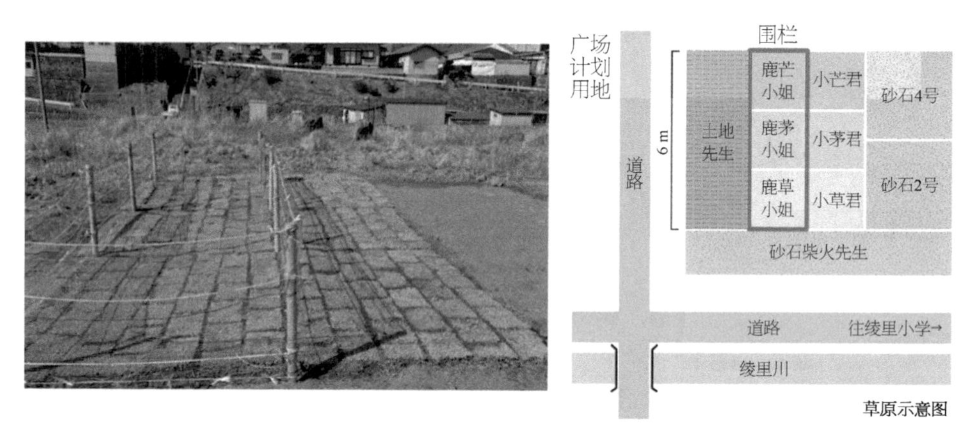

图7　社区自然草地实验

专栏

刘悦来：往往是在危机的时候更能感觉到我们需要共同的协力参与，在中国也是一样，类似成都这个城市，大家关注并开始社区营造的时候往往是碰到危机的时候。飨庭老师分享的这个案例，跟国内相比的话，差距还是比较大的，中国往往都是集全国之力把建设做完，但我们可以通过自己的力量做一些细微的改变，非常值得我们学习。

提问：当时我在日本东京大学跟导师参与了一个海啸复兴的项目，在国内营造花园的话有一个很好的氛围，但是日本海啸之后大家都非常痛苦，请问您做工作坊的时候怎么调动居民去挖掘他们的故事，因为这是一个很困难的过程，需要从悲伤中走出来。

飨庭伸：在大灾害之后，很多人都很悲痛，他们不愿意说话，也有一些人会拼命想讲自己的故事。团队所驻留的这个村落也有一些人很渴望来述说自己的痛苦，这个村死亡的人并不多，一共2万多人，这个村有26个人死亡，村民都希望自己家园真正得到复兴，团队刚进入村落的时候，大家都不断地提出自己的意见和方案。第四年（2014年）团队再到这个社区来，向村民了解海啸时的情况，如何逃难，以前的生活是什么样的。第六年（2016年），团队帮助这个村设立了一个临时的海啸博物馆展示他们灾难时期的故事，在展览过程中村民述说了很多当时的情况，这使他们有动力更积极地参与复兴建设。

英国社区花园的过去、现在和未来

海伦·伍利（Helen Wolley）[1]

我将从三个主题来探索社区花园的过去、现在和未来。首先介绍谢菲尔德社区花园的起源，谢菲尔德是英格兰北部的一座城市，我自1983年以来一直在那里生活和工作。其次，本文将参考一些最近的学术文献来讨论社区花园的好处。第三，我将介绍一些英格兰社区花园的案例。文章最后，我会简要提出一些目前中国以及世界其他地区社区花园的相关问题。

1　英国谢菲尔德社区花园的起源

谢菲尔德是英国第四大城市，目前拥有人口约56万。这座城市因钢铁制造而闻名，1600年以来是伦敦以外最大的餐具生产商。近年来，钢铁生产变得越来越机械化，并转向汽车和航空工业所需特种钢的制作。19世纪70年代，谢菲尔德经历了快速的工业化，导致严重的空气污染。曾经并且现在仍然存在地理上的社会鸿沟：工厂主居住在盛行风来向的城市西南部，而工厂工人住在空气污染严重的东北部。

在没有法定条款要求之前，1780年以来，谢菲尔德已经有小型花园存在。虽然城镇土地扩张的进程在增加，但人们还是从一些花园类型的未开发的土地中获得一定收入。这些花园不是由专业园丁而是工人或工厂雇佣的工匠建造的，其中一些空间属于份地类。据统计，1787年有6 000个家庭生活在谢菲尔德，其中有一半的家庭是份地持有人。

自15世纪以来，英国份地花园里面出现了洋葱、韭菜、菠菜、卷心菜、萝卜和生菜等蔬菜的种植。在19世纪80年代，谢菲尔德人种植土豆、豌豆、其他豆类和萝卜。在铁厂工作的谢菲尔德工匠与农村工人相比收入较高，因此他们可以前往伦敦旅游，受伦敦食品生产趋势的影响，将相应食品带回谢菲尔德。有了种植自己食物的设施，许多谢菲尔德居民希望自给自足。今天，谢菲尔德市议会在70个站点管理着3 000个份地花园，其中一些是专门为残疾人设计的，也有6个社区份地花园，人们对自给自足的渴望使得份地花园在城市中很受欢迎，以至于超过2 000人在租用份地花园的等待列表名单上（图1）。

图1　谢菲尔德的当代份地花园

1　英国谢菲尔德大学景观建筑系副教授、研究主管。

2 社区花园和份地花园的优点

从世界不同地区的研究中可以看出，无论社区花园建设在哪里，都会带来促进可持续社区发展，教育和健康等系列主题的益处。

2.1 可持续社区

社区花园和份地花园的发展不仅仅是关注土地本身，更关注的是当地社区的氛围，同时也是对世界各地环境问题变化的回应。例如二战后的德国，份地花园出现并专门由各城市的某一协会管理，其实是对快速城市化的回应。

20世纪60年代和70年代纽约的金融危机和撤资，出现了私营部门拖欠贷款的现象，从而导致建筑物被废弃以及建筑物的所有权归退给纽约市政府所有。为了防止建筑物经常被肆意破坏，政府将一些土地开发成社区花园。在一些城市，社区花园使城市中出现的贫困、犯罪等现象有所缓解，并且对于参与社区花园事务的人来说这个空间非常宝贵。

对美国不同地区社区花园进行的研究表明，在科罗拉多州丹佛市，社区花园中的社区参与是加强社区关系的重要因素。

我最近一次参观纽约布鲁克林的Myrtle Village Green，发现土地上一部分是社区花园，另一部分是空地，其未来的发展与20世纪60年代和20世纪70年代纽约社区花园的发展方向很相似（图2）。

图2 纽约布鲁克林的Myrtle Village Green

社区花园和份地花园对英国诺丁汉可持续社区的贡献包括几个不同的方面：第一，它们有助于增强凝聚力和活力；第二，花园将有共同目标的人团结在一起；第三，社区花园为人们创造了一个聚会场所；第四，他们通过种植、烹饪和饮食活动将所有年龄和社会背景的人聚集在一起；第五，从更广泛的社区角度来看，社区花园可以与机构和当局建立联系，在其他地方，这可能被理解为政治活动。

以类似的方式，柏林的公共开放社区花园（Public-Access Community Gardens, PAC花园）提供了更广泛的社区参与机会。此外，这种类型的社区花园具有自我产生社会和物理结构，促进边界互动的功能。在澳大利亚文化多元化的学校，孩子们通过园艺活动与当地环境建立了联系。流离失所的移民和难民也因为园艺活动，儿童对学校和社区产生了强烈的归属感。

社区凝聚力可以用不同的方式表达，并且据观察，参加社区花园给人群带来的归属感和自豪感与减少犯罪和减小人的压力有关。城市美化需要公民参与。对于其他人来说，社区凝聚力与文化认同有关，也与共同的目标和经验相关。

2.2 教育

在澳大利亚一所文化多元化的低收入学校，移民和难民儿童比例很高，社区花园为园艺和烹饪花园里种植的农产品提供了机会。此外，孩子们在进行这些活动时可以学习到英语。PAC花园不同于封闭形式的城市花园，如份地花园和封闭的社区花园。在德国柏林，PAC花园为学习园艺技巧和了解当地生态条件的环境问题提供了机会。并且出乎意料的是，与当地合作伙伴合作过程中，也有机会了解当地政治、社会企业家精神和当地可持续发展。

2.3 健康

纽约州北部63个社区花园的研究表明，健康是报告中提到的最多的参与社区花园可以获得的益处。比如对于一些人来说，社区花园让他们获得了接触不同类型新鲜食物的机会，其他人认为享受大自然有助于他们的身心与身体的健康。在美国北卡罗来纳州，有一项健康成长儿童试点研究，每周会有园艺活动，吸引了95名2～15岁的儿童参加，其中60%的儿童来自拉丁裔家庭。除了每周一次的园艺活动，还有两个月左右一次的亲子烹饪和营养研讨会以及社交活动。该项目使当地水果和蔬菜的供应量增加了146%，人们对水果和蔬菜的摄取量也随之增加（分别为28%和33%），使人们可以获得更为健康的体重。来自当地社区花园和份地花园的食物还可以促进粮食安全，从而提高经济效益、缩短食品供应链。因为有定期的园艺活动可参与，能经常性的接触自然，居民体验到了社区花园带来的健康益处。

然而，有些人还发现，由于土地类型和土壤质量的不同，社区花园可能也会带来一些潜在的健康风险。比如，之前的土地中可能含有有毒的土壤污染物，这样就会导致产品有从土壤中摄取污染物和有毒物质。此外，还存在从不正确的园艺实践中引入有毒物质的风险，比如饲养家畜也可能成为另一种污染源。这些问题取决于场地状况，如果在污染场地及时实施补救措施，仍然可以实现社区花园带来的健康利益。

3 英国案例研究

上述在学术文献中论证过的社区花园的益处源于英国和世界其他国家很多地区的实际案例。每个社区花园都会因其位置、社会、物质、经济和政治环境不同而与其他社区花园不同。我将从下面三个不同的案例进行分析。

第一个案例是约克郡托德莫登社区的Incredible Edible项目，它被认为是国际性的良好实践范例，世界各地很多项目都在以Incredible Edible为蓝本进行。第二个案例是达尔斯顿社区花园（Dalston Eastern Curve Garden），已被专业景观研究机构景观学会（Landscape Institute）认可，并写入政策性文件《Public Health and Landscape: Creating healthy places》。第三个案例比较独特，因为它是由回收材料建造的，就像是隐藏在伦敦市中心的宝石。我认为，许多社区花园都很隐蔽，就像秘密宝石藏在日常繁忙的城市中。

3.1 约克郡托德莫登社区Incredible Edible项目

自2008年以来，约克郡托德莫登社区已经开发出了一种现在享誉全球的方法，即在城镇周围尽可能多的户外空间种植食物，这个项目叫做Incredible Edible。该项目旨在通过合作为每个人提供美味的当地美食，为所有年龄段的人提供有关食物种植的学习机会，并支持当地经济。Incredible Edible项目是一项没有带薪员工、没有建筑物、没有公共资金的非常彻底的社区建设行动。

托德莫登社区在一些非常小、很难引人注目的开放空间中种植了水果、香草和蔬菜（图3、图4）。而其他较大、与特定建筑物相连的开放空间，则会有精心设计的花园，如与医疗中心相邻的药剂师花园（图5、图6）。

药剂师花园是Incredible Edible项目中拥有社区性质的正向例子。花园里的志愿者包括健康中心经理，医生和建筑物的所有者。天然气供应商Northern Gas提供了大量资金赞助，其他非财务支持由托德

图3　小的点位大的贡献

图4　食物分享介绍

图5　药剂师花园

图6　城镇中部的绿化

莫登所在的地方当局卡尔德代尔委员会提供，比如委员会为这些花园的道路提供了木片。薰衣草植物由全国性零售商B & Q提供。Incredible Edible项目目前持续不断的资金主要来自捐款，向人们收取参观城镇的收入，以及向个人或组织分享项目经验所获得的收入。

3.2　伦敦达尔斯顿社区花园

达尔斯顿社区花园位于哈克尼（Hackney），是伦敦第三大人口稠密的自治市。该花园成立于2010年，是一项由合作伙伴关系开发战略的一部分，旨在弥补该地区优质公共空间不足的问题。花园是在废弃的铁路曲线上建设的，这条铁路曾经用于连接多斯顿交汇站（Dalston Junction）与货场和北伦敦铁路线。目前花园中不仅保留了原本场地中蝴蝶喜欢的灌木，还种植了其他许多对野生动物友好的乔木和灌木，如榛子、山楂和桦树。

花园里有一家咖啡馆出售各种饮料，自制汤和面包，咖啡馆的收益用于支持全年教育计划（图7）。多年来，越来越多的草药、蔬菜、植物和花卉给蜜蜂、蝴蝶和野生动物提供了越来越多的空间，孩子们在灌木丛中自由玩耍（图8、图9）。

场地日常由志愿者团队照看，在许多志愿者的支持下花园全年每周七天开放，自由进入。我于2019年7月去参观时，花园里到处都是人，吃饭、聊天、玩耍、阅读，在安静的角落享受时光（图10）。花园为部分当地人口带来了许多社会、经济、环境和健康方面的益处。

3.3　伦敦国王十字全球四季花园

全球四季花园（Global Generation Garden）位于伦敦市中心，以及国王十字车站和圣·潘卡斯车站两个主要火车站背后，周边是一个相对较新的，有着公寓、办公室和餐厅的复合场地，也有其他小型的市政空间，为上班族提供户外空间以及行走通道。全球四季花园很难被人注意到，尤其是在最初，它隐藏在一些正在施工的建筑中（图11、图12）。

图7　达尔斯顿社区花园中的咖啡屋

图8　生动多彩的花园

图9　当地学校参与到花园的种植维护

图10　人们在花园里面休息放松

图11　花园入口

图12　建设中的花园

全球四季花园最初是利用存放垃圾的废料车或垃圾箱建造的可移动蔬菜园（图13）。现在已发展成为一个为当地年轻人提供各种机会的社区项目，被认为是拥有野花、蔬菜和草药，蜂箱和鸡舍的绿洲（图14）。四季花园中的一切都是用回收材料建造的，这些材料主要来自新开发的建设项目，超过上千双手帮助建设四季花园。

全球四季花园的厨房给人们提供购买花园种植的食物以及现场烹制的机会。最近，四季花园搬到

图13　到处可见废弃物利用

图14　安静的休息角落

了路易斯库比特公园顶部，与当地大学的学生合作建造新花园。

4　中国社区花园面临的挑战

在对世界各地和英国的案例进行研究之后，我对中国社区花园提出一些问题。

（1）社区花园在多大程度上可以服务于教育?

（2）学校是否参与社区花园的活动？如果有参与是以什么样的方式?

（3）社区花园在多大程度上将儿童、家庭和社区聚集在一起?

（4）社区花园在多大程度上用于种植食物、烹饪和饮食?

（5）社区花园是否是将移民和永久居民聚集在一起的途径?

（6）谁参与开发和维护社区花园？涉及哪些个人或组织？其他人可以参与吗?

（7）中国社区花园面临的挑战是什么？社区和个人参与意愿？土地所有权？项目资金来源？有经验的人的支持?

以上问题可以在上海这样的城市或中国其他地方的开展研究。

参考文献

[1] FLAVELL N. Urban allotment gardens in the eighteenth century: the case of sheffield [J]. Agricultural History Review, 2003, 51(1): 95-106.

[2] LARSON J T. A Comparative study of community garden systems in Germany and the United States and their role in creating sustainable communities [J]. Arboricultural Journal, 2006, 29(2): 121-141.

[3] COMSTOCK N, DICKINSON L M, MARSHALL J A, et al. Neighborhood attachment and its correlates: Exploring neighborhood conditions, collective efficacy, and gardening [J]. Journal of Environmental Psychology, 2010, 30(4): 435-442.

[4] FIRTH C, MAYE D, PEARSON D. Developing "community" in community gardens [J]. Local Environment, 2011, 16(6): 555-568.

[5] LI W W, HODGETTS D, HO E. Gardens, transitions and identity reconstruction among older Chinese immigrants to New Zealand [J]. Journal of Health Psychology, 2010, 15(5): 786-796.

[6] BENDT P, BARTHEL S, COLDING J. Civic greening and environmental learning in public-access community gardens in Berlin [J]. Landscape and Urban Planning, 2013, 109(1): 18-30.

[7] CUTTER-MACKENZIE A. Multicultural School Gardens: Creating Engaging Garden Spaces in Learning about Language, Culture, and Environment [J]. Canadian Journal of Environmental Education, 2009, 14: 122-135.

[8] MCCABE A. Community gardens to fight urban youth crime and stabilize neighborhoods [J] . International Journal of Child Health Human Development, 2014, 7, (3): 223.
[9] SALDIVAR-TANAKA L, KRASNY M E. Culturing community development, neighborhood open space, and civic agriculture: The case of Latino community gardens in New York City [J] . Agriculture and Human Values, 2004, 21(4): 399–412.
[10] GRAHAM S, CONNELL J. Nurturing relationships: the gardens of Greek and Vietnamese migrants in Marrickville, Sydney [J] . Australia Geography, 2006, 37(3): 375–393.
[11] BUCKINGHAM S . Women (re)construct the plot: the regen(d)eration of urban food growing [J] . Area, 2005, 37(2): 171–179.
[12] ARMSTRONG D . A Survey of Community Gardens in Upstate New York: Implications for Health Promotion and Community Development [J] . Health & Place, 2001, 6(4): 319–327.
[13] CASTRO D C, SAMUELS M, HARMAN A E. Growing Healthy Kids: A Community Garden-Based Obesity Prevention Program [J] . American Journal of Preventative Medicine, 2013, 44(3S3): S193–S199.
[14] ALAIMO K, PACKNETT E, MILES R A, et al. Fruit and vegetable intake among urban community gardeners [J] . Journal of Nutritional Educational Behavior, 2008, 40 (2): 94–101.
[15] HANBAZAZA M A, TRIADOR L, BALL G D, et al. The impact of school gardening on Cree children's knowledge and attitudes toward vegetables and fruit [J] . Canadian Journal of Dietary Practice Research, 2015, 76(3): 1–7.
[16] LITT J S, SOOBADER M J, TURBIN M S, et al.The influence of social involvement, neighborhood aesthetics, and community garden participation on fruit and vegetable consumption [J] . American Journal of Public Health, 2011, 101(8): 1466–1473.
[17] WANG H, QIU F, SWALLOW B. Can community gardens and farmers' markets relieve food desert problems? A study of Edmonton, Canadian [J] .Applied Geography, 2014, 55(55): 127–137.
[18] MALLER C, TOWNSEND M, PRYORA, et al. Healthy nature healthy people: "contact with nature" as an upstream health promotion intervention for populations [J] . Health Promotion International, 2006, 21 (1): 45–54.
[19] AL-DELAIMY W K, WEBB M. Community Gardens as Environmental Health Interventions: Benefits Versus Potential Risks [J] . Current Environmental Health Report, 2017, 4(2): 252–265.

日本公共绿地中的社区设计——以大阪大家农园和泉佐野丘陵绿地为例

山崎亮 (Yamazaki Ryo)[1]

我非常关注英国思想家提出的“生活”这个词，生活才是每个人的财产。笔者的团队名称是Studio-L，L指的就是生活，Studio-L的工作内容是关于社区设计。笔者是在东京设计事务所工作的设计师，在社区召集各种各样的人，听取他们的意见进行设计，目前在日本300多个地区进行了社区设计。在这里和大家分享两个市民一起建设市民花园的案例：

1　大家的农园

大家的农园是在大阪北加贺屋地区推进的市民农园项目（图1）。北加贺屋是大阪的中心，这个区域两三公里的范围内有非常多的工厂，60%的区域是房屋中介公司。

工厂里面人越来越少，地价越来越便宜，房屋中介希望提升工厂密集区域的地区价值。想要改变现状，最初是请了很多艺术家在闲置工厂留下艺术作品，比如小黄鸭（图2），后来变成了大阪比较有名的景点。但是因为当地人对于艺术的理解不太深刻，所以大家对于艺术完全没有兴趣。

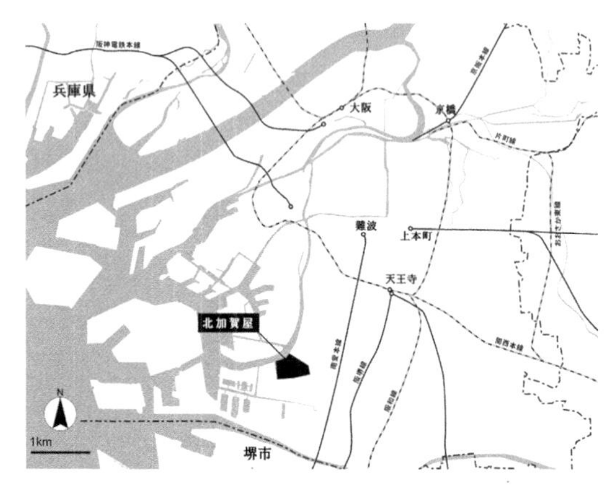

图1　大家的农园位置所在地

图2　北加贺屋创意村落计划

房屋中介做的第二件事情是举办聚集本地居民的工作坊来听取当地人的意见（图3）。当居民被问到“对于这个街区来说，什么才是最重要的”的时候，很多人提出周边工厂过多、绿化不足，想要一

1　日本庆应义塾大学特聘教授，Studio-L负责人。

图3　本地居民工作坊

第一年的初步工作

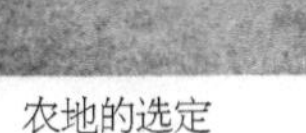

倾听　说明会　农地的选定　工作坊

准备土壤

换上土壤　使用耕土机　铺平土地　放入肥料

图4　农园最初的营造

个能生产食物的社区农园的意见。

拥有很多地产的不动产公司向大家提供了闲置的空地，由市民一起把空地变成农园，而Studio-L被委派了这样的任务：与居民一起举办工作坊，从最初的招募参与者、准备土地，到种植幼苗（图4），来营造一处社区花园，并逐渐让居民团队负责后期的维护管理。

Studio-L和当地人一起把原来土壤品质不太好的工厂用地换成了肥沃的土地；因为缺失专业的农业知识，所以大家按照自己的意思进行种植（图5）；农园的选址是日照不太充足的区域，但是当地人对现在农园的样子已经很满足（图6）。

从一个小小的农园开始，相继出现了研究在农园收获的蔬菜是否能用来做料理的小组，为了让农业活动变得更时髦而出现的研究服装的小组，愿意参与农园的人也变得越来越多。

大家的农园不是所有的人都能进去，只有当地社区群众才可以进去，所以需要有围栏，这里生产的蔬菜会和当地人一起来分享和品尝，最终的想法是把围栏拆掉。其他社区的邻居也想效仿大家的农园的做法，所以又有了第二块农业园。第二块土地面积比较大，没有做围栏，而且房屋比较旧，改造后的屋子是社区的公共厨房，采摘的蔬菜水果在此进行料理，跟社区的群众一起分享。此外，针对孩子们做了儿童食堂，外国人以为日本人很富裕，但是日本也有很多贫困的人，贫困家庭的小孩不能吃饱，所以在社区花园里面种的水果和蔬菜可以提供给一些贫困家庭的小孩，而且运营团队还会组织自制酱油的活动。

参与者支付会费就可以愉快地使用“大家的农园”，所以是以自立运营的方式在持续运营这个农园，而并未接受政府的资助。

种植准备

培土

种苗

设施准备

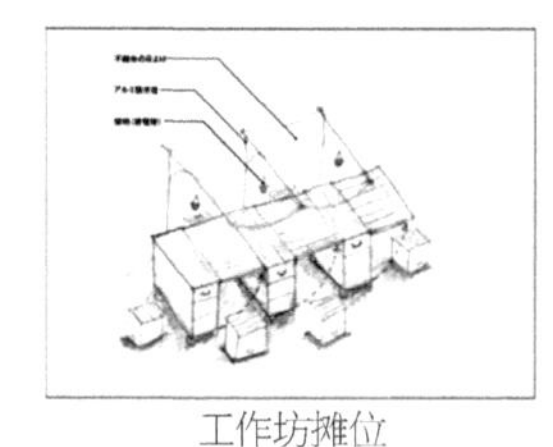

工作坊摊位

招牌

凉棚、铺装

农具仓库

图5　种植准备

慢慢成长起来的农园

发生在大家的农园的活动

种幼苗的活动

收获祭

用自己的双手营造农园

“缘侧”空间

图6　社区的人收获农产品进行各种各样的活动

2　泉佐野丘陵绿地

泉佐野丘陵绿地在大阪，距离大阪机场30 min车程的距离（图7）。笔者收到委托：完成一个由社区居民一起群策群力建造的、自己喜欢的公园设计，公园整体面积约30 000 m^2，设计团队计划在图7的蓝色区域内做设计，其他剩余面积保留原生山水的状态。东边是入口，从东边进去之后，通过通用设计（Universal Design）的方式能让各种各样的人使用这里。在这里设计团队设计了一些道路、卫生间和放置农具的小屋等。

笔者团队想要创造的是能亲手建设公园的队伍，比如说对这个公园里面的树木进行维护的人员，希望每年对30个人的团队进行培养。每次招募30个公园养护员，实际上有100多个人报名，希望能够参加保护公园的工作。报名人每人都写一篇400字的作文，让公园管理方作为依据来筛选。100多人都写了非常漂亮和整齐的文字，这让我们非常感动，但是最终也只能从这100人里面挑选30个人进行培养，让他们成为公园的养护者，经过十年的时间逐渐建立这所公园。这30个养护者首先要学习公园养

图7　泉佐野公园绿地区位图

护的知识（图8），参与6次培养讲座训练，内容包括：共享公园的主题和理念，一起来保育森林，大家来了解森林，一起学习地区的景观、历史和文化；一起来策划未来的活动，一起来体验活动暨养成讲座毕业典礼。最初以为参加公园养护的是年轻人，所以最初的计划是让养护者在休闲时间登山，而日本的年轻人休闲时间喜欢玩手机游戏，他们不来参加公园的养护，参加者都是65岁以上的老年人，而且全是大叔大爷型的男性。

图8　公园养护员养成培训

公园养护培训的第一天笔者笑容满面地欢迎大家来培训，但是老人们都非常严肃，好像生气的样子，后来才理解他们为什么生气，因为65岁以上的大叔大爷都已经退休，他们的妻子希望他们出去走走，不要整天在家里待着，所以公园养护者是妻子帮他们报名的，不是自愿来的。他们心里清楚自己是被妻子赶出来的，所以刚开始30个老头都很生气。我们依然跟他们沟通公园的设计理念，通过共同的行动营造一种可循环的生态环境，一起来养护森林和公园，并告诉他们如何种植花草，为什么土壤重要，然后大家就开始行动起来一起营造公园。

第三届的培训生把公园的一处农田改成了菜园。大家在这里收获蔬果，还想做一个餐厅，把在当地收获的蔬菜让社区的群众一起分享，我们开展了各种各样的活动（图9）。从第五届开始的培训生到现在第十届的培训生，一共有300多个老人参加公园的养护。第一届的培训生是65岁至75岁的人，十年后的现在，他们是75到85岁的老人，但是现在的他们比十年前更年轻，更健康。公园的养护是公园设计师最初设计的一种做法，通过当地老年人的参加，一起来讨论并决定公园的方针。

参与者非常享受他们亲手建立的公园，会非常自豪地向周围居民介绍自己营造的公园，而且他们的人生变得更加丰富多彩，实现了他们人生的价值（图10）。这就是社区花园的目的，也是社区花园设计者的愿景。

图9　种植活动＆植物观察活动＆鸟类观察活动＆挖笋活动

图10　参与者自己铺设道路

都市农园的民众参与途径

王本壮[1]

1 可持续社区的发展脉络

从17世纪英国的产业革命开始，人类社会进入了新的发展形态。然而现代化的生活模式伴随着的却是对于自然环境的肆意破坏与资源的过度消耗。20世纪70年代的两次石油危机，开始让地球村的居民意识到快速追求经济增长所带来的问题，对于生态环境进行关注与保育的浪潮开始启动。1987年蒙特娄公约（Montreal Protocal）的制定、1992年巴西里约热内卢召开的联合国地球高峰会议中倡议的《21世纪议程（Agenda 21）》，揭示了“可持续社区”的议题正式进入人类的生活。

世界各地开始采取积极的作为，包含有特定地区性的环境保育发展计划、可持续指标与相关法规，成立区域整合性组织等。并思考如何落实到一般民众的社区生活层面，建构可持续社区成为地域发展的重要课题，并进一步的结合生态复育、生态旅游等手段或项目成为社区发展与实践的阶段目标。

然而可持续社区所牵涉的课题，或是推动实践的方法、模式常会因为所在地区或社区属性的差异而有所不同。亦即不同生活形态的社区可能具有不同的可持续发展议题，以及适合于社区特有样态的操作方法与模式。因此，通过系统性、学术性的研究与实验过程，纪录、汇整、分析出推动可持续社区的运作模式，以适应社会的迫切需求。

2 都市农园与民众参与

都市农园的概念可追溯到19世纪末时，英国人埃比尼泽·霍华德（Ebenezer Howard）所提出的花园城市的概念。霍华德认为都市中应设置绿带（Greenbelts）来防止城市过度扩张，并可以同时兼顾城市与乡村的优点，使人为都市与自然环境得以和谐共存，都市农园也因此应运而生。

综观相关论述，都市农园具有都市美化与绿化的功能。尤其是在都市社区中，常见的畸零地与闲置空间常被当成废弃物丢弃的地点，甚或成为治安的死角。阿索玛尼·波登教授（Prof. Asomani-Boateng）发现将都市社区内的闲置空间转变为农作物的耕种之处，将使空间变得整齐与清洁，而且通过植物的绿化，也让都市社区出现美丽乡村的景观。

其次，都市农园可在都市发展与生态保育间达到平衡。在都市里常常面临经济发展与环境保护的两难困境。而推动都市农园，将因为绿色植物能够过滤或吸收城市污染物，且有助调整微气候，进而维持人为都市与自然环境两者之间的平衡。

此外，通过建立都市农园，城市居民可以自己耕种部分食物、自给自足，降低食物里程与碳足迹，也更能确保食物的新鲜与安全。而且部分弱势居民也可以经由都市农园的设置，改善生活质量。更重要的是，都市农园的基础在于居民共同参与社区的公共事务，经由意见表达、采取行动等作为，是都市迈向可持续发展的关键。也唯有通过民众参与，在环境、经济与社会面向上的相呼应，社区才能建立共享的愿景，迈向更美好的未来（图1）。

---

1 台湾联合大学创意统合设计研究中心主任、设计学院建筑系教授，台湾社区培力学会理事长。

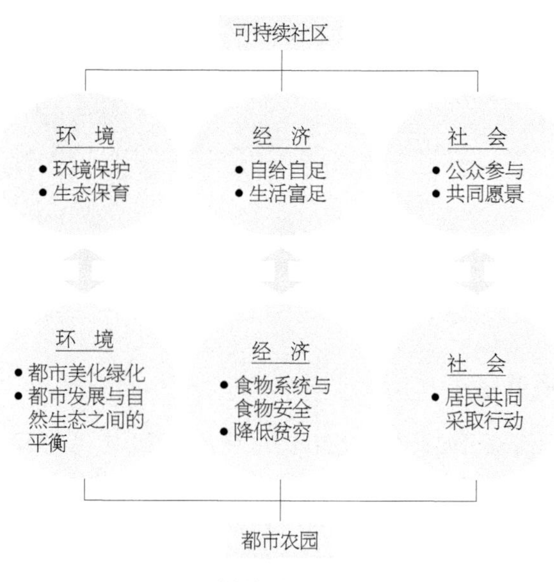

图1 可持续社区与都市农园

3 项目标的与研究重点

本项目以行动研究（Action Research）的方式通过不同形态的社区进行适切的实验，一方面实际推动、展开不同议题的可持续社区的实践工作，累积社区实作经验。另一方面，比较、探讨不同形态的社区推动时的优劣势、可能面临的问题或困难，继而汇整出建构可持续社区的方法、流程以及推动模式等，以提供日后推广可持续社区与发展相关学术理论基础的参考依据。

操作方式以达成所预定的年度阶段性目标为主，设计重点实验工作。首先，第一年为项目的准备与启动。确认项目实验社区及推动议题，进行各标的实验社区的基本调查（含可持续发展指标）与民众的启蒙、培力，进而建立项目的暂时性推动方法、流程等。其次，第二年为项目的执行与检讨、修正展开并记录各标的实验社区的实际推动执行工作，并分析、检讨实操工作面临的难点，以修正或调整后续工作的方法或流程。最后，希望在第三年能够完成本项目的阶段成果评估与运作模式的提出，并能针对第二、三年度累积的阶段性成果进行深度评估、比较，以及分析各标的实验社区的推动经验，进而汇整出具参考性的推动模式（含方法与流程）和日后推广的策略建议。

4 居民参与建立都市农园的过程

正如同大多数都市社区存在着冷漠疏离的状况一样，标的实验社区的居民虽能知晓一般性的环保与节能减碳的信息，对于都市环境恶化的严重性也有所觉察，却不知可以如何开始行动而鲜少落实。本项目针对这样的状况，思考从连结一些“有心无力”的居民开始。从单一居民间的串联、沟通开始，渐渐扩展到十多位居民定时召开会议、讨论自身社区可持续发展的议题，让社区居民成为运作执行的主体，并主动号召更多的居民一同参与建立可持续社区的行动。

也就是说，从纸上谈兵开始，经由听、学、做的过程，居民们慢慢地开始真正了解可持续发展的意义和内涵，更决定真正落实这样的理念，进行知识的学习与信息的交流，自愿且自主地改变生活行为模式，决意通过建立都市农园，让社区朝着可持续发展的方向迈进。

4.1 标的实验社区简介

标的实验社区位于桃园市西南侧边界，东侧国际路南往八德，北侧可接南桃园交流道，北侧中山路向西接往中坜；东侧紧邻中山小学，西有武陵高中，附近更有爱买、IKEA等生活购物设施，属于都市边缘的快速发展地区，由于邻近高速公路交流道，生活机能便利，近年来此区土地开发使用密度日渐升高，高楼毗邻，成为人口密度高的都会型封闭式住宅社区。在社区人口方面，A社区共计有16邻1 964户，共5 084人；B社区共计有15邻1 632户，共4 838人；两社区总人数9 922人（图2、图3）。

图2 标的实验社区区位示意图

图3 标的实验社区现况一景

4.2 居民参与的策略与途径

初期规划以隔周双休日的时段作为活动时间，逐步渐进的方式来进行。藉由先前培育的种子居民进入社区内，带领其他有意愿及具有社区意识的居民重新认识、了解自身的生活环境，并策划一些自发性的互动学习，达到居民交流与互助的目的。其次，拟定以亲子活动的方式，由引导小朋友了解社区，扩展到家庭间的互动与情感连结。活动内容的设计，主要是结合社区小朋友的兴趣、专长，整合社区资源来安排学习课程，内容以认识社区植栽、绘制社区资源地图、改善社区环境大作战等活动，藉由自发性的交互式学习，让居民能互相学习他人的专长，同时在相互学习的过程中，培养沟通、协调的能力。有关亲子活动的设计可参考表1。

民众参与建构都市农园的基本核心是必须从生活的文化开始，结合生活、环境与行为，达到一个理想的具有品德、品质、品位的“三品社区”。这样的都市农园不单纯是一个小花圃或是小菜园，它可以形成一个理想的社区生活样态与模式。

打造都市农园必须要结合实际的空间，到底在社区中什么样的空间可以产生可能性来打造这样的花园呢？我们先把社区生活空间做一个简单的分类，从个人单元开始的私密空间，到家户的门口、梯厅、楼道，再到庭院半公共空间，再到整个社区的公共空间（图4）。

尝试做这个案例大概从2007年开始连续3年，本来觉得从居民个人家里做起比较容易。当时很理想性的选择从家户的私密和半私密性质的空间开始，但半年之后宣布失败，因为发现很多居民其实不太愿意先从自己家开始，而比较希望先选择较具有公共性质的区域，所以我们后来就从社区的半公共空间开始操作。

这是为什么呢？其实是因为在改变的过程中，居民希望跟其他的邻居共同进行，如果只是自己改变就比较困难。就像我前一阵子开始瘦身，在家里踩自行车觉得很无聊，我就沿着社区的人行道跑步，

表1 标的实验社区亲子活动课程

活动课程	活 动 内 容	协力单位
认识花花草草	认识社区植物，让小朋友更了解社区生态	都市社区生态绿化的可持续社区营造工作小组
社区寻宝	让小朋友走出户外，了解各社区、街道，并找出社区问题，作为后续课程活动的学习内容	筑梦家族
布置你的家	教导小朋友废弃物回收再利用，制作成美丽的装饰品或小小收纳箱，培养小朋友的耐心与创造力，同时也让家里能焕然一新	筑梦家族
改善社区大作战	以社区资源地图内容为主，找出社区角落空间，并从整理社区环境中产生对社区的认同感，协助维护社区整洁与安全	都市社区生态绿化的可持续社区营造工作小组
爸爸妈妈的玩具	教小朋友运用回收的对象，制作简单的玩具，例如弹珠台、风车等，让家长与小朋友同乐，拉近亲子间的距离	筑梦家族
秀出自己	在一连串的活动之后，邀请家长一起来做成果发表，并让小朋友介绍自己的作品，藉由发表的形式让小朋友有秀出自己的机会，从赞美中提升自信心	筑梦家族

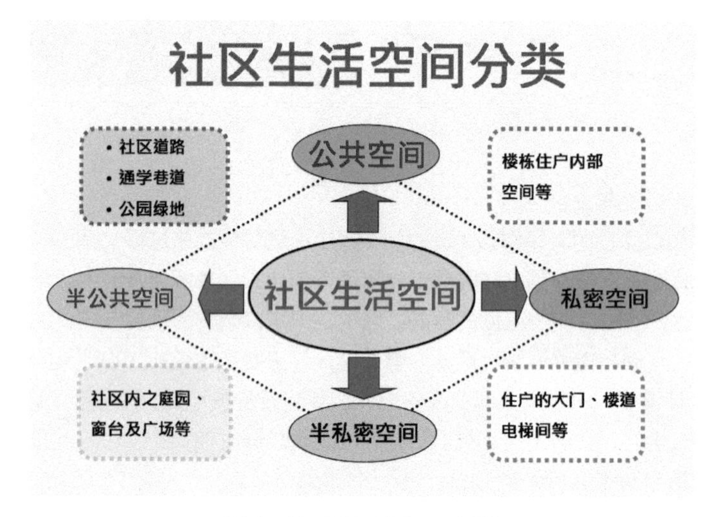

图4 社区生活空间示意图

然后看到有比我更胖的人也在跑，这样就很有动力！

就社区的半公共空间而言，如果再把它类型化一点，有几个面向可以思考。首先是法制面，我国台湾的公寓大厦管理委员会（类似业委会或居委会）扮演着推动住户规约落实执行的角色；其次，在学习面就可以进入到议题型契约学习，很多案例中都有教育、学习、成长的过程；最后到执行面，必须有一些社区能人或是地方专业者的策略联盟。选择的专业者很可能来自周边的大卖场，比如选择家乐福之类的园艺部门的工作伙伴来指导，因为他们就是与民众的社区生活有密切关系的人，由此形成可持续的模式。

4.3 标的实验社区实操过程

4.3.1 香格里拉C区

香格里拉C区是本项目标的实验社区中一个半公共空间的操作案例。为了这34户人家，团队跟他们一起工作了3年时间，我们很努力地说服政府相关单位支持社区做这个项目。记得当时汇报的项目内容大概是：第一年教居民怎么挑选盆栽的器具跟植物；第二年跟居民共同分享怎么浇水让绿植活下去；第三年讲怎么施肥，让绿植活得好。一开始行政单位听完就猛摇头，但是后来慢慢理解到，居民生活行为的改变是需要时间的。2007—2010年实践3年之后，团队撤出社区，到现在2019年了，社区居民仍在自主持续运作维护。

在香格里拉C区中团队实验如何构建一个居民自愿持续运维的绿色步道。讨论涉及很多细节（图5)，从如何选择盆器到哪些植栽可以过滤废气、降低PM2.5甚至减少雾霾等。“大饼”一定要画出来，居民不见得完全相信，但会理解到很多发展的可能性，在其中就会激发出更多参与的途径，比如有居民的认养卡贴上去，就可以让盆栽有机会活久一些。如此一来就逐步形成生活模式的改变，并产生居民共识。很多细节操作之后，居民开始有了自信心与荣誉感，他们自制了一个标语，挂在社区醒目的地方，写上“欢迎来到香格里拉C区”。

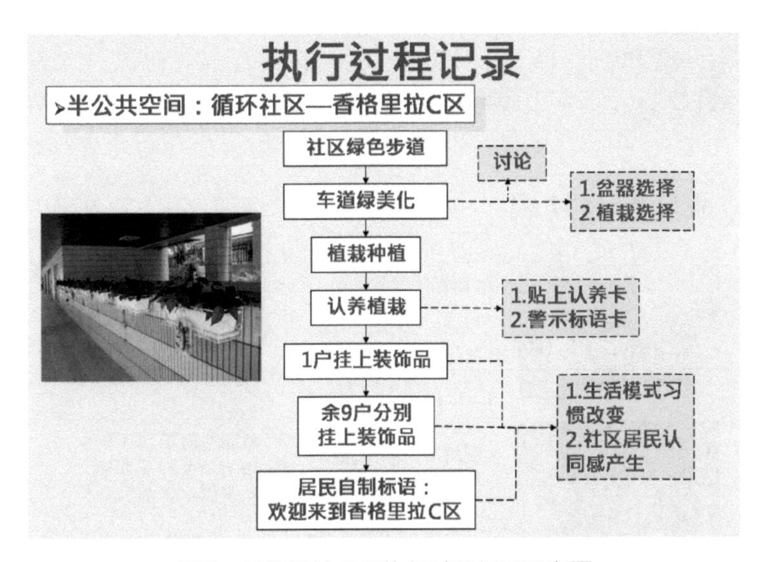

图5　香格里拉C区执行过程纪录示意图

若是再细化地分析，实验的第一步可称为“社区意识的形成”。标的实验社区所在的城市是一个移民城市，60%以上的外来人口在这里形成了一个漠不关心的城市社区。所以如何让新移入的居民觉得这也是他们的社区，他应该有什么责任？同时，让居民思考自己居住的社区是不是一个好地方，他是否希望有一个美丽的、值得骄傲的社区生活环境？大家进行更细致的讨论，比如怎样绿化、美化骑楼空间，然后凝聚为社区议题。在居民逐步投入过程中，由于已经付出了精力，会感到必须要坚持下去。越来越多的盆栽和植物取代了原本停满机动车辆的社区公共空间，让社区变得更适合人生活。但有没有办法延续？植物都会有生老病死的周期，真正的“可持续”才是重点。

实验的第二步，要做到可持续，就涉及浇水、施肥，如何让植物活下去、活得好。到底是要用购买可得的化学肥料，还是要运用生活中产出的厨余堆肥？我们做过一个调查，一个三口或四口之家在这个社区每个月厨余产生的堆肥可以养12盆大型盆栽，所以每户厨余产生的堆肥不仅够养盆栽，甚至还可以提供给其他的社区使用。在这个过程中，住户们又开始分工合作，共同思考怎样改变生活习惯。他们渐渐把生厨余拿到堆肥箱，堆肥箱也作一些处理，不管是厌氧性还是好氧性的堆肥方法，都使住户之间有了更多互动，也有一些堆肥由周边社区种植菜园的居民拿去，收成时再回馈一些蔬果，形成正面的循环。图6就是居民自己制作的堆肥箱。

图6　居民自己制作的堆肥箱

形成共识必须还要有进一步持续的动作，香格里拉C区的居民们从骑楼廊道盆栽的认养逐渐回到自家的阳台，进行绿化、美化的工作。原本计划从私密性质的个人居家空间美化推展到公共空间的改造，现在变成一个逆向回推的过程。居民们在社区公共空间看到这样一个美好的景象，带着跟其他人交流分享的绿化种植技艺和经验回到自己家里，变成一个长期投入的行动者，甚至愿意协助社区其他居民。整个过程慢慢变成一个正向可持续的循环生活模式（图7）。

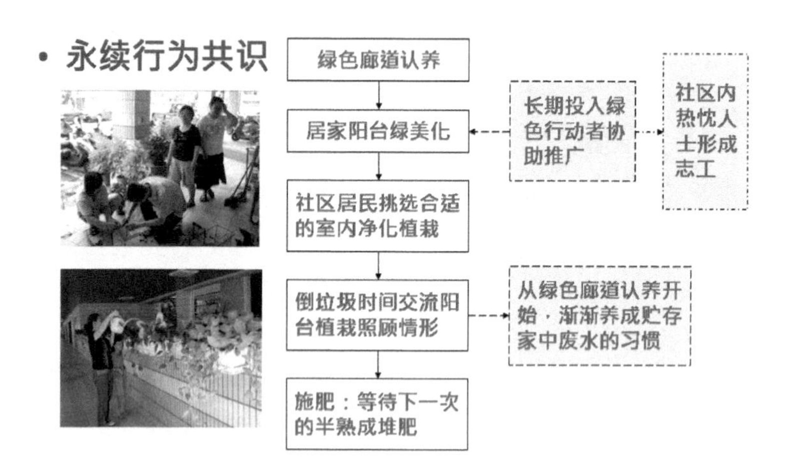

图7　香格里拉C区执行成果

4.3.2　都会广场社区

都会广场社区相较于香格里拉C区是一个规模稍大一些的社区。这个社区有136户住户。更大的场域规模需要更多的刺激与回馈，因而不是简单地种植观景式植物，而是采取了垦拓都市农园的实验模式。原来的景观植栽因为照顾不佳以及土质问题，状况不是很理想，庭园也有很多黄土裸露的部分。因此，跟前面案例直接进入美化不一样，大家先讨论对于空地及目前维护管理欠佳的社区庭院应该怎么处理。经过适当的引导，打造都市农园的概念慢慢形成，而且在这个概念下，逐渐凝聚共识，然后讨论、选择、确认农园环境的整体规划与细部设计（图8）。

打造都市农园想法的产生其实并不是空穴来风。主要是基于社区里的老人，也就是移居过来的第一代扮演着重要的角色。他们原来生活在农村，被年轻一代接到城市里居住，有时非常无聊，若能在社区里设置农园，就可能激发高龄长辈的生命活力，跟以往被动员或用肥皂及赠品等吸引参与一些社区活动完全不一样，他们会主动、自愿地参与，并积极思考是否能在农园中展现擅长的耕作能力。

议题产生之后凝聚共识，展开行动。过程中也会发生需要重整的状况。例如台风来了造成农园的

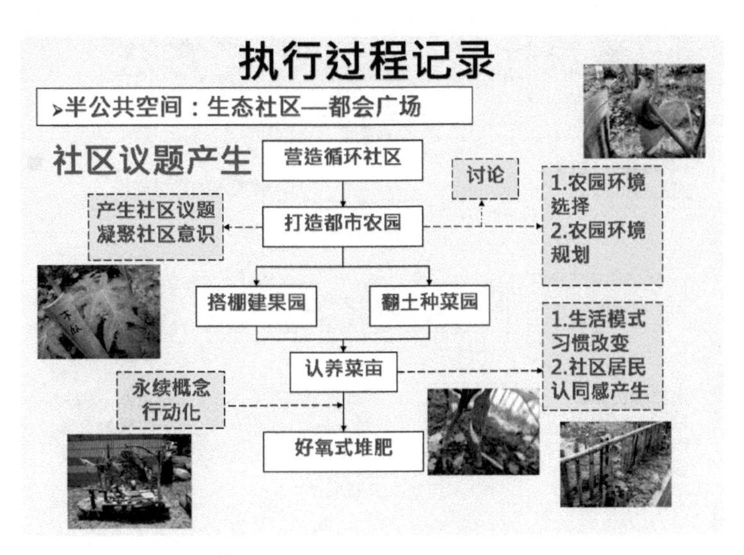

图8　都会广场社区实操过程

蔬菜受损应该怎么处理？农园的田埂遇雨泥泞难行需要铺设步道，要用木栈道还是红砖？当时对面的大楼正好在施工，居民们跟大楼的管理者协商到半夜，希望有剩下的建材可以给社区使用。居民发现很多蔬菜有当地需求，渐渐地更多人参与进来，促发了可持续行动的能量不断累积，以及正向的生活行为循环。

都市农园中的种植行为是促进居民改变生活模式与居民间形成互动、融合、连接的实验过程，并从具体的行动中激发进一步的影响。居民把实践中学习的经验扩散到原有植栽的再利用，乃至于堆肥的方式等。他们在这个过程当中学习怎么改变生活模式以对应更好的社区环境。例如雨水的回收再利用，家庭废水包括洗澡、淘米、洗菜水的再利用等。在开始运用生活废水后，居民摒弃家中原来使用的化学清洁剂，转而使用天然有机可分解的清洁剂。在实验过程中，居民也逐渐探索出什么月份、季节适合种什么蔬果，以及因为微气候的影响社区农园中不适合种植瓜果等经验。居民们渐渐开始跟土地与自然环境有了更多的联系！

5　实操过程的分析与应用

综观上述操作过程，可以发现关键在于居民经过亲身参与和体验学习的经验与记忆，形成一个自主投入的机制，在逐渐产生效益的情境中引导了居民间的关系，让原本持反对意见的声量渐渐减小，让一些担心会无法管制造成乱种植现象而反对的居民相信自己的邻居有能力可以控制。通过持续地参与行动逐渐形成一个持续的正向循环，其中居民行为模式的改变非常重要。有位居民表示为了农园每天要早起10分钟浇水，因此要早睡30分钟，所以他的生活模式也开始改变了。社区农园其实是在建立一个可视、可感受的愿景上，而这个愿景的建立开始创造一个居民舍不得破坏的生活环境（图9）。

研究团队在累积不同类型、不同议题社区农园的实作经验后，发现培力、提升各实验社区民众有关可持续社区营造的认知与行动能量的经验，可供其他有意推动可持续社区的民众参考。在这次的经验中，都市农园开始于社区的半公共空间，先让部分社区居民尝试较小规模的都市农园，不至于一开始就必须花很多时间来维持农园。毕竟都市社区居民大多是双薪家庭，在生活压力下较难有闲暇时间来参与公共事务。在小规模的都市农园成功建立之后，社区居民逐渐产生信心，试图开始扩大都市农园的范围。

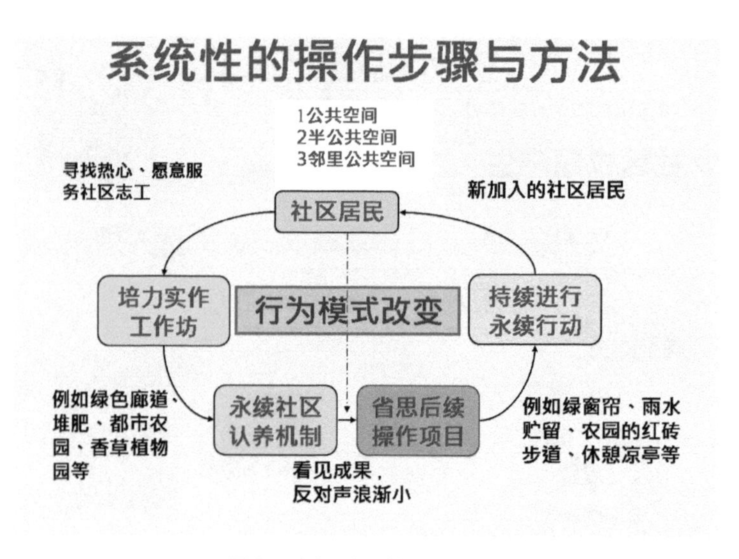

图9　实操过程的循环机制

小型都市农园的成功也吸引周边其他社区居民们的注意，亦开始希望将自己社区的公共空间改造为都市农园，形成了见贤思齐的“涟漪效应”，即预期外的附加效益。因为大多数都市里的公寓大厦虽有种植观景植物的花园庭院，以增加公寓大厦的美观。但是却需要花费相当多的费用来维持其美观。而都市农园正是更高效的使用方式，也有足够的诱因，在正确的引导及规范下促使居民参与，并培养正确的环境保育、节能减碳的知识素养与生活习惯。

社区居民从一开始的持怀疑态度，觉得原来的花园比农园好，到开始小规模实验后渐渐转而支持。在社区支持系统的协助下，各个年龄层的居民都在农园中慢慢找到自己可被满足的需求，以及可参与扮演的角色。共治、共建、共享成为真实可感受的生活模式，成就感也油然而生，因此形成可持续的正向循环。社区居民们从原有的景观花园进入社区农园，从社区农园进入到生活农园。居民在生活农园中改变了生活行为模式，包括垃圾分类、资源回收、节能减碳等，具体真实地贴近生活，成为可持续社区发展的动力。

研究团队运用社区所在城市的四个简单的可持续指标来分析实操的成果（表2）。值得高兴的是，3年以来可持续指标都是正向的趋势。例如，第一年人均用水量有提升，因为种花种菜直接取用自来水，后来就转变为使用雨水回收、中水再利用的水，第二年人均用水量就明显下降20%。同样的状况也发生在种植阳台绿植过程当中，竟然也降低了空调设备的使用频率，让平均每户每月用电量下降，使我们看到整个实操过程所产生的持续性的扩散影响。

表2　都会型可持续社区指标

领　域	指 标 名 称	测　量　方　式	代表意涵
生态–环保生态	平均每人每日用水量	社区总用水量 ÷ 社区总人口数 ÷ 日数	背离可持续
生态–环保生态	平均每户每日耗电量	社区总用电量 ÷ 社区总人口数 ÷ 日数	背离可持续
生产–产业发展	进驻率	【社区进驻户数 ÷ 社区总户数】× 100%	迈向可持续
生活–人文教育	活动参与人次	【参与社区活动人数 ÷（社区总人口数 × 社区活动次数）】× 100%	迈向可持续

资料来源：桃园市永续社区指标。

本项目的研究目的是为探讨建构都市可持续社区的模式，通过长期的驻地研究，研究团队发现，建构都市农园能在生产、生活、生态三个面向上有效体现可持续发展的精神，也是形塑都市可持续社区的重要基石。对应到本项目所探讨的环境、经济、社会三个面向的发展可能，我们印证了其在环境部分，可以美化与绿化环境，并让都市土地有新陈代谢的机会；在经济部分，也能让都市居民在食物方面可以自给自足；在社会部分，更可以增加人际互动的机会。

此外，在政府、社区居民、专业组织三者之中，通过行动研究模式，将可各自建立相对应的角色地位，形成良性的互动关系，使都市农园的营造更能符合社区居民的实质需求，激励民众走出自家，关心并参与社区公共事务，达成建构可持续社区的理想目标。

延续生活方式的乡村社区更新策略研究

金云峰[1]　万　亿[2]　赖泓宇[2]　彭　茜[2]
陶　楠[2]　陈丽花[2]　王淳淳[2]

随着乡村振兴战略的全面实施，乡村建设已不再只是以环境美化为目标，而是站在乡村社区的视角，通过营造更新的方式达到改善农村生活环境，提高农民生活水平，从而进一步增强乡村向心力和人口稳定性的目的。然而，当前许多乡村以旅游开发为手段进行改造，用带动当地经济为借口买地、占地，实则是大拆大建后将城市生活搬到乡村，导致村民的生活节奏改变，乡村失去了历史积淀的文化，遗失了乡村最可贵的生活方式。

村民的意见看法不仅能够体现一个村庄的生活方式，从中还可以挖掘到深层次的地域风俗习惯和生活细节。尊重村民的设想建议，保留村庄地域习俗，发扬村庄优势产业，延续村庄优良的生活方式，可以有效避免刻意将某些外来文化或符号强加于村庄改造，改变其自身原有传统特色的做法。

1　乡村社区更新特征分析

1.1　城市与乡村社区更新的特征差异

城市社区与乡村社区在承担事务类别上存在着根本上的差异，所以其特征不同，更新策略也有所区别。城市社区产业以工业、商业、服务业为主，经济和政治等活动集中，人口密度往往比农村社区大得多；而乡村社区中人们从事的经济活动主要是在大面积土地上进行的农业，因此只能小规模分散聚居，人口密度较低。

在社区居民的互动关系方面，乡村社区熟识度更高。因其文化水平层次大体一致，共同话题较多，邻里交流谈话等互动频率较高。加之有传统集市的存在，居民会结伴一起赶集、去田间劳作等，共同出游的频率较高，并且许多村民之间会有一部分亲戚关系，所以社区互动关系比城市更加密切。但另一方面，这也会导致邻里间的冲突频率高于城市社区居民。因此，在乡村社区更新中应充分利用社区居民互动参与程度高这一特点，采取公众参与度高的可持续社区更新策略，增强乡村社区居民的主人翁意识。

近年在城市推行的社区微更新等营造途径已探索出一系列可持续的社区更新运作机制，取得的效果十分显著。在开展美丽乡村建设工作中也提出了创新乡村规划编制机制（图1），让农民编制，由政府组织、支持、批准，请技术单位下乡咨询指导，由此可见对公众参与规划的重视。在已试点开展公众参与的乡村实践研究中，出现了规划展览系统、规划方案网上咨询、开放式研讨会、规划听证会和规划过程的民意调查等公众参与的渠道，但执行程度低，未能达到延续乡村生活方式的效果。许多乡村规划仍停留在“自上而下”的规划方式，忽略村民的意见和需求，还以景区模式的旅游产业为发展

1　同济大学建筑与城市规划学院景观学系副系主任、教授、博士生导师。
2　同济大学风景园林专业在读博士生。

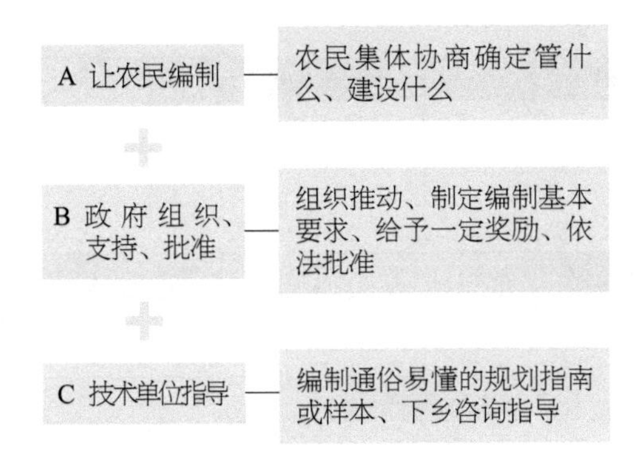

图1　创新村庄规划编制机制

目标，仅站在城市游客的角度考虑问题，忽略了当地乡村存在的关键问题。虽然政策和文件导向村民编制，但没有具体的操作流程，工作过程中遇到复杂问题仍影响规划进程和实施效果。目前，还没有形成较为成熟的乡村社区更新模式。

1.2　国内外乡村社区更新的情况差异

在村镇建设领域，西欧国家及美国非常重视在重大项目实施中调动公众的积极性，其制度也执行得比较完善。通过多种媒体渠道进行宣传，鼓励居民提出意见和建议，使人们能够充分了解规划建设的目的和实施过程，争取更多的理解和支持。发达国家农村发展整体平稳，田园风光保护和休闲旅游产业已相当成熟，其特点是以农业生产为主，村庄建设主要体现在小城镇上，村民人口多为非农业人口，受教育水平相对较高。

以德国为例，公众参与工作以成立乡村更新办公室的机制开展。决定乡村更新后，社区政府成立由各方代表组成的乡村更新办公室，并向社区议会和居民进行公示。乡村更新办公室将在筹备阶段，组织居民和社区政府的代表制定规划的基本模型和初步规划；制定具体目标、关键手段以及项目的具体工作；和社区相关者共同负责介绍更新规划方案；引导建立执行委员会负责准备最终的实施规划和融资手段；更新完成后，负责进行整个工作的总结。

在日本，农村规划编制方式依次经过了非村民参与型、村民参与型和村民主体型三大阶段，村民参与规划的制约因素与规划因素之间的关系直接影响到参与模式的选择。农村居民参与乡村规划的编制过程的方式包括民意调查、村民与规划专家组建共议会、多回合的村民座谈会等。

我国与国外发达国家的乡村建设处于不同的发展阶段，这导致诸多方面的情况差异（图2）。基于我国乡村地区以集体所有制为基础的特点，村民依靠集体土地所有制获得主体性地位，这一法律地位为乡村开展公众参与活动提供了基本的前提，应当在规划制定和实施中通过公众参与得到体现。按照《中华人民共和国城乡规划法》的要求，最终的村庄规划成果还必须经过村民代表会议通过，才可以上报审批，可见公众参与是法定必要的程序。但从当前发展阶段来看，我国乡村社区需进行产业发展升级，兼顾环境保护，才能逐步在人口结构和受教育水平上整体提升。

1.3　乡村社区更新路径

通过城市微更新实践探索的总结和对国外乡村更新经验的借鉴，我国乡村社区更新在创新规划编制机制的基础上，应加强对全过程执行程序的细化，从而实现延续乡村生活方式价值导向的落实，形成良性的可持续更新运转机制（图3）。

乡村社区更新路径由参与更新提案阶段和监督执行更新两大阶段构成（图4）。

在更新前期，为了增强公众参与意识，需向村民告知更新计划，组织开展相关宣传活动，在活动

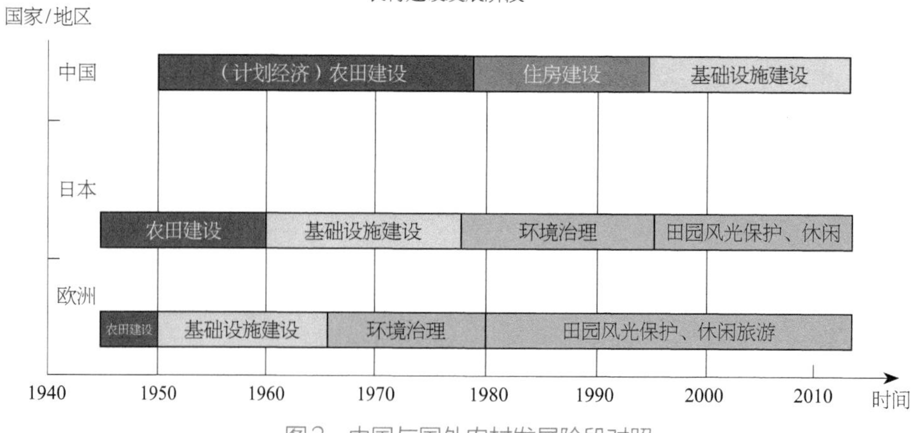

图2　中国与国外农村发展阶段对照

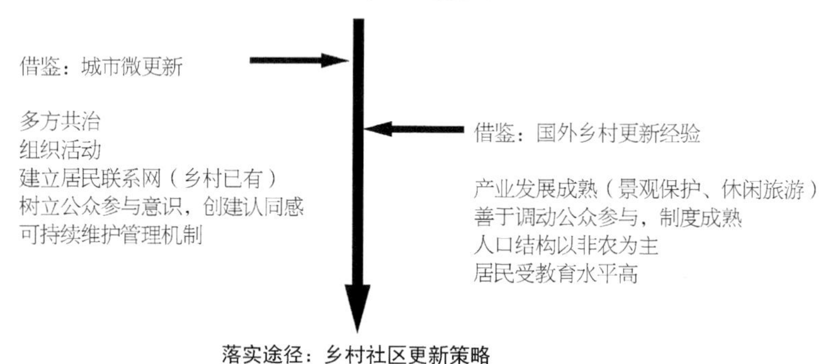

图3　乡村社区更新策略形成路径

中留意发掘村内具有组织能力的人才以及乡村社区团体，例如具有经济合作往来的农户团体或日常进行娱乐活动的组织团体，这有助于后续更新工作的开展。在现状调研的初期，可先对村干部进行访谈，了解当地基本情况、亟须解决的问题以及对村庄未来发展的设想，并根据初步掌握情况制定下一步的系列更新参与活动计划。

在参与提案阶段开展系列更新参与活动尤为关键。此过程整合多方参与意见，通过问卷调查、分组讨论提案、最终票选方案等方式，确定乡村社区更新的类型定位、空间格局、风貌特色、产业发展、资源潜能和环境保护等关键方面问题，对最终更新方案起到决定性作用。

在监督执行阶段，设计方对票选出的方案进行整合并递交村民代表大会进行表决，同时落实参与更新的多方责任义务。更新方案通过后，须进行成果展示告知全体村民更新内容，并提倡村民参与到实际营建中，建立社区居民主人翁意识，有助于后续的使用、维护、管理。项目建成后，在多方责任体的共同执行下，持续开展活动，引导村民参与后续全过程。

2　案例分析——以牡丹江三道关村为例

2.1　三道关村概况

三道关村位于牡丹江市北郊，距市区仅20 km，交通便利，区位优势显著，但因其地处张广才岭余脉，山地丘陵地带，并没有被城市“吞没”成为城市边缘区的可能。行政区划面积208 km^2，耕地面

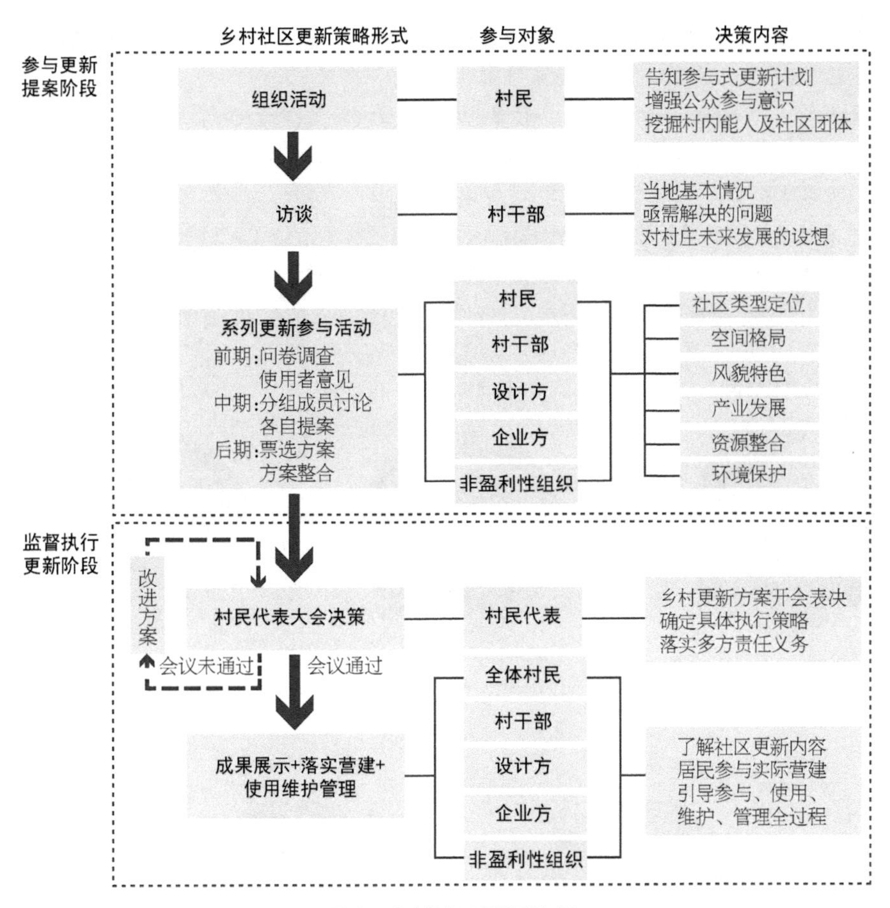

图4　乡村社区更新路径

积3.9 km^2，林地80.4 km^2，草地6.8 km^2，辖区内有自然屯7个，共1 080户居民，户籍在册人口3 100多人。

村庄自然资源丰富，文化价值宝贵。辖区内有牡丹江三道关国家级森林公园和世界最大的养熊基地黑宝熊乐园。村内发现唐代渤海国时期（698—926年）修筑的被称为“中国第二长的城”的牡丹江边墙，全长68 km，并被收入中国长城名录。位于三道乡政府东北方约2 km处还发现有渤海时期的封土积石古墓群（近80座）。

但现存情况却是村庄内部条件较差，基础设施落后，村民生活质量较低，人口逐年减少，村庄丧失活力。

2.2　调研内容及方法

从农民、农业本身出发，对村干部和村民分别进行访谈和问卷调查，掌握村庄基本情况、了解农民的真实需求，调查研究乡村社区居民对所在社区类型定位、空间格局、风貌特色、产业发展、资源整合与保护利用方向等方面的看法，分析调研结果，探究社区居民意愿与“自上而下”政策之间的差异性。

2.3　调研结果

2.3.1　访谈结果

对三道关村干部进行访谈，得到以下村庄问题信息：

① 卫生管理难度大。虽设立了相关宣传版，有罚款等惩罚规定，但村政府对村民没有约束力，乱扔垃圾的习惯已经形成，不容易改变。

② 老龄化严重。村民普遍为老年人，相关基础设施（幼儿园、学校、医院）建设的缺少导致年轻人外流，村庄活力丧失，新产业和新观念实施困难。

③ 房屋廉价。村内有许多空房，无出租赚钱渠道，反而要花钱雇人照看房子。

④ 现有商业经营差。现有几家饭店和农家乐，经营效果差，卫生不达标，环境品位低，无特色。

2.3.2 问卷结果

对三道关村民发放50张问卷，问卷内容涉及村庄发展类型定位（WT1）、空间格局形态（WT2）、风貌特色（WT3）、产业景观挖掘（WT4）及资源整合与保护利用（WT5）五个方面，WT1和WT2为单选，WT3–5为多选，选择的同时也采访了选择原因，得到调研结果如图5所示。

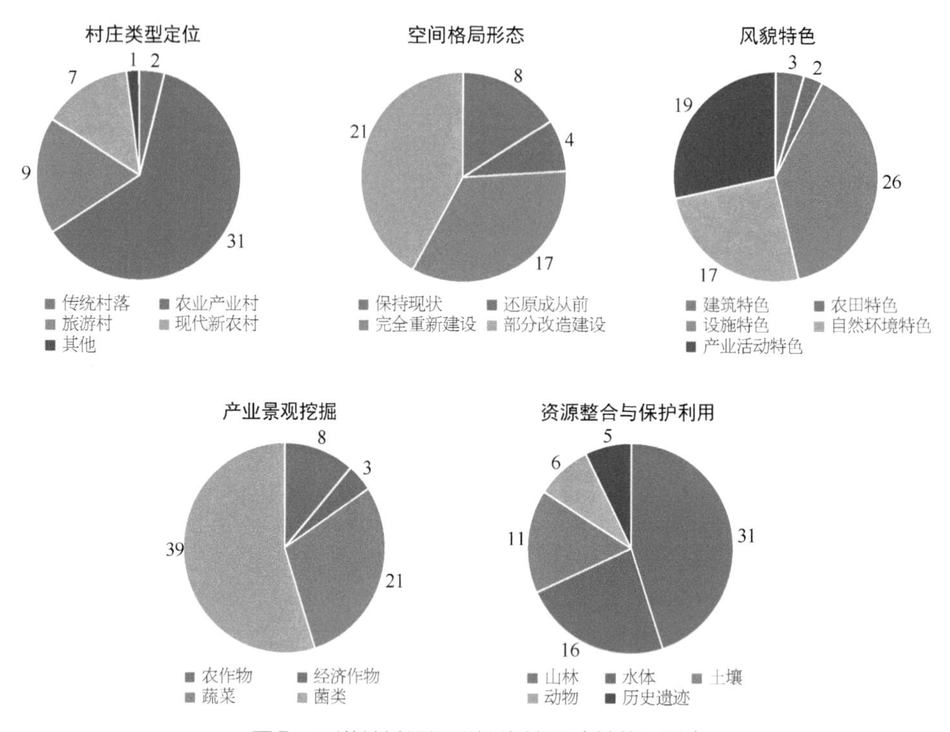

图5 三道关村民调研问卷结果（单位：票）

① 村庄发展类型定位。大多数村民选择希望所在村庄定位为农业产业村，还有部分选择将村庄定位为以旅游产业为主的旅游村或基础设施先进的现代新农村。由于该题为单选，所以能得到村民自身的首要需求，即农业产业发展带动的经济水平提高。

② 空间格局形态。在村庄整体格局的设想方面，村民多数选择部分改造建设和完全重新建设，说明村民对当前村庄格局不满意的程度高。调研过程中发现，每降大雨，雨水会从山上流下，沿着村内小路流进院落，造成庄稼受涝，小路泥泞不堪，这也是村民不满意现状的主要原因之一。

③ 风貌特色。调查结果中，选择设施特色、产业景观特色和自然环境特色占比较多，而最容易营造景观风貌的建筑和农田却极少有人选择，缺乏特色。为提升村容村貌，近两年三道关村在沿街处更换了统一的栅栏（图6），这是村民选择设施特色的主要原因。产业活动指的是黑木耳产业，在黑木耳栽培过程中，排场时的景观十分独特、壮观（图7）。选择自然环境景观多因周围有国家森林公园，村庄依山傍水、景色优美。由此可见，村民对村庄内现有的和近期改造的优势特色具有较强的感知度。

④ 产业景观。绝大多数村民选择了菌类，因为三道关村黑木耳产业已有60多年的历史，建有黑木

图6　村庄统一更换的木栅栏

图7　黑木耳排场产业景观

耳栽培示范基地6.7万m^2，现已成为带动三道关经济的主要产业。还有许多村民选择了蔬菜，主要是指自家庭院内的小菜园。

⑤ 资源保护。三道关林木总面积占全村总面积的82%，林种主要是自然林和自然次生林、人工用材林及少量的防护林和母树林，野生植物种类达1 000余种，能食用的山野菜80余种。村民平日上山拾柴、秋季采野生菌菇都依靠丰富的林地，因此多数人选择了山林。从该选项也看出，村民对自然景观资源保护有所认识，但对文化景观资源却缺乏认知和保护意识（图8、图9）。

图8　游客翻过堤坝河边戏水

图9　远眺村庄

2.4　更新策略

从村民调研结果可得出相应更新方向如下：① 三道关村定位以黑木耳产业为主，旅游产业为辅的现代新农村。② 加强基础设施建设，修建沟渠及村内小路，防止水涝，同时发挥水体（如村内溪水、河流）的景观优势，留出缓冲区并修建便道，吸引游客驻足游览。③ 利用黑木耳产业的知名度带动宣传乡村的旅游环境优势，在木耳排场场地内设置便道和便民设施，完善黑木耳产业景观。进一步增加现代基础设施建设，并建设幼儿园、小学、卫生所，吸引年轻人和城市居民到乡村居住，增添村庄活力，盘活空房，提升地价。④ 对建筑风貌指导管控，发展庭院经济，菜园景观，有利于乡村整体景观效果的同时，增加村民的收入。⑤ 对营业户进行卫生监管，提升村庄体验消费品质。对每户村民及周边卫生情况采取奖惩措施，对违反条例的行为进行罚款，对卫生好、环境优的住户进行奖励，并定期评比，设置流动红旗，激励村民遵守村规民约。

2.5　调研结论

从对村干部的访谈中可获取村庄发展中所遇的瓶颈、阻碍以及较为深层次的问题和原因，可以看出想要解决当前问题，并不是制定几条规定就可以做到的，而是要从根本上逐步树立社区家园意识，引导和培养产业升级观念，整体提升乡村社区发展水平。

从村民调研结果可以发现，村民倾向于自身目前从事的产业类型，对改善居住条件的需求较为迫切，可以看出乡村社区居民更关注自身能够获取的实质利益。这也从另一方面反映出当前该乡村的收入水平较低，导致关注点首先局限于经济发展。

该村在前些年曾计划有商业项目注入，其定位为养老类休闲度假项目，但因多种原因未能实现。对比村民调研结果，也印证了“自上而下”的观点与当地社区居民的意愿不同。

参考文献

[1] 范炜，金云峰，陈希萌.公园–广场景观：理论意义、历史渊源与在紧凑型城区中的类型分析[J].风景园林，2016（4）：88–95.

[2] 穆克松，李盼道，杜欣欣.城乡社区居民互动关系比较研究[J].合作经济与科技，2018（7）：144–145.

[3] 刘悦来，尹科娈，魏闽，等.高密度中心城区社区花园实践探索——以上海创智农园和百草园为例[J].风景园林，2017（9）：16–22.

[4] 住房城乡建设部总经济师、村镇建设司司长赵晖谈当前村镇建设若干工作的要求[J].城市规划通讯，2015（11）：3–7.

[5] 王雷，张尧.苏南地区村民参与乡村规划的认知与意愿分析——以江苏省常熟市为例[J].城市规划，2012（2）：66–72.

[6] 金云峰，项淑萍，方凌波.基于“导航城市景观理论”的城市更新策略研究——以德国德绍市为例[J].中国城市林业，2018（1）：54–58.

[7] 刘珍.面向村民的村庄规划编制模式的理论研究[J].广西城镇建设，2013（11）：123–125.

[8] 易鑫.德国的乡村规划及其法规建设[J].国际城市规划，2010（2）：11–16.

[9] 星野敏，王雷.以村民参与为特色的日本农村规划方法论研究[J].城市规划，2010（2）：54–60.

[10] 有田博之.日本的村镇建设[J].王宝刚，译.小城镇建设，2002（6）：86–89.

[11] 陆嘉.乡村规划中公众参与方式及对规划决策的影响研究[J].上海城市规划，2016（2）：89–94.

[12] 林德福.参与式微更新：台北市温州公园改造计划[J].人类居住，2018（2）：14–17.

[13] 万亿，金云峰.铁路沿线景观错乱区的问题解析及优化策略——以哈牡线牡丹江段为例[J].住宅科技，2015，35（11）：53–57.

[14] 金云峰，卢喆，吴钰宾.休闲游憩导向下社区公共开放空间营造策略研究[J].广东园林，2019（2）：59–63.

[15] 杜伊，金云峰.社区生活圈的公共开放空间绩效研究——以上海市中心城区为例[J].现代城市研究，2018（5）：101–108.

[16] 金云峰，周艳，吴钰宾.上海老旧社区公共空间微更新路径探究[J].住宅科技，2019（6）：58–63.

发展城市花文化和市民花园，让上海更美、更精细、更有温度

王慧敏[1]

花卉是大自然最美丽的馈赠，人们拥有观花、赏花、咏花、画花、插花、食花、乐花的天然习性。花文化和市民花园发挥“社会安全阀，邻里润滑剂，人生减压器、身心愉悦键”的功能，可以营造和谐人际关系，提高城市宜居程度，提升群众幸福指数。

作为中国特色社会主义参政党，中国国民党革命委员会（民革）参政议政领域的重点和特色之一是社会与法制。2017年，民革上海市委主委高小玫提出以“花文化”为抓手，走进街道社区，积极参与社会实践，深入一线发现问题，形成既接地气又有实效的参政议政成果。为此，民革市委专门成立了花文化课题研究小组和市民花园实践推动小组，计划用5年时间持续跟踪调研，并推动实践，希望通过老百姓需求强烈、普遍喜爱的花文化和市民花园，形成美丽的载体、美丽的空间、美丽的抓手去推动上海城市社会自治能力、社区精细化管理水平以及市民文明素养的提升。

自2017年以来，民革上海市委完成了《发展花文化，助推上海全球城市建设》《拓展上海市花白玉兰的城市文化价值》《发展市民花园，探索城市文化供给与社区精细化管理的共赢新路》等课题报告，并在静安区江宁街道、浦东新区塘桥街道等社区推广花文化和市民花园实践活动。2017年底，民革上海市委举办了全市性的城市花文化研讨，高小玫主委在主旨演进中力倡上海花文化发展，2018年在上海市政协全会上民革上海市委提交了《以花为媒，让市民生活更美好》的大会发言和提案。2019年上海市政协全会期间我代表民革上海市委员会作了题为《发展市民花园，让上海更美、更精细、更有温度》的口头大会发言，引起社会各界的广泛认同和响应。本文就以上研究报告的主要观点和建议作简要介绍。

1 以花为媒，让市民生活更美好

新时代的上海，花正日益成为人们美好生活中不可或缺的日常载体，花是自然界最美丽的馈赠，她用自己的绚丽装扮着世界，也装扮着人们的生活。居家休闲生活，人们栽花养花；鲜花盛开时节，人们观花赏花；传统节日节庆，人们买花插花；亲友走访相聚，人们赠花送花；崇尚健康美丽，人们食花用花。花不仅浸透到上海市民日常生活的方方面面，也深深地走进市民的文化生活和精神世界，育花、护花、咏花、画花、拍花成为人们陶冶情操，提高文明素养的文化自觉。可以说，“像花儿一样幸福”的美好生活方式正在成为每个市民的热切期盼和追求，花文化已经成为上海城市文化的重要有机组成。

虽然花文化的大众化功能日益凸显、市民化需求日趋旺盛，然而，目前上海城市的花文化活动及

1 民革上海市委副主任、上海社会科学院应用经济研究所文化创意产业研究室主任，研究员，博士生导师。

其供给却远远滞后于市民需求。比如上海园林绿化部门举办的花文化活动供不应求，公益性园艺大讲堂课程被秒杀，绿化大篷车紧俏排队，樱花节、桃花节人满为患；由于对花文化丰富的内涵和功能认识不足，花文化与城市公共文化的建设布局脱节，花的文化价值没有得到有效挖掘和拓展；花的主体功能仍然局限于城市公共空间的景观营造和美化，花文化还没有真正走进社区、融入市民日常生活、滋养市民精神世界，与国际文化大都市相匹配的花文化战略设计、载体建设、体制机制也有待进一步建立和完善。

大力推进和发展城市花文化，不仅能够美化城市空间，让人们实实在在地感受和触摸上海的城市温度，还能够有效丰富市民的精神生活，提高城市宜居水平，提升上海全球城市的人文内涵。为此作出如下建议。

1.1 建立园林绿化、文化、城建等多部门联动机制，协同推动上海城市花文化发展

花不仅是城市的绿化，更是城市的文化；花不仅是公园的专属，更应归属社区；花不仅是物质的文明，更是精神的文明。建议建立由园林绿化和文化部门联动的上海城市花文化推进机制，结合上海全球人文之城的目标任务，系统谋划和协同推进上海城市花文化发展战略，发挥花物质文化和精神文化双重载体的功能，以花为媒，为市民创造美好生活。通过跨界整合，协同推进，让上海市民阅读的城市建筑有花的倩影，漫步的城市街区有花的色彩，休憩的城市公园有花的体验，居家的城市社区有花的相伴。

1.2 加强花文化载体建设，为市民提供丰富多彩的花文化活动平台和服务

构建多元化的城市花文化载体，从城市空间、城市活动、城市平台等多种渠道全方位推进花文化载体建设，让花文化融入城市公共文化体系，真正走进市民日常生活。针对推进花文化载体建设有如下四点建议：一是以花为文，传承中华优秀传统文化。编制花文化赏析课程、设计花文化体验活动，作为公共文化产品配送至各市民小区，通过花卉中华古诗词大赛、音乐绘画摄影大赛等大众喜闻乐见的活动，搭建方便市民零门槛参与的群众花文化大平台，寓教于乐，成风化人，播撒中华优秀传统文化的种子。二是结合社区“五违四必”综合整治，开展社区市民花园建设活动，通过园艺设计，以花美城，助推美丽家园建设，让市民爱上鲜花，从而爱上海、爱环境、爱生活，感受作上海市民的自豪感、获得感。三是将花文化纳入年度“市民文化节”，以花为主题，以家庭为单位，开展丰富多彩的文化活动，不断深化家庭文明建设，为文明城区、文明社区、文明镇、文明小区、文明村等锦上添花。四是激活市花白玉兰的文化价值。以白玉兰为切入口开展各种主题活动、探索花文化走入市民家庭的模式，同时扩展其在新时代下的新内涵，使之成为上海深化转型的城市精神象征、世界人文之城的代表符号。

1.3 搭建社会化平台，鼓励开展多元化的花文化创意活动

一是支持花文化社会组织发展，为其开展花文化活动提供政策资源。加大政府采购力度，发挥社会组织第三方的独特功能，丰富花文化服务内容，缓解市民花文化供不应求的需求矛盾；二是组织志愿者队伍，以社区志愿服务模式，设计更多精准对接居民花文化需求的常态化项目，为社区建设提供自治、自助、自乐的花文化服务内容；三是结合传统文化节日和民俗活动，开展丰富多彩的花文化创意活动。

2 发展市民花园，让上海更美、更精细、更有温度

“城市，让生活更美好”。2010年世博会的主题词揭示了城市生活的本质诉求。作为中国最大的经济中心城市，上海的城市建设领先国内，比肩国际，发展水平有目共睹。但是，美好生活不只是欣赏城市景观的靓丽多姿，享受管理的配套完善，感受交通运转的高效便捷，更在于对城市融入感和归属感的内在获得。

从外在感受到内在获得，需要城市自身焕发出活力和温暖。如何让未来的上海“建筑可以阅读，街区适合漫步，城市始终有温度”，既需要在城市管理上下绣花针般的细功夫，也需要治理理念和效能的进一步提升。习总书记视察上海时强调，要做到“人人参与、人人负责、人人奉献、人人共享”。参与才有成就，奉献才会更加珍惜，共享才能带来最大获得感！上海城市的硬件发展已经到了亟须文明软件来进一步驱动、优化的阶段。这个软件的最强内驱就是市民的参与。结合目前上海掀起的景观空间改造热潮和“微更新旋风”，借“美丽街区、美丽家园、美丽乡村”建设契机，我们认为，大力发展市民花园，可以作为撬动城市治理精细化的有效杠杆，达到让城市生活更美好的最佳路径。

我们所提倡的市民花园，就是充分利用城市零碎空间，由市民共同组织和实施花园的设计、营造和维护。通过共建共享，美化社区，缓解城市生活工作的快节奏和重压，拓展社区公共活动空间，增强居民互动和事务交流，进而构建更加和谐的邻里关系和友好的人居环境，形成团结协作、友爱互助的社区精神。

爱美之心人皆有之，民革市委开展的市民参与花文化活动问卷调查显示，仅有养花习惯的市民就多达84.62%，60.42%的受访者愿意参加身边的花园营造活动，52.58%愿意参加相关社会组织。实践表明，源自社会组织或基层政府推动的花文化活动，如“四叶草堂”推动的杨浦创智农园等社区花园、徐汇“绿主妇”的“一平方米菜园”等，都得到了当地居民的热烈响应，成为社区居民自治探索的试验田。居民走出家门，用自己的双手营造社区美丽环境，实践生态理念，感受自然的美好，传达社区的温度与温情。

上海太多的零碎空间有着美化需求。老旧社区老化的绿化、农村区域房前屋后环境的更新和工作紧张的产业园区等都亟须鲜花美化环境，抚慰心灵。这些区域体量虽大，但分散零碎，政府难以兼顾，对市场也缺乏吸引力。如果组织市民共同参与，机制灵活，成本更低、更可持续。但类似活动推动艰难。究其原因，政府规划精细化程度不够；社区自治能力不足；社会组织介入能力良莠不齐；最为重要的是缺乏鼓励和促进公共参与、社区自治的制度环境，一旦涉及权属关系复杂、得利不均的项目，居民议事协调、妥协共赢的意识短板就开始凸显。

为此，我们呼吁从“人文之城、生态之城”的战略高度，支持发展市民花园，探索让城市更美好、让治理更精细、让氛围更温暖的共赢新路。

2.1 政府必要的支持和引导

确定社区、园区、乡村等公共区域发展为市民花园的预期目标，列入“15分钟社区生活圈”建设项目。可先在具有历史保护价值但保护不力的老旧街区试点，挖掘街角、道旁、小区的隙地，为市民花园提供物理空间。提供必要的资金支持，资助队伍培训以及种子、肥料、工具等支出，逐步推开，待时机成熟时可作为涉及民生的绿化、文化项目，纳入实事项目目录。

2.2 挖掘社区自治潜力

基于市民花园分散式呈现，鼓励居民以互助方式形成“花友会”等自治团体，把景观生产的不同区块分摊给团体；构建多层次的花文化社会组织，重点支持景观规划、园艺设计等具有枢纽作用的专业性社会组织的发展，培育带动更多的民间花友会和社区规划师；以党建为抓手，发挥居委会更大作用，培训提升居委会及社工对社区居住环境的专业认知。发挥市民花园公共活动载体作用，支持其对接居民花文化需求的活动，满足青少年、中年、老人等不同群体需求，让市民花园成为居民交往的家园、亲子教育的学园、文化活动的乐园。

2.3 充分释放市民花园的溢出效应

协调科技环保企业与社区合作，倡导垃圾就地处置，雨水收集等技术利用，减少化肥和杀虫剂的使用，推动基层生态文明实践。花与中华传统文化渊源深厚，可充分利用市民花园的社会资源和效应，在传统节庆举办街道和社区的花主题庆祝活动，弘扬传统文化、彰显中国元素。2021年花博会将在崇明区举办，届时可吸纳市民花园元素，遴选园艺设计能力强、营造经验丰富的市民花园团队参与花博会设计工作，营造属于市民自己的板块。

满足市民的花文化需求是新时代城市生态文明、社会文明建设的应有之义，市民参与是提升城市精细化管理水平的最强动力。上海正谋划卓越全球人文之城、生态之城，重视上海城市花文化，打造市民花园，建设有温度的美丽家园，正当其时。

3　拓展市花白玉兰的文化价值，为上海文化品牌增色添彩

市花是一个城市和市民的精神象征，既是城市的文化标识和美学徽章，也是市民情感和城市传统文化的载体。1986年白玉兰被评为上海市花，30多年来白玉兰不仅得到上海市民的广泛认可，还在城市风貌建设、文化艺术评奖、对外友好交往等方面发挥了积极作用。在上海建设卓越的全球城市大背景下，随着市民对美好生活向往的需求日趋旺盛，市花文化功能凸显，进一步拓展市花白玉兰的城市文化价值是塑造上海文化品牌的题中之义。

著名的城市文化研究者刘易斯·芒福德（Lewis Mumford）有句名言，“城市是文化的容器”，那么市花就是容器中最美丽的文化，是城市最宝贵的文化资源。市花是宝贵的公共文化资源、城市精神的载体、城市公共大IP。市花从形态、精神、内涵上散发的软性文化价值与其带动的产业经济价值都是巨大的。从上海文化品牌塑造、丰富人文城市内涵的角度来看，上海应进一步挖掘市花白玉兰的城市文化价值。

作为改革开放的先行者，30多年前，上海选择了“先花后叶、朵朵向上”的白玉兰为市花，象征拥有敢为人先的魄力与奋发向上的城市精神，今天，上海进入高质量发展和高品质生活的新时代，让我们以花为媒，以人为本，用花文化的美丽、花文创的美妙，花生活的美好，建设一个以市民花园为抓手带动更广泛公众参与的有温度有内涵的幸福城市！

社区规划2.0：破局五问

刘佳燕[1]

目前我国社区规划已经进入2.0阶段。社区规划1.0阶段的主要工作是弥补这些年来经济快速发展和城市大规模扩张之后，在微观人居环境建设和社会发展方面的欠账，政府应对社会需求进行资源投放并确定优先权排序。近年来一些城市的社区规划呈现出转型的新趋势，总结有以下特征：从聚焦物质环境的“社区建设”转向更加全面的“社区营造”；从“需求导向”的解决问题和满足需求转向“资本导向”的存量资源联结和价值挖掘；从自上而下的“利益干预”转向基于社会网络重建的“关系干预”；从效率和结果导向的“生产空间”到关注“空间的生产”过程及其背后的公平性问题。

梳理近年来北京、上海、成都等城市社区规划与社区治理相关政策的演进历程，可以看到自2014年上海率先出台创新社区治理等相关制度文件，到2017年、2018年各大城市集中出台社区更新、治理及社区规划等一系列的政策。2018年在清华大学举办了首届“社区规划与社区治理”高端论坛，邀请了活跃在国内最一线社区规划实践领域的专家分享经典案例，大家形成几点共识：社区规划需要多学科、跨领域的合作，社区规划应注重整个规划干预过程，空间再造与社会再造之间是相互影响的。

根据近年来的社区规划实践工作，笔者提出五点思考。

第一问：“社区之位”——在社区规划中社区处于何种地位？第一个案例，大家知道老旧小区的停车是很大问题，政府投入大笔经费做停车改造，引入停车管理公司，划定停车位，加装停车挡杆，结果第二天全新的挡杆不见了踪影。第二个案例，地产开发商进入转型阶段，更加关注社区营造，主动为居民配置更好的服务设施，例如在楼边的空地加装球类活动场地，结果第二天居民来抗议活动扰民。我们需要反思为什么为居民谋福利的举措却不得其好？回顾城市规划领域关于邻里社区的相关理论和实践演进，从早期的“邻里单元”到豪斯曼（Georges Eugene Hausman）对巴黎的现代化改造，再到今年北京、上海等城市总体规划中提出的15分钟社区生活圈规划，都是落脚于营造当时理想的邻里生活空间。它们都有一个共同点，就是社区被视为微型生活单元，是规划的对象，社区规划成为一个静态的课题。由此带来的问题是：社区规划中社区的意义是什么？社区规划与我们一直在做的城市规划有什么异同？社区规划是指落在社区层面的规划（Within the Community），还是为社区的规划（For the Community）？

图1是笔者团队在重庆一个社区协助开发商做的前置式社区营造案例。可以看到居民共同参与谋划与设计的景观与场所更具生活气息、更受居民欢迎，因为这里面有他们的生活方式和情感的植入。曾计划拆除的售楼处通过简易改造，摇身变成社区邻里中心，这个购房者最早建立认同感的场所记忆被保留了下来，成为居民当下与未来共同建立社区情感联结的家园中心，社区业主成为家园营造的重要参与者。

图2是在另一个养老社区中做的前置式社区营造案例。这里有很好的老年人室内活动场所，但开放性有限。如何营造老年友好的社区外部空间环境？开发商主动拿出一处底商计划改造成邻里生活馆，

1　清华大学建筑学院城市规划系副教授，博士。

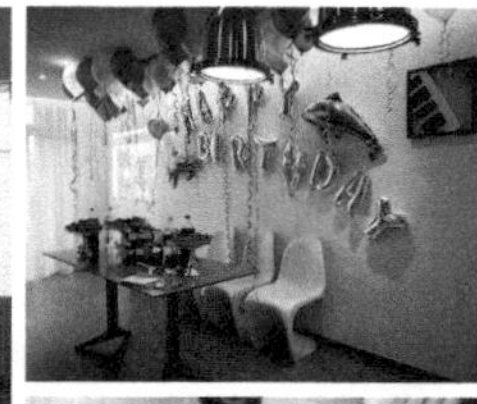

图1　重庆市前置式社区营造

图2　养老社区前置式社区营造过程

围绕布置哪些功能以及如何布置等议题，笔者团队和居民们共同商议、共同提案，工作坊现场热闹非凡。临近尾声时，不少居民主动提出愿意做志愿者，积极参与和组织以后的社区活动。

我认为这才是真正有意义的社区规划——与社区一起（With the Community），由社区推进（By the Community），社区成为其中具有能动性、建构性的主体。

第二问："社区之刃"——社区规划中社区的发力之处在哪？在社区调研，团队遇到了很多敬职敬业的基层工作者，他们熬白了头发、熬红了双眼，但他们说最难过的是为社区、为居民做了很多工作，却经常费力不讨好。又如在巴西最大的贫民区矗立起了一栋高档商品楼房，那么在邻里空间上将两类贫富悬殊的群体并置共居，就能解决城市社会空间隔离的问题、促进社会融合了么？我们曾经尝试总结社区层面的相关问题，发现其议题极其庞杂，涉及社会空间分异与社会融合，停车、公共空间改造与协商民主决策，老旧小区改造与健康老龄化社会，城市微更新与公众参与，基层社会治理能力与治理体系现代化等。正如费孝通老先生曾经提出"小城镇　大问题"，那么，今天我们面对的是"小社区　大问题"，小小的社区集中承载了几十年快速城镇化进程中空间高度叠加的种种问题。这样说来，社区规划、社区治理的担子不可谓不重，相当于要在社区层面上尝试解决很多国家和城市层面的大问题。比如，调研一个老旧小区，近600户居民，当时没有规划停车位，目前小区内仅能划出停车位70个，要在这方寸之间解决停车难的问题几乎成了"不可能完成的任务"。所以需要反思，很多时候费尽心力要在社区层面解决城市层面的问题，其实逻辑反了。恰恰相反，面对许多社区问题如果能跳出社区，从城市或区域视角加以审视和协调，就能事半功倍。

另一个案例是我们参与和持续跟踪的北京市老旧小区综合整治试点项目。市区财政投入了非常多的资金和政策支持，特别是加装电梯，旨在提升老年人方便上下楼的福祉，安装费用全部由政府负担。最后由于不同楼层居民意见协调难度太大，只有部分楼栋成功装上了电梯，街道办和居委会为此付出了异常艰辛的努力。反观现实情况，其实已经有部分老人家庭通过和子女、亲戚置换住房，或通过市场方式，住到了一层或电梯住宅。由此需要思考是否需要面向所有多层住宅加装电梯，不少案例显示，这背后不仅是巨额的资源投入，同时还伴随邻里矛盾的升级，以及持续数月甚至一两年的施工现场给居民生活带来的不便。从北京市整体社会空间结构优化的角度，可以探索在郊区地段提供拥有舒适环境与良好医疗、养老资源的适老化社区，在不改变住房产权的前提下，实现老旧小区中老年人口的外迁抱团养老，原来的小户型、临近就业地的住宅因地制宜改造成年轻人公寓，也有助于降低城市的通勤压力。对于前面提到的停车困境问题也是如此，需要在更大街区范围内协调停车空间的资源共享，例如小区与周边商业、办公楼停车位的潮汐式共享，在街区内划定特殊停车管控区优先服务内部居民停车等。

第三问："规划之谋"——社区规划中规划的意义是什么？在基层社区，面对纷繁复杂的细碎问题和上级政府的各类指派和考核任务，常见的就是头痛医头、脚痛医脚，缺少系统、全局的谋划。现在很多地方都在做社区生活圈规划，一个流行的做法是建设多功能合一的社区综合体，新加坡在这方面做了很多很好的实践案例。但在调研新加坡时发现，当绝大部分社区服务和商业功能都集中在一个综合体内时，会带来对人流的过度吸附，导致城市街道失去了生命和活力。这背后展现的是规划的核心理念，即不能局限于单一项目，而需要在更大范围和更多维度上进行综合考量，实现"帕累托最优（Pareto Optimality）"。所以，整体的、长远的谋划非常重要，对于社区规划而言，绝不只是简单地搞几次活动、做几个空间设计那么简单，需要像绣花针一般精细化工作，更需要望远镜的视角，跨越时间和空间的维度。

我们自2014年至今持续在北京市清河街道开展"新清河实验"，探索基层社会治理创新与参与式社区规划。经过几年的实践，发现很多工作局限在社区层面效果并不理想，需要在街道甚至更高的层面上立足于战略性、制度性、全局性解决，可谓谋之长远，计之全局。于是我从前年开始协助街道进行社区规划师制度设计，提出了从"为工程买单"到"为智力买单"、从"按次服务"到"扎根陪伴"等创新理念和相应的制度策略。由此引入不同学科跨专业合作人才，并从社区能人中挖掘和培养人才，形成一支真正扎根于社区、推动社区可持续发展的社区规划师团队。

基于上述思考，我理解社区规划绝不只是在街道或社区层面的规划，至少现在而言，很多问题都需要在更高层次才可能寻求到根本性解决，或有助于提供更好的资源整合和联结效益。因此，根据实际需要在城市、区县、街镇、社区等不同层级都会有相应的社区规划（或社区发展规划、社区治理规划）。

第四问："师之专"——社区规划师的专长所在？在社区规划工作领域常常会听到这样的困惑，说感觉社区规划师得是个"全才"，规划设计、社会调研、沟通协调、社会动员等都得懂，反过来说，好像得"天才"才能做到啊！那如果社区规划以后要作为一个专业领域，"专才"的标准是什么呢？

科学知识社会学领域的知名学者哈里·柯林斯（Harry Collins）总结科学研究的三个浪潮：从基于实证主义的专家权威时代，到基于建构主义的科学民主时代，再到基于专长和经验研究的专门知识时代，承认专长及其拥有者的重要性和特殊性。对应社区规划中更需要的是能融合多个相关领域知识并实现跨界沟通协作的"交互型专家"，而不是仅沉浸于某个特定领域的"贡献型专家"。当然，这并不是说要全面掌握所有相关知识，而是要拥有"多个接口"，或者说"听得懂他人说的话"。这里的"他人"既包括其他专业工作者，也包括居民，要能实现专业知识与地方性生活知识的对话。

最后一问："师之职"——社区规划师的职责何在？社区规划师团队的出现，可谓社区规划工作一个重要的制度性创新，它是应对当前政府日益强化属地管理职能、推进部门协调，以及做精做细规划与服务等的发展趋势。社区规划师的工作界定应根据各地情况因地制宜，重要的是如何保证团队人员更好地扎根地方，持续推进社区规划。现在北京、上海、成都等多个大城市纷纷出台了相应的制度文件。例如《北京城市总体规划（2016—2035年）》中提出要建立责任规划师制度，2018年北京市规划和自然资源委员会发布《关于推进北京市核心区责任规划师工作的指导意见》，提出责任规划师的工作职责包括加强基础研究、参与规划编制，参与项目审查、指导规划实施，跟踪规划落实、参与实施评估，培育公众参与、推进社区营造等方面。海淀区实施"1+1+N（1名全职街镇规划师，1名高校合伙人、N个设计团队）"街镇责任规划师工作模式，辅以"一册一图一库"工具支持，明确了全职街镇规划师的4类工作职责和10项基本任务清单。

社区规划师（责任规划师）制度尚处于探索阶段，需要在持续的实践过程中不断完善。背后涉及一系列的责权界定，包括：① 规划师团队的职能定位，比如北京的责任规划师主要面对镇街层级，而有的地方社区规划师下沉到村社层级，如果两者同时存在，他们之间的关系如何；② 工作形式，是以个人还是团队为单位，甚或依托某个机构，人员并不固定；③ 专业来源，目前涉及规划、建筑、景观、社会学、公共管理、社会工作、公共艺术等专业领域，未来可能还会有传媒、大数据等领域加入；④ 委托主体，目前以政府为主，未来是否可能还会有社区、社会组织、企业的加入；⑤ 配套制度，涉及授权、培训、经费、考评、退出等一系列机制的设计。

社区规划的魅力在于唤起每一个人对所在生活地域的关注、想象与创造，从而实现“各美其美，美人之美，美美与共，天下大同”。

民众花园

何志森[1]

我从家去地铁站路上经常遇到把垃圾直接扫到门外过道的人，他们不把垃圾放在街边的垃圾桶里，而是期待清洁工人扫走。后来我做了一个实验，有一次把垃圾桶倒过来，看居民会不会把垃圾桶重新扶起来，但是并没有，大家就将垃圾扔在垃圾桶旁边。对于很多人来说，先要学会把垃圾扔到垃圾桶里，再来谈垃圾分类。谈到中国特色的垃圾分类，我经常发现垃圾车把所有可能分类好的垃圾又混合在一起拉走了。很多学者分享的国外的社区营造案例都挺好，因为西方人对公共空间已经有了一种共识。但是在中国做社区营造，居民问的更多的就是这可不可以让房租、房价升高。

我在一席演讲中讲过我小时候偷偷把社区小花园里的玫瑰树一根根拔掉给妈妈种菜用，然后受到了社会各界的批评：不务正业、自私。很多人建议花园不实用也可以变成老人健身中心，就是不要种菜，我觉得也没问题。后来这个花园真的变成了户外健身场地，只是并没有人使用。因为这个演讲很多建筑学老师和学生说我在做行为艺术，后来我一赌气就去做美术馆馆长了。美术馆旁边是一个老菜市场，我带领建筑学院的学生做了一个项目“菜市场就是美术馆”，帮助摊贩重新构建尊严和自信。因为这个项目，11年来摊贩第一次来到美术馆，他们开始走出菜市场和社区，互动并参与到各种活动中。今天我要分享的是做完菜市场项目后的一个叫民众花园的项目。

民众花园在一个大厦前面（图1小公园处）。2017年我跟淡江大学的黄瑞茂老师做社区营造工作坊的时候那个花园堆满了居民扔的垃圾。我们带领学生捡垃圾、进行垃圾分类。后来楼上的居民报警，怀疑我们在搞破坏。我们捡垃圾的时候居民在扔垃圾，最后连学生制作的给路人使用的凳子都被大厦保安拆了。我们做了一天就进行不下去了，最后这个工作坊不了了之。社区营造还是要思考如何唤醒大众日益逝去的集体性和对公共空间的主导意识，通过重新联结大家，一起参与进来改造公共空间。基于这个反思，2018年美术馆发起了“民众花园”项目，号召社区每个居民带上一棵植物和一个容器到大厦前的花园种植（图2、图3）。

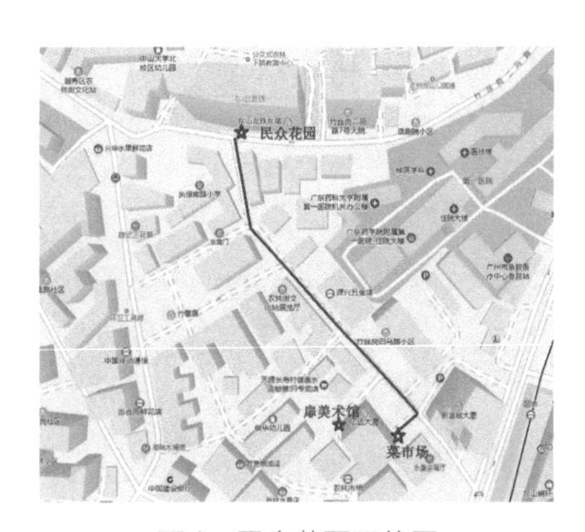

图1　民众花园区位图

做这个项目之前，我们联合艺术家和学者做了十几个社区种植工作坊，教居民如何种植和了解植物。这些工作坊也为之后的民众花园带来了很多社区种植爱好者。在民众花园实施之前，美术馆联合居民代表和街道居委会跟大厦物业做了多次协商，争取让街道和大厦物业允许实施这个项目。最终，大厦物业同意居民来花园种植一天，如果有人投诉就马上撤走。至少有一天可以试试，大家还是很开心。

第一天，我们自己买花，搜集了很多容器，美术馆同事自己种花，有很多居民看到后说“好美

1　华南理工大学建筑学院学者，扉美术馆馆长、策展人。

图2 “民众花园”项目征集海报

图3 民众花园一角

啊！我可以拿回家吗？”本来是希望他们拿容器出来一起种花，他们却问可不可以拿回家。第一天晚上花少了三分之一，所幸没有居民投诉，平安度过。

第二天开始奇迹发生了，许多居民陆陆续续从家里搬旧物并且带着植物过来了！有在公园附近做废品收购的一家人一开始很反对种花行为，担心空间被占用，但后来他们慢慢也参与进来了，帮忙搬运居民的容器来，还捐了一台旧电视机。还有一个修鞋匠送了一个油瓶种的花过来，他说自己在街头修鞋已经20多年了，街道就是他的家。

第三天，参与者越来越多。有个83岁的阿姨跟她老伴两个人生活。她每天除了照顾88岁的老伴之外就是跟植物聊天。她养了十多年植物，但现在年龄太大，已经没有能力去照顾这些植物了，所以她决定把所有的植物都捐给我们。

图4 沙发花园

一位居民看到活动后，提出可以捐赠家里的旧沙发。当把沙发搬到楼下时，其他居民一起把她的旧沙发变成了一个铺满植物和花的小花园（图4）。后来她给我发短信说她对沙发有很多的情感和回忆，20多年来伴随她小孩成长的种种时刻都和沙发有关。她把最珍贵的东西奉献给了这个空间。因为这种情感和记忆在空间的植入，她80多岁的妈妈竟然坚持每天都下楼来给过往行人讲述沙发的故事，也因此她妈妈认识了很多之前从没见过的街坊邻居。

大厦有一位保安，之前一看到美术馆同事就赶他们走。后来当场地被各种容器和植物占领的时候，他开始走出来给行人讲解。本来想付钱请他照看花园，想不到他竟然告诉我们：“这也是我的花园，我有义务看好它。”这个项目最重要的一点在于，每一个人都是主导自己生活空间的主人，每个人都是设计师，而我们变成了策划者。在这个空间里每个参与种植的人都注入了情感，记忆和荣耀（图5）。

美好的故事往往都有一个不完美的结局，两周后大厦物业管理处要对民众花园所在绿地重新美化，要求撤走花园里所有的植物和容器。图6是“美化”后的样子，只植一种树、种一种花。

撤离的那一天，周边居民们过来帮忙一起将植物和容器搬到一座小学对面的一块三角地（图7）。平时都是小学生和邻居过来浇水。我观察到有很多私人物品是后面出现的，同时也有很多东西被人拿走了，社会就是这样的，不完美才是真实的。

图5　民众花园里的各种日常容器

图6　民众花园美化后

但遗憾的是之前做菜市场项目的那些摊贩没有参与民众花园。后来我在微信上邀请了8位社区居民和8位菜市场摊主一起在民众花园聚会，想营造一个不同阶层人群交流互动的和谐画面。然而那天8个摊贩都来了，而居民一个都没有出现。有一个居民经过民众花园看到我们在聚会，对一位菜市场卖豆腐的阿姨说，“你怎么和你的同党来这里玩?”大部分摊贩没有说话，只有这位豆腐阿姨站出来回应，“他们不是我的同党，他们是我的同事”。

不久前我看了一部日本NHK短纪录片《7位一起生活的单身女人》，讲的是7位中老年独身女人在同一个楼里买房和生活。被问到为什么喜欢聚在一起，她们说了一句很触动我内心的话 :“我们渴望与他人发生关联。”

除了唤醒大众日益逝去的集体性和主导公共空间的意识，民众花园项目带给设计师的另一个启发是，在今天这样一个越来越孤独的都市环境里，设计师要有一种悲悯的共情，在设计中需要考虑到身边的人，来帮助创造一个人与他人可以相互关联、相互依靠的社会。

图7　被搬到角落的植物

基于互动理论的山水社区景观设计实践——以珠海新光御景山花园为例

孙　虎[1]

1　研究背景

传统的居住区景观空间设计普遍流于形式，忽略人与景观之间的交流，成为华而不实的空间，具体表现为：第一，长期以来除儿童活动场所、观景平台、休闲场所和健身场所外，居住区中没有更多的景观功能空间；第二，居住区的景观设计过于追求视觉冲击而忽略其他感官感受。景观空间僵化、使用率低，居住区中空荡荡的活动场地随处可见。随着生活水平的提高，人们对于居住区景观已不局限于对美观和生态的重视，渐渐注重自身与生活环境之间的关系，希望与景观空间有更多的互动。综上所述，传统的居住区景观设计已无法满足居民的需求。

针对当代居住区景观空间缺乏居民参与互动的问题，本次设计提出以"山水体验"作为蓝本，以行山涉水的体验感和参与感作为对应的策略，以山水社区作为设计理念的方案实践。综合考虑景观空间的功能性和体验性，活化居住区景观，提高景观空间的使用率，以满足使用者的需求，构成人与景观空间、人与人的良性互动关系。基于此，本文以珠海新光御景山花园为例，以互动理论为基础，探索如何以山水社区为理念，通过设计有效调动居民的积极性，增强空间感受氛围，提高居民在景观空间中的参与感和归属感。

2　山水社区

2.1　以互动性为理论框架

互动理论是山水社区的理论基础。字面意思来看，"互"是指交替、相互，"动"则指使起作用或变化。互动具有相互影响、相互作用的意思，确切地说是指一种相互使彼此发生作用或变化，构成互动关系的过程，相互作用的过程中存在主体和客体的区分。互动关系是多层次的，既有外在形式上的交流，又有文化、生态等内在层面上的影响和延续。互动类型按照互动的结果，可以划分为良性互动和非良性互动。在互动过程中若发生互动的双方可以达到相互促进、共同发展，进而实现双赢的互动效果，称之为良性互动；相反，若在互动过程中对互动双方存在相互阻碍，有害于对方发展，进而形成恶性循环的，称之为非良性互动。

山水社区旨在将互动理论引入社区景观设计，以促成人与景观空间的良性互动，是互动理论在居住区景观设计中的实践应用。居民在景观空间中游走，两者接触、交替，通过参与和相互作用，居民与景观形成互动关系。人作为感受景观空间的主体，置身于客体景观空间内部的互动与交流，很难从

1　南京林业大学风景园林学院客座教授，山水比德设计股份有限公司创始人、董事长、首席设计师，高级工程师。

宏观角度或单纯的形式感、功能性上体会空间景观的独特美感。因此山水社区致力于构建以多层次互动为基础，使居民能参与到景观空间中去，享受到功能与美感的景观空间。

2.2 以创造活动为营造目标

促使活动发生和丰富感官体验是提出山水社区的目的。

2.2.1 促使活动发生

山水社区的营造目的在于促使居民在景观空间中有更多活动发生。山水社区功能多元、特色鲜明的空间高效地打造出场所感，创造更多活动发生的可能性，从而使居民对空间环境产生认同与共鸣，让社区保持长久的生命活力。山水社区建立“可亲、可乐、可感”的居住区景观，使居住区真正容纳居民生活，成为居民的身体和精神的理想家园。通过活动的发生，山水社区实现人与景观互动，进而实现人与人的互动。

2.2.2 丰富感官体验

山水社区的营造目的在于丰富居民的感官体验。“人们规划的不是场所、不是空间，也不是内容，人们规划的是体验。”人们从外界接收的信息中，有87%是通过眼睛捕获的，并且75%～90%的人体活动是由视觉引起的。视觉是人类获取外部信息的最重要的方式，但是人的视、听、嗅、味、肤觉是一个协同作业的整体，它们相互协调运作，能获得更为完善的信息，并转换为知觉进行存储。当景观空间可以尽可能地满足居民各个感官的体验，人的感官体验得到丰富，居民在空间中才可以获得参与感和归属感。通过丰富的感官体验，山水社区实现人与景观互动，进而实现人与人的互动。

2.3 以多维体验为营造内涵

空间体验、生态体验、艺术体验是山水社区的内核。本文提及的山水，尤指人在自然中行山涉水时的体验感。郭熙曾在《林泉高致》中说道，“山水有可行者，有可望者，有可游者，有可居者。”人身处自然，行山涉水，通过在山水中行、望、游、居等多角度的参与，体验山水中的景色、气味、声音、触感等，人与环境实现了全方位的良性互动。

空间体验突出居住区场地中的立体空间设计，意在打破单调，充分表现场地的自然式结构，即山水的层次感。解析平整的场地，以山水的高低错落结构进行重构，营造丰富的山水立体空间，使人获得在山水中游走的体验感。生态体验突出居住区中的自然式种植方式，意在营造自然式景观，充分表现自然野趣，即原生态野外山水自然环境的趣味性。摒弃传统居住区的规则式种植方式，采用自然式种植，营造自然的山水生态空间，使人获得身处自然山水的体验感。艺术体验突出居住区参与方式和感官体验的多元，意在赋予场地艺术内涵，充分表现山水精神，即山水的艺术性，这主要体现在诗词歌赋和山水画作中。它让居住区一改过去乏味而单一的景观功能，创造性地在居住区景观内设置艺术廊道，营造富有氛围的山水艺术空间，使人获得在山水空间中享受艺术的体验感。

3 实践案例——珠海新光御景山

3.1 项目概况

珠海新光御景山是一个居住小区，其景观设计是山水社区的实践。山水社区通过空间体验、生态体验、艺术体验，实现人与景观的良性互动，从而解决景观空间僵化、使用率低的问题。

项目位于珠海吉大景山路中段（图1），整个项目占地约40 000 m^2，总建筑面积约160 000 m^2，由1座奢华精品酒店及5栋高层建筑组成，建筑整体色调素雅，总体而言，基地内有较好的景观资源。但是建筑群的排布呈现围合式的中庭排布，其导致景观空间层次较为单一，视线也较为狭隘。本项目的设计内容包含景观概念方案（图2）至施工图设计。设计年份为2007年，建设周期为2008—2010年。项目建成距今已有近10年的时间，经过多年的生长，绿树已然成荫，和场地空间完全融合。虽没有开盘时的精心维护，但是景观环境优雅舒适，与居民的生活悄然融为一体，整个景观空间，因居民的喜

图1　项目区位图

图2　珠海新光御景山花园景观总平面图

爱与积极参与而变得生机盎然。

3.2　设计思路

珠海新光御景山花园是山水社区的实践。以互动理论为基础，提出山水社区的理念，以促使活动发生和丰富感官体验为设计目标，分别应对只注重视觉体验、功能单一且乏味这两个问题，最终形成以四大分区和空中栈道为核心的方案，形成改善空间僵化、使用率低问题的实践（图3）。

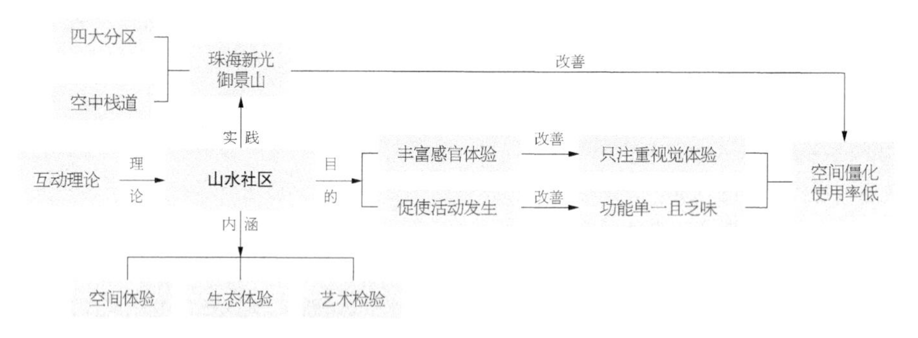

图3　设计构思框架图

图4　珠海新光御景山花园航拍实景图

本次设计尝试将公园搬进住宅小区，把向往自然、亲近自然的生活方式带进城央的高层住宅之中，创造一种自由的、个性的公园式居住感受。郁郁葱葱的树林形成一道天然的绿色屏障，将喧闹的城市与静谧的居家环境悄然隔离（图4）。场地的划分以功能为基础，形成数个分区，各个分区有着结构上的联系，以达到形式和功能的统一。

功能分区以四大区域（花海区、泳池区、草坪区、森林区）和空中栈道为核心。其中森林区漫布于整个场地；花海区、泳池区、草坪区这三个区域皆以圆的形态呈现（图5）；空中栈道以曲线为形态（图6）。圆和曲线在二维和三维空间中有着几何交错互动，设计以圆的块面感强化节点空间，通过入口广场与线形栈道的有机组合，使空间收放有序，丰富景观的变化；

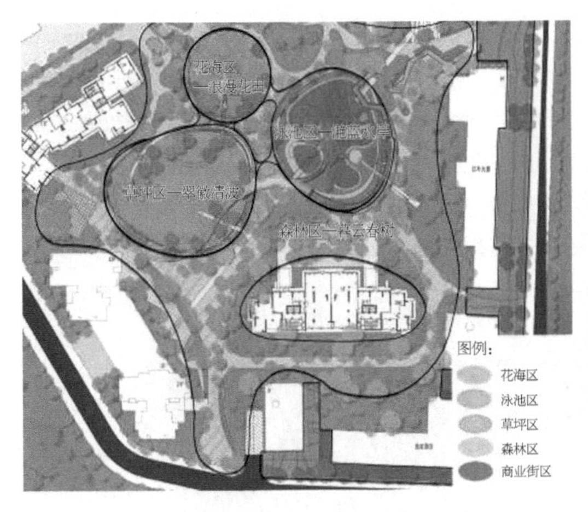

图5　珠海新光御景山花园功能分区图

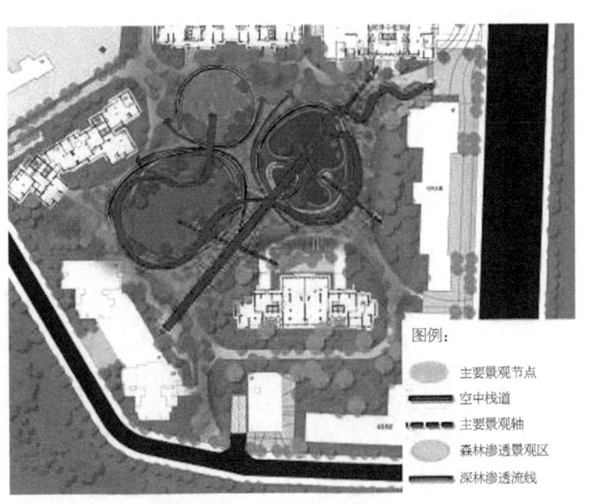

图6　珠海新光御景山花园场地结构图

结合竖向造景，尽可能地营造出高低错落、层次丰富的空间关系，为景观空间增加竖向环境特色。

3.3　空间体验

以行山涉水的游走方式为原型，空中栈道形成了立体的动线空间。空中栈道近5 m高，既是人行的动线，也是观景的廊道。以景观栈道为纽带，串联主要的景观空间——森林区、草坪区、花海区、泳池区，强化自然的动线，将组团活动空间有机分割并穿插，模糊了原有的景观秩序，赋予新的语言。这为人与景观互动提供了更好的便利性。

空中栈道（图7）挑战了传统的走廊，注重人与空间的互动体验，以其独特的蜿蜒形式和最佳的空间效用创造独特的立体空间体验。走上景观栈道，由低及高，人仿佛行走于山野之中，从高处看花、看水、看草、看树，仿佛在山中漫游，以游走的角度参与到景观空间中。栈道之上，人行于树间，叶叶沾衣；栈道之下，可坐、可行、可游、可观，或三人成群畅谈人生，或两人执棋博弈，或一人静坐独乐乐。除此以外，对材料和细节的斟酌，对光影的操控，丰富了空中栈道线性以外的层次感。

图7　珠海新光御景山花园空中栈道实景图

3.4　生态体验

以在山水自然环境中的体验感为原型，四大分区的设计从大自然中提取了森林、湖泊、草地与花海四个要素以承载项目中不同的功能需求，进而构成了整个项目的空间布局。这种多元的生态体验促使人参与到景观空间中，加强了人与景观在视觉、嗅觉、触觉、听觉等方面的互动。

3.4.1　森林区以树木联系整个场地

森林区的树木种植不成行列式，反映自然界植物群落的野趣之美。树木配置以孤立树、树丛、树林为主，以自然的树丛、树群、树来划分和营造空间，打造城市中的森林空间。居民通过在森林区慢走、倾诉、休息等活动，感受树木的气味和阴凉带来的舒适感（图8）。

3.4.2 泳池区塑造的是一个放松身心、无忧无虑的场所

泳池区满足人们亲水的偏好：水环带来了清脆的水声，结合风过树梢的声音，给人一种沉静、沉淀灵魂之感；现代时尚折线形的水池、丰富的植物运用、特色喷水雕塑等的设计激活了整个泳池环境的现代艺术感；首创采用的五级高差泳池让空间产生丰富的变化，使人体验不同的景观情绪；泳池水景边分布着休闲椅、平台、水吧亭和花草树木，吐水小品则是泳池水元素的延伸，居民通过在泳池区游泳、嬉戏、休闲等活动感受水体的清凉、通透（图9）。

图8 珠海新光御景山花园森林区实景图

图9 珠海新光御景山花园泳池区实景图

3.4.3 草坪区以草为灵魂

阳光洒落在草坪上，绿色娇翠欲滴，目之所及都是浓郁的绿，清新的鲜草气息给人沉淀的感受。原生自然的旺盛活跃，人们的安宁自得，绿草茵茵的草坪上，孩子们天马行空，成人们闲话家常、快活自在、悠然自得。在草坪上，人们依据自己的需求进行各种交往活动，在活动中，草地的颜色、气味、触感会让人与景观空间的互动交流更具趣味性。居民通过在草坪区静坐、奔跑、游戏等活动感受草地的翠绿、柔软和清新（图10）。

3.4.4 花海区以花朵贯穿整个区

花的柔性与浪漫描绘了大自然的时间效果。道路、廊架、鲜花等硬景和软景的结合，恰如其分地划分和围合了各个功能区间，使得场地的体块既有一定的疏离，又互相渗透。休闲广场和入户花园平台为居民提供了很好的互动空间，穿越木平台眺望林木景观，可闲谈于花海间。居民通过在花海区漫步、闲谈等活动感受鲜花的灿烂和芬芳（图11）。

图10 珠海新光御景山花园草坪区实景图

图11 珠海新光御景山花园花海区实景图

3.5 艺术体验

活动的发生既增加人与人之间的交流，又在无形间实现了人与环境的互动。在风景视线最佳的一

端，栈道的一部分空间被设计为艺术廊道，成为居民展示艺术作品和表演的平台。

活动的发生使空间被赋予了丰富的含义，“有活动发生是因为有活动发生”。这意味着，空间场所之所以会发生活动是因为活动发生的场地符合大众需要。展示平台（图12）既是步行通道，同时又可以作为展演空间使用，此处提供了可进行简便展览和表演的设施供居民使用，鼓励居民展示绘画和书法作品，在展示的同时增进与邻居间的交流，以及人与展品、设施、景观环境等客体之间的互动，以营造社区热爱分享、热爱艺术的浪漫氛围。

图12　珠海新光御景山花园空中栈道展示区实景图

凯文·林奇（Kevin Lynch）指出：“场所应该有明确的感知特性：可被认知、可记忆、生动、引人注意。”艺术廊道进一步强化了空中栈道景观空间中的场所感和互动性，丰富了互动的形式和内容，也实现了艺术体验，完成情感上的自我互动。

《马丘比丘宪章》中提及：“我们深信人的相互作用和交往是城市存在的基本依据，城市规划与住房设计必须反映这一现实。”居住区的景观建设应为居民的人际交往以及居民与环境的互动提供更舒适和便捷的平台。功能多元、参与形式丰富的独特景观空间给人带来充满趣味的体验，能与之保持良性互动的景观既是城市居民日常生活中的实际需要，同时也是参与和情感交往的心理需求。只有居民参与到居住区景观的互动中去，才能最大限度地感知并体验到景观环境带来的舒适度。本文以珠海新光御景山花园为例，以互动理论为基础，提出山水社区的理念，针对现存的居住区景观设计普遍问题提出了相对应的设计目标，包括促使活动发生和丰富感官体验。珠海新光御景山花园个性鲜明的森林、草坪、花海、泳池、栈道通过山水社区实现空间体验、生态体验、艺术体验，给不同年龄层次的居民提供了不同的活动场所，满足其不同的使用需求，实现景观空间中人与人、人与环境多种层次的互动交流，提高居民在景观空间的参与感和归属感。

参考文献

[1] 白雪竹.互动艺术创新思维［M］.北京：中国轻工业出版社，2007.

[2] 郑晓峰.基于互动理论的丽水非物质文化遗产保护与开发研究［D］.舟山：浙江海洋大学，2017.

[3] 杨玲，莫冠冲.基于互动理论的城市绿色步行空间景观设计探析——以台中草悟道为例［J］.生态经济，2016，32（1）：224–227.

[4] 林婉仪.台湾参与式设计的过程观察及其启示［D］.广州：华南理工大学，2013.

[5] 约翰·O·西蒙兹.巴里·W·斯塔克，《景观设计学：场地规划与设计手册》［M］.北京：中国建筑工业出版社，2014.

[6] TRUAX B. Handbook for Acoustic Ecology［M］. Cambridge: Cambridge Street Publishing, 1999.

[7] 姜婷婷.基于感官体验的景观设计研究［D］.南京：南京艺术学院，2014.

[8] 杨·盖尔.交往与空间［M］.北京：中国建筑工业出版社，2002.

[9] 凯文·林奇，加里·海克.总体设计［M］.江苏：江苏凤凰科学技术出版，2016.

四叶草堂的上海社区花园实践

魏　闽[1]　范浩阳[2]

2016年12月，四叶草堂的发起人刘悦来老师在SEA-HI！论坛公布2040社区花园的愿景，希望到2040年上海能建成2 040个社区花园。愿景公布后大家都很替我们着急，经常询问目前为止建了多少个社区花园，当然已建成的社区花园数目离2 040还差得很远，其中，四叶草堂团队直接参与设计的社区花园是80多个，通过培力支持的居民自发营造的大概有600个。

图1是上海一些主要社区花园的分布地图，其中有两块是四叶草堂自己在运维管理的基地，分别是创智农园和火车菜园；地图外还有很多经过培力或影响，由居委或居民主导的自下而上发起的社区花园。团队还通过种子漂流、郁金香计划、萌芽计划等行动，将社区花园的理念传递给更多人知晓。

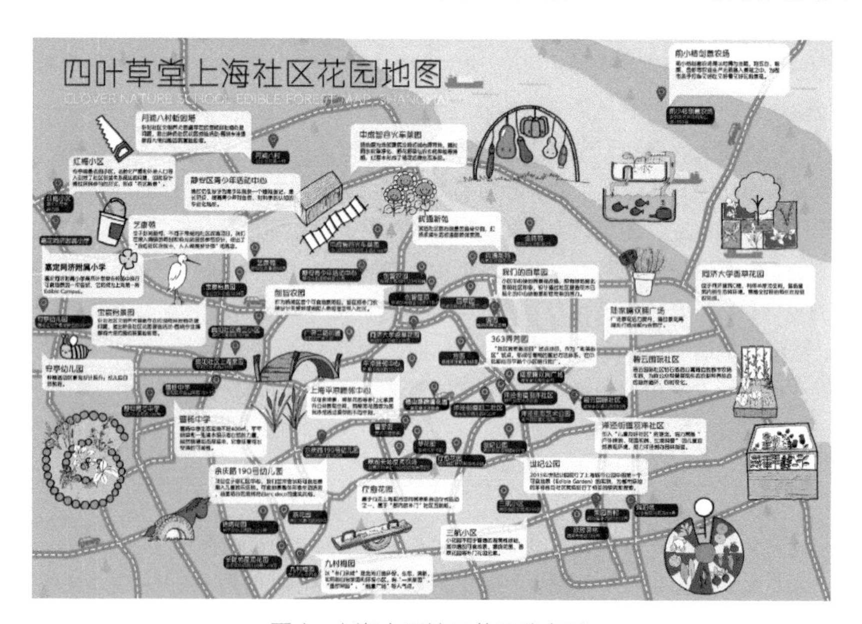

图1　上海主要社区花园分布图

在2017年世界城市日活动上，上海社区花园作为全球七大案例之一入选《上海手册》，并于2018年再度入选专题报告，此外，社区花园案例还入选了《上海市城市总体规划（2017—2035年）》。团队总结这几年的实践经验，编写了一本《社区花园实践手册》，这本书已于2018年8月正式出版了（图2）。

接下来分享一下在自己运维的基地，创智农园和魔法门等的故事。创智农园很小，只有2 000 m^2，

1　四叶草堂联合创始人、副理事长，国家一级注册建筑师。
2　四叶草堂联合创始人、总干事，国家一级注册建筑师。

位于上海市杨浦区五角场，由瑞安集团开发的创智天地片区最西端（图3）。场地右侧是江湾翰林——当时杨浦区房价最高的小区，左侧是比较老旧的财大小区，中间由实体围墙隔离开，创智农园就处于这样一个新旧交融之处。

图2 《社区花园实践手册》发布会

图3 创智农园

2016年以前这里还是建筑垃圾的堆放地，非常荒凉。场地刚刚交付的时候，因为资金非常紧张，大家赤手赤脚开始，慢慢地、一棵棵植物地种植（图4）。后来绿化慢慢起来了，社区活动也慢慢起来了，花园虽然小，但人越来越多了（图5）。

图4 创智农园改造前后

图5 创智农园日常活动

这里所有的活动都贴近自然。小朋友很喜欢在沙坑玩耍，复旦大学社会学系于海教授称之为“在沙坑里长大的一代”（图6），在离农园很远的地方经常还能听到孩子们被爸妈带走时的哭喊声。于海教授在大家手机的灯光下，带领大家一起朗读他的新书《上海纪事》（图7）。夜晚的时候，还能听见泽蛙发出的天籁之音。

再回到2016年魔法门的故事。当时资金十分有限，围墙上是简单的白色涂刷，社区隔阂也非常明显。我们邀请AECOM公司的一位景观设计师和他的画家朋友跟孩子们一起在围墙上创作了一扇魔法门，想象如果魔法门打开，围墙消失之后，社区共融的场景（图8）。

图6 创智农园日常

图7 于海教授在创智农园分享《上海纪事》

种子种下了，开始努力地一步一步推进、实现。大家做了很多在地资源的探索，进行理念宣传。2017年来自同济大学和北京大学的同学们组成联合工作坊，邀请居民、企业等共同参与，一起探索创智农园可持续发展的道路（图9）。

图8　创作魔法门

图9　联合工作坊

2018年四叶草堂团队配合美丽家园建设，深入社区与在地居民一起交流、完善社区规划；此外还多次邀请社会各界人士、国内外专家、学者一起组织在地的工作坊，共同探索（图10）。

图11是场地左侧财大小区的规划方案，最终确定将右图A、B点处作为魔法门开启的地方，右图上方远期开门点处还可以再开一个门。

图10　社区交流与探索

图11　财大小区规划方案

图12　魔法门到"睦邻门"

历经两年半时间，当初画的魔法门终于以"睦邻门"的形式被打开了（图12），虽然不在最初画的位置，但小区与小区、小区与公共空间之间的围墙在逐步消解。睦邻门看上去有点土，但是它没有花费政府的一分钱，完全是由居委会自筹的。门开了以后，每次到那边都有居民拍手称赞，或朝我们竖大拇指，这种礼遇是以前做设计工作时从来没有享受过的。

来创智农园参观的人络绎不绝。隔壁小区居民拿着自制的食物到创智农园分享，阿姨们穿得漂漂亮亮的，在这里共享晚餐，一起唱歌、跳舞，非常开心（图13、图14）。以前从隔壁小区走过来快一点15分钟，慢一点要20分钟。现在门开之后才有可能端着菜从隔壁小区走到创智农园来分享，不然估计要么菜凉了，要么盘子摔了。

图13 社区晚宴

图14 社区晚会

2019年工作重点是想探索通过组织由居民、设计师等共同参与的在地共创小组来推进社区规划的实施（图15）。睦邻门虽已打开，但是长长的围墙还在。我们通过支持和培育在地力量，一同推进城市的微更新和微改造。为了进一步推进墙的消融，真正消融人和人之间的心墙，促进人和人之间的睦邻，团队跟社区居民一起开四方百脑会，以营造一个能够聚力的睦邻圈。

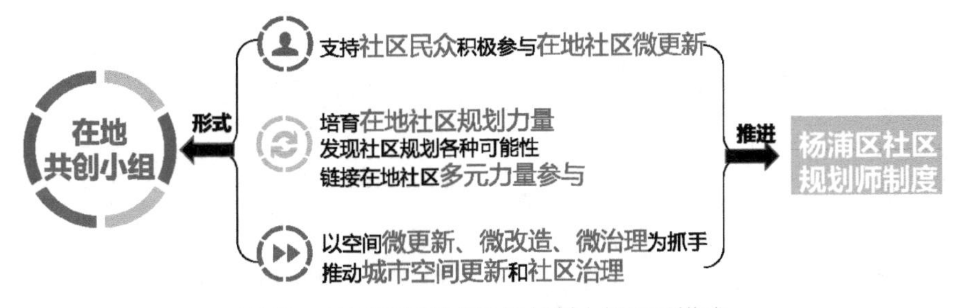

图15 社区规划师之在地共创小组开展模式

由创智农园、睦邻墙向外延伸，在周边地区甚至更大的范围内，团队试图展开可参与的绿色空间调研和规划行动。虽然资源非常有限，势单力薄，我们仍旧想要了解，在整个五角场街道区域有多少力量愿意参与到社区花园这样的绿色空间，他们愿意管理运维吗？有哪些资源？这些在地力量对于公共空间如何看待？此外，如何从空间上整合更大尺度的生态廊道、生态板块，共同融合成可参与的绿色空间网络？

还有三点探索想和大家分享，包括社区花园模式，社区花园生活和社区花园生态。

第一点，社区花园模式。社区花园模式（图16）要以社区花园这样一个空间为载体，融合政府、企业、社会组织、居民等多方力量，共同创造一个共治的局面。社会组织的存在是为了将来更好的离开。畅想在不久的未来，四叶草堂可以扶持出更多的在地力量，融合政府、企业、志愿者、社区居民和社会组织等多种资源，最终发展成为属于创智农园的真正在地化社会组织，用当地的力量管理社区花园，并且更好地服务周边社区。同时也总结了一些培训、教育的方法，从前期认知的引导、组织的培训，到后期空间的自发运维，做更好的社区培力和赋能。

第二点，社区花园生活（图17）。在社区花园这个平台上可以融入多姿多彩的生活。创智农园每年春天都会举办一场社区花园节，到2019年为止已经举办了三届。2017年的时候完全是采用草根的方式，邀请了一些业内朋友来共建支持；2019年邀请了街道、居委人员和更多在地居民一起参与，取名

图16 社区花园模式

图17 社区花园生活

社区花园节（暨睦邻节）。创智天地企业等也都表达了一起参与共创共建的意愿，相信明年还会有更多力量参与。

新华社也对社区花园节进行了报道。2019年的主题是文化，以四叶草堂和居民一起搭建的诗经花园作为主要载体。大家在诗经花园里面学习、吟唱，穿着汉服唱“桃之夭夭”（图18）。四叶草堂还不定期举办“方寸地”市集活动（图19），将食品嫁接在社区花园平台上。联合上海周边的友善小农到农园摆市集，连接了消费者和生产者，大家一起探讨食品安全问题。

上海：“迷你农场”里的社区花园节

新华视界

4月21日，三名古装爱好者在创智农园里游玩。

当日，上海杨浦区的创智农园举办社区花园节(暨睦邻节)。创智农园位于上海高楼林立的中心城区，原本是城市开发中一块废弃闲置的“边角料”，在当地社区、企业、居民和非政府组织的共同努力下，变身为城市里的一片“迷你农场”，成为周边居民亲近大自然的田园绿洲，和睦邻友好的交流场所。

新华社记者张建松摄影报道

4月21日，小朋友在创智农园里玩耍

4月21日，小朋友在创智农园里学习画扇

4月21日，身穿传统服装的母亲带着女儿在创智农园里游玩

4月21日，志愿者在装饰创智农园

图18 社区花园节媒体报道与活动现场

图19 “方寸地”市集活动

社区自发组织的夏令营到2019年也举办了两届（图20）。夏令营完全是由爸爸妈妈们主导、孩子们一同参与策划组织的，四叶草堂在里面只是一个促成和支持者的角色。

图21是社区厨房的场景，大家各自端着自己的拿手菜聚餐。此外，还会举办一些学术沙龙，不定

图20 社区夏令营

图21 社区厨房活动场景

图22　潘富俊老师讲解诗经花园

图23　儿童自然笔记

期请一些专家和学者来跟大家分享各种社区营造的经验和问题。图22是来自中国台湾的潘富俊教授——植物文学第一人，在跟大家讲解诗经花园的场景。《诗经》是中国文化非常重要的源泉，我们尽力在一个小小的社区花园里去还原2 500年前的植物，通过植物传承文化。在诗经花园中，孩子们一起打理，参加完活动以后分享各自的自然笔记，包括在花园里出现的一些鸟类（图23）。此外，在2016年就开始做垃圾分类。孩子们一起参与，把厨余垃圾转化成有机肥，再重新用于社区花园（图24）。

在上海这方小小农园里还开辟了一小片稻田（图25）。小孩子在收获水稻的活动中有很多灵感。一个10岁小孩子写了一首诗，她说："凡事看上去很小，但它却在这个星球上，小小的院子里发生。"期望社区生活就是孟子所说的"老吾老，以及人之老；幼吾幼，以及人之幼"这样的场景。

第三点，社区花园生态（图26）。一个小小的社区花园或许谈不上生态，但是如果有几百、几千，甚至上万个，也许就可以一起谈一谈社区花园生态。放眼全球，绝大多数生物多样性热点都会在人类的聚集区，也就是大都市。可以重新去探讨人和自然的和谐共存，重新探讨生境的三要素食源、水源和庇护所，以及其间的关系。

2017年11月，四叶草堂和大自然保护协会（TNC）举办了签约仪式，双方一起合作共同促进社区花园生境发展（图27）。四叶草堂一直践行朴门永续设计的发展理念，这是展开社区花园实践的理论基础。在另外一处位于城市快速道路和铁轨的交集处的基地火车菜园，原先堆满了各种垃圾，生态基底

图24　垃圾分类

图25　水稻田活动

图26　社区花园生态

图27　生境花园

非常糟糕，经过三年的持续培育和改良，检测发现火车菜园的土壤已经达到了有机种植标准。如果这样糟糕的情况也能够有很好的改善，那么其他地块有更大的改善可能性。

2018年9月在火车菜园和创智农园做了物种调研（图28）。火车菜园约4 000 m²，当时发现173种植物，其中乡土植物52种，32种动物。创智农园2 000 m²，当时发现植物142种，其中乡土植物30种，动物21种。图片左边展现的是一种乡土植物益母草；中间是一只身残志坚的斐豹蛱蝶，它的翅膀可能被鸟啄掉了，我们一直用这样的故事鼓励小朋友；右边是一只白头鹎正在啄食蓝莓。后来发现，小朋友在社区花园里面会有更多分享的观念，比如种植蓝莓、水稻、小麦，小朋友会说：没关系，给鸟儿分享一点，人和动物可以共享。

图28　火车菜园物种

在火车菜园发现了两种哺乳动物（图29）。图片左边的那个是去年发现的黄鼬，那时是一个小宝宝；右边是今年发现的刺猬，也是小宝宝，刺猬是对农药非常敏感的哺乳动物，因此大家非常欣喜，

图29　火车菜园里的黄鼬和刺猬

刺猬的出现说明火车菜园的水土变得更加好了。

期望在不久的将来，在园区、街区、学校、住区，以及屋顶上能够出现越来越多的社区花园（图30）。

图30　社区花园愿景图

古城绿意的几重可能

刘祎绯[1]

2016年初我成立了古城绿意研究小组，后来邀请到北京林业大学园林学院园林树木教研室的陈瑞丹老师共同指导。团队专注于利用专业的植物学、景观学知识，探讨如何更加合理地为历史城市添绿，并在北京老城开展实践。接下来将从视而未见的绿意、作为指标的古城绿意、作为文化的古城绿意、作为生活的古城绿意四个方面来介绍相关工作成果，也作为古城绿意的多种面向与多重可能的探讨。

1　视而未见的绿意

北京老城是不是一个有绿意的古城呢？我曾在给老城居民的讲座交流过程中抛出过这个问题，居民们反应迅速且异口同声地说：一点都不绿。那么现实情况是否如此呢？其实这取决于人们感知和看待此事的角度，或者说一些个人化的经历和体验。

为了回答这个问题，首先便想到可以到前人留下的影像中尝试探寻。古代绘画在某种程度上是古人为大家“拍摄”的照片，虽然很多画面的视角都是凭想象绘制出来，但还是具有相当的纪实性，比如在《京师生春诗意图》(图1)、《康熙南巡图》、《乾隆南巡图》等可以窥见北京老城历史风貌的古画中，在天坛、太庙等坛庙，以及景山、三海等皇家园林中大都绘制有很多树木，但是在居民区却鲜有绿色植物。再看古代舆图。北京是拥有相当多古地图资源的古都，但通常来讲都只画到街巷，精细些的能画到一些重要的建筑院落，但即便精细到如《乾隆京城全图》(图2)，也从未有绘制过在古人眼中并非长久之物的植物。再到更为晚近照相技术逐渐普及后，历史照片又成为非常重要且直观的历史影像素材，但大约是由于早年照片的拍摄冲洗都非常贵，留下来的古城影像通常都是拍摄地标性建筑，偶尔也带出些配景植物的信息，而鲜有舍得单独拍摄植物的。

图1　典型古代绘画《京师生春诗意图》中的北京老城历史风貌

为了解关于北京古城在当代人群感知中的绿意程度，我又尝试在百度图片

1　北京林业大学园林学院城乡规划系副教授，美国伊利诺伊理工大学建筑学院景观系博士后。

中搜索“北京+胡同”，结果得到的靠前图片全都特别具有北京典型的色彩意象（图3），即全部一片死灰，偶有点缀些许红色，却全然不见一点绿色。

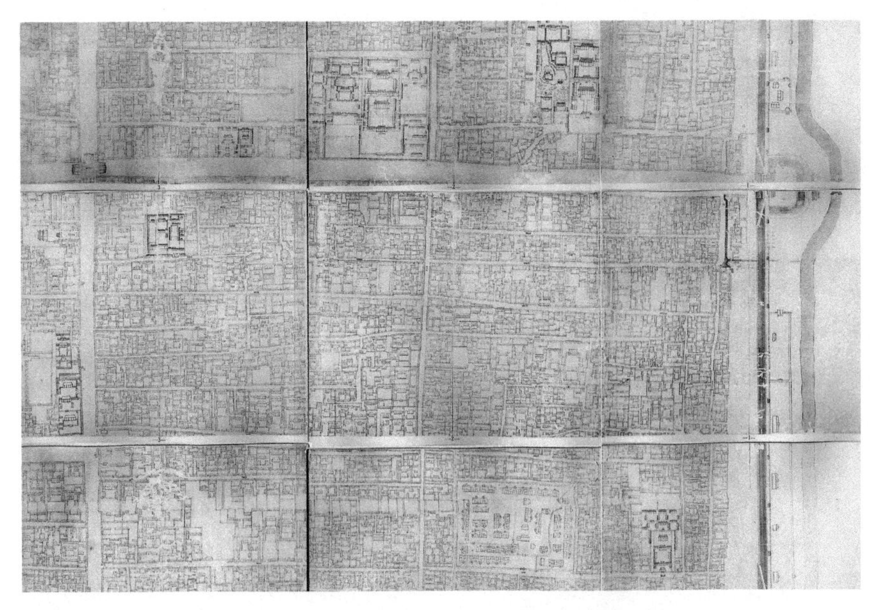

图2　典型古代舆图《乾隆京城全图》（局部）中的北京老城历史风貌

图3　北京老城当代风貌

然而，当真正走在北京老城中细心观察体会，实地经验并非完全如前所述。比如我曾参与保护规划项目的钱市胡同，在这条北京最窄的仅容一人通过的胡同中间，有唯一的一小块可以站住脚的空地，围绕一棵树展开（图4）。又比如在白塔寺、大栅栏等地的胡同里捕捉到的一些场景都显得生机盎然，绿植和爬藤会占据居民的阳台、院墙，甚至覆盖了汽车、自行车等（图5）。

图4　北京最窄胡同钱市胡同中唯一的空地

关于北京老城到底绿不绿，后来我在陪一位葡萄牙的景观学教授游览老城时有一次特别直观而强烈的感受。那天先带他去了胡同、故宫，随后去到景山俯瞰时，教授几乎是惊叫出来“原来北京这么绿！”确实如他所言，且不说西边的六海，尤其是西北的北海绿树成荫，即便是往北看、往南看、往东看，老城都显得非常的绿（图6），不由得想起，写过北京四合院专著的邓云乡先生，曾经打过这样一个比方，说京都十分春色，四合院的树便要占去五分。我又立刻搜索了其他不少著名历史城市的鸟瞰场景以作确认，比如从蒙帕纳斯大厦鸟瞰的巴黎（图7），又比如从清水寺鸟瞰的和北京更接近的东方古城——京都（图8），稍作对比，便可看出北京老城的绿意氛围是多么的出类拔萃。那一刻我才突然意识到，即便是作为专业从业人员的我们尚且对这些古城绿意视而未见，何况普通市民百姓。

图5　白塔寺、大栅栏等地胡同中绿意盎然的场景

图6　从景山鸟瞰北京老城

图7　鸟瞰巴黎　　　　图8　鸟瞰东京

我在清华大学建筑学院从本科读到博士，一直都是建筑学背景，后来因为研究历史城市保护，在英国访学时去到了城市规划系，毕业后来到北京林业大学园林学院的城乡规划系任教后，又连读了北京林业大学和美国两个风景园林方向的博士后。可以说，我的个人学术经历本身就是受到风景园林学科熏陶，视野不断被打开的过程。从纯粹的建筑学，到城市规划，到风景园林，同样是看历史街区，却常常感觉到从像眼镜上不断摘掉一层一层滤镜一样。比如以前做历史街区保护规划时，可能会自动忽略掉植物，看不到屋顶上的杂草和墙面上的爬藤（除非是在分析对文物本体造成的破坏时），而是直接透视看到背后墙和门楼的做法，建筑年代、保护状况等。后来才逐渐开始关注到原来历史街区中还有这么多生机勃勃的植物，并于2016年初开始投身到相关研究和实践中。并且经我对有关文献的检索证明，可能是由于具有一定的学科交叉属性，相关问题确实是长期被忽视的，换言之，对于古城绿意的研究严重贫乏，对历史城市里面的景观学、植物学问题的研究都非常少，直到近一两年才稍微多一些。

但从好的角度来理解，这个方向还是有较大潜力的，如今也有越来越多研究历史城市的人开始认识到传统保护学科视野是有局限性的，以及越来越多研究风景园林的人开始重视起老城保护及城市更新中的相关问题。2017年以来至今，在北京市政府开始大力推广微更新、见缝插绿、留白增绿（从规划角度来讲，提出“留白增绿”的本质目的并非为了“增绿”，而是为了“留白”，即通过增绿的临时性手段，为城市未来纾解出一些发展用地）的政策背景下，古城绿意的相关研究与实践如今已俨然成了北京市的一个基本工作方向，这当然是值得庆贺的。

2　作为指标的古城绿意

为了科学回答关于前面提出的北京老城究竟绿不绿，绿到什么程度的问题，我带领古城绿意研究小组首先尝试从指标层面做出了一系列探索。

2.1　历史城区绿道系统的评价与规划

这个始于2016年初的研究是以北京老城胡同为主要对象，在尊重历史街区风貌的前提下，尝试引入可能与历史城区肌理格局相契合的绿道理念，基于调研和评价结果对部分街道和胡同提出改善建议，使历史街区风貌得到完善保护的同时提升生态环境，并提供给居民交往休憩的空间，亦即借鉴绿道理论，对于历史城区的有机更新进行引导，并进一步完善和细化为一套适应历史城区氛围的绿道评价模型，并通过评价系统的建立为历史城区绿道系统建设提供规划选线与规划策略的参考（图9）。构建的整个指标体系虽然算不上特别精细和复杂，但基本上涵盖了笔者的几方面重要考虑，即风貌部分、生态部分和游憩部分这三个历史城区绿道应当重点关注的方向，然后对各个单项和大项先后进行评分，最后可得到胡同绿道的综合评价。这个指标体系的意义在于可用于对胡同绿道进行现状评价、规划设计前的潜力评估、规划设计后的使用评估等多个场景。在宏观层面，比如规划一条环绕或穿行老城的绿道时，会有一定指导意义。

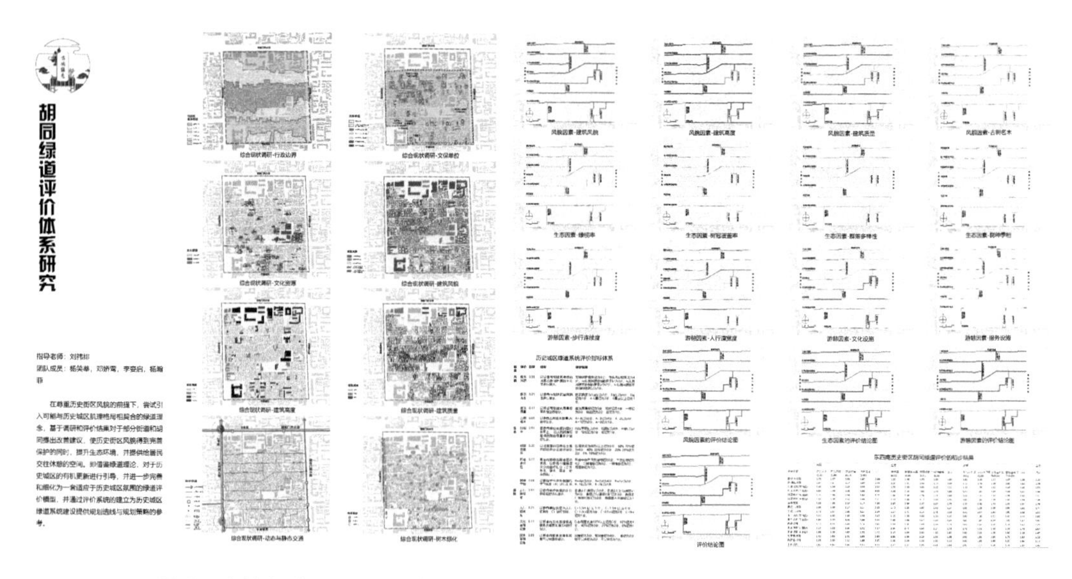

图9　古城绿意研究小组针对历史城区绿道系统的规划与评价研究部分成果

2.2　胡同空间植物景观的评价与设计

接下来的另一个工作是比较微观的，笔者团队到一个胡同空间当中去具体探讨植物景观的评价与设计，这个研究问题的提出也是来源于项目经验和实地感受，主要思路就是首先按照乔木、灌木、藤本、草本植物分类加上其所处位置和栽培方式，将胡同里所有看似纷繁复杂的植物景观划归为9种类型，进而分别做每一类别的综合效益、潜在问题、居民意向的分析，以建立胡同植物景观评价体系。同时推荐最适合胡同空间的乔木、灌木、藤本、草本植物品种，综合两者提出胡同空间植物配置与景观设计导则，并分别以较宽胡同、较窄胡同、商业立面、民居立面做设计示例。比如仅以墙根乔木类为例（图10）就可能存在包括影响房屋地基结构、路面铺装平整度等6项问题。之前在历史街区调研时也确实遇到过这样的事情，有居民非常痛恨家门口的大树，因为树根已经开始影响到墙基，这个居民想砍，但街道不同意，市政府也不会同意，于是那个居民就每天早上拿着一壶开水去浇这棵树，直到树死了，居民如愿了，如今那里只剩下了半截树根。我们未来在保护和更新历史街区的时候，有必要思考哪一类植物景观更高效，活用各类植物景观高效的方面，用精细化设计规

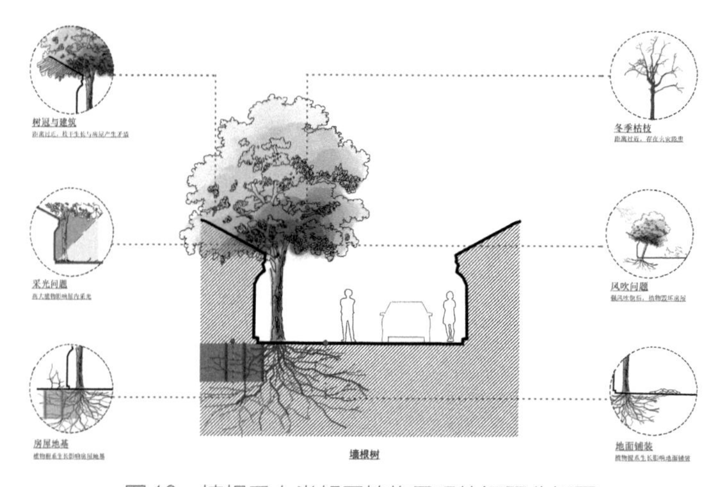

图10　墙根乔木类胡同植物景观的问题分析图

避潜在的问题。

2.3 东城区灯草胡同、演乐胡同绿意实践

在前述这些研究的基础上，2016年5月起，笔者也在北京市东城区朝阳门街道演乐胡同与灯草胡同的整体景观提升和立体绿化规划设计项目中对提升绿意指标的思路进行了实践。在常规的胡同风貌整治，以及联通树池、填平树池边缘等工程外，尤其注重形式丰富的立体绿化的添加（图11），以及已消逝历史文化信息的再现。

图11 灯草胡同西口南立面概念设计图

3 作为文化的古城绿意

古城绿意作为文化应当被研究、被保护的想法，古城绿意研究小组也是同步推进的。

3.1 史家社区居民植物景观记忆挖掘

2016年5月，笔者在位于东四南历史街区中的史家胡同博物馆举办了“国际博物馆日”专题讲座——胡同茶馆之老北京四合院绿植景观，并带领团队共同帮助居民挖掘对历史街区植物景观的记忆。史家胡同博物馆是一个社区博物馆，现场来了100多位老居民，在比较简短的讲座交流之后，组织大家围在一起回忆曾经堂前屋后的植物景观记忆。各组积极讨论，并各派代表发言，有居民回忆起老四合院的鱼缸和树木，有居民回忆起小时候夏夜在园子里围着苹果树聊天，还有居民回忆起沿着墙爬上房顶的南瓜藤……并在此基础上对未来的胡同和院落绿化提出了展望和设想（图12）。

图12 在史家胡同博物馆组织老居民挖掘植物景观记忆

3.2 古代图文中的植物景观信息复原

如果说在史家社区开展的活动类似于植物景观文化的口述史梳理，则相当于比较晚近历史信息

的获取，那么居民记忆所不能触及的更遥远的过去呢？我们还在对北京老城古代图文当中的各种植物景观信息进行收集和复原，这块内容也是目前学界比较欠缺的。学界已有较多研究的是重要的和树多的地方，如皇家园林，但针对城市的研究则比较匮乏。笔者已经完成过有关建筑和街巷的精细化历史复原工作。考虑到古代图文中同样有大量的植物景观信息，就提了一个比较有野心的想法，想做一个"《乾隆京城全图》(《乾隆京城全图》是了解18世纪中期北京城市面貌最具权威性的实物资料，因而广泛地被考古、测绘、地理、古建筑等学科所重视，是北京在城市规划、改造，修缮等时考证北京史地的重要依据。但植物作为城市面貌的肌理，在该地图上并未得到体现）植物考鉴与补全计划"，目前已经整理出1万多条古籍里面记录的各种植物景观信息。该研究目前还在推进过程中，相信成果也将是未来历史城市开展相关工作时一个很好的参考。

3.3 以文创展览等方式扩大社会影响

除了面向过去的考证类研究工作，笔者团队还积极以文创、展览等方式强化古城绿意作为文化的当代宣传，以扩大社会影响。自2016年起多次举办展览、参与论坛、组织北京国际设计周活动、制作宣传册及各类文创产品，并运营微信公众号等，这些活动也连续3年得到北京市西城区历史文化名城保护促进中心"四名"汇智计划项目的支持，取得了一定的关注度和影响力（图13）。

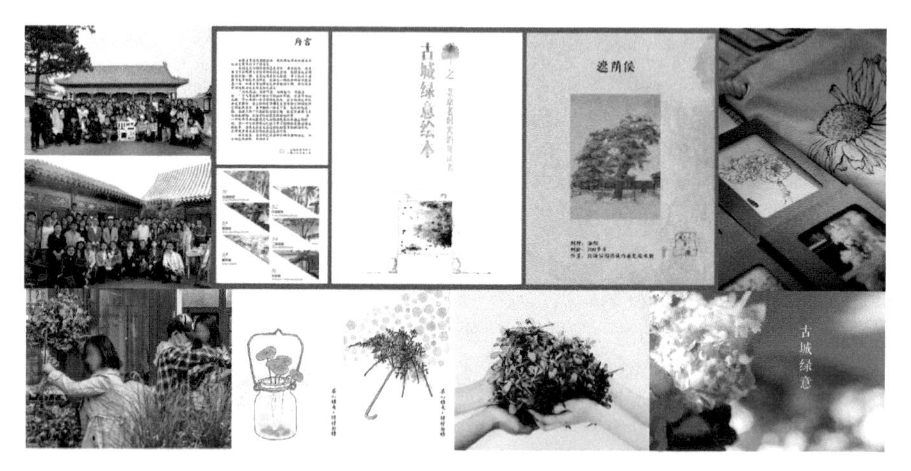

图13 古城绿意研究小组以多类文创展览等方式扩大社会影响

4 作为生活的古城绿意

在2018年开始的一些研究与实践中，笔者团队开始尝试将古城绿意作为具有温度的生活来理解，更加注重古城绿意中居民和社区的属性，这一新的面向也进一步打开了更多新的可能。

4.1 茶儿绿意：西城区茶儿胡同12号小微空间留白增绿研究实践基地

2018年4月开启的茶儿绿意项目是位于老城的历史街区中。在胡同里打造为以植物为主题的微型科研基地与公众参与平台，集科研、展览、活动、教育、交流、实验等于一体，依托绿意新知、旧材新绿、胡同绿忆3条主线展开，连接了高校与社区，探索了历史城区在地居民充分参与和互动的植物景观提升新模式（图14）。

4.2 三庙绿意：西城区三庙社区花园设计与营造

2018年10月开启的三庙绿意项目则是位于老城的非历史街区，属于老旧小区的改造类型。旨在除精细化的景观设计之外，依托设计前期和建成后期的持续社区活动，充分营造居民参与社区公共空间重塑与绿化环境优化的氛围，在社区花园的设计与营造过程中，与街道、社区、居民多元共建，对老城失落空间展开微更新。该项目多方共建、共治、共享的角色与机制，多层次公众参与的社区花园设计方法，精细化更新承载社区活动的公共空间，多样化因地制宜的社区花园绿化形式，以及基于社区花园建设的社区凝聚力重塑，可以为未来历史城市里的社区花园研究与实践提供借鉴（图15）。

图14　茶儿绿意：西城区茶儿胡同12号小微空间留白增绿研究实践基地

图15　西城区三庙社区花园设计与营造

历史城市植物景观的研究本质上是文化景观的研究。借用世界遗产中文化景观的概念与分类，则实质上是一种有机演进的景观，按演进的时间进程又可分为两个子类，即延续类景观和残迹类景观。延续类景观是指在当代社会中仍保持着与传统生活方式紧密相关的积极社会角色，并且演进过程仍在进行当中的文化景观，类似于常说的活态文化遗产，应努力保障其继续真实而完整地延续下去；残迹类景观，是指其演进进程在历史上某个时间点就已经终止的文化景观，类似于消失了的文化传统，需要通过大量研究对其进行重新挖掘，像解谜一样尝试去理解古人是怎样认知和践行的。

综上，作为文化景观的古城绿意，需要在尊重其有机演进的历史进程中，进行研究、保护与管理，任重道远。

协力与共生——台北田园城市政策下的社区花园行动实践

谢宗恒[1]

1 都市中的小区绿地管理将是提升生活品质的关键因素

过去关于城市绿地的价值一直都有不同的论点。研究指出，城市绿地可以促进健康、减少慢性病、提供生态系统服务并且有研究发现公园的原生植物可以大幅提升都市的生态多样性。尽管绿地对于人类的价值已被反复验证，仍有证据显示不是所有绿地都会对人有帮助，不好的绿地空间可能会造成犯罪发生。研究发现，公园绿地若没有活动提供很容易变成危险空间，过于密集的树会引来犯罪的可能，而树冠较低的树较容易造成犯罪死角。也因此，部分学者开始倡导由使用者主动维护的规划社区型绿地来满足都会区中使用者的社会需求。此外，研究表明绿地面积、树与草地的增加都会提升老人与其他团体社交活动，而且社区庭院提供给移民社交的机会，协助新移民适应新的环境，其共享的价值观形塑了社区的文化认同，因而对自己所处的环境更加重视。简而言之，在未来会有70%人口居住在都市内的趋势下，都市内的社区型绿地管理水平将会是决定生活品质的一个关键问题所在。

伴随科技发展与全民健保制度的引入，我国台湾地区在1995年后逐渐迈入高龄社会（Aged Society），平均房价高于我国台湾地区其他城市、平均寿命为83岁的台北市都会区，成了生活无虞的退休老人人口比例极高的城市，包含健康老化与食物安全等概念亦成为台北市的热门议题，因而成为都市农业与小区花园理念的实践地点。从2011年开始，因顺应社区参与和城市绿化新运动的风潮，台北的民间组织发起了一连串的都市农业活动，唤醒了市民对于都市农业的想象。2015年台北市开始推动田园城市相关政策与行动，行动聚焦在食物系统、生活环境与社会政策三项核心理念，逐步进行城市转型（Urban Transformation），并希望将城市创造为一个可以种田、种菜的城市。寄望民众能从作物生产的过程中体会农民的辛劳，进而改变人们看待食物的方式，而城市情感疏离的问题下，增加人与人之间的互动，建立共同耕作、共同享受的模式，进而提升公民素养。

截至2019年6月，参与小区花园活动人数已超过11万人，整个台北共有714处田园城市基地，总面积达188 366 m^2，总共支出超过2亿台币。台北市在迎接人口老龄化的同时，开始兴起另一项健康的市民行动。在小区花园的场域中，邻里交流、小区关怀、知识分享等行动皆逐步提升市民对于环境的认同、扩展生态知识。而退休者、银发族与高龄者族群皆于都市园圃中获得成就感与其他多面向的效益，同时也开启了对于城市的不同想象。本文将分享台北市田园城市政策推动过程中，民间非营利组织、政府单位、学者与在地居民如何同心协力，激发对于未来小区花园的想象与实践。

---

1 我国台湾地区辅仁大学景观设计学系副教授，艺术与文化创意学士学位学程主任。

2 利用培训课程与社会参与模式提升居民对自身环境的要求

与我国台湾地区的其他城市略有不同，台北市的经济产业结构较为多元，因此会有部分人士选择不去大型企业就职而当起自由职业者，即所谓的斜杠青年（Slash Youth），因而有许多非营利组织的成立。斜杠青年在当代所关注的是如何把社会议题跟自己的专业结合在一起，进一步创造社会价值，在当代的方式则是用社会参与的模式进行资源整合。

在笔者所处的团队（台湾新乡村协会）中，最重要的目标就是通过参与式规划设计手法，把社区绿地与都市农业提供给真正需要的人。因此，第一个步骤便是通过田园城市的政策、行动与政府资源，增加社区花园的积极使用者，通过网络宣传，让志愿者报名，把有兴趣的志愿者挖掘出来，志愿者人数越多越好，因为很多人可能会因为工作或家庭因素半途而废。第二个步骤则是建立使用者相互交流的平台。在台北都会地区里长是给薪制，而且是有行政绩效的，所以里长办公室是很容易可以创造交流与互动的地点。第三个步骤，在笔者与使用者互动的过程中，经常要理解及确认使用者的想法，而且要教育他们，因为很多时候他们想的跟说的不太一样，因为居民不见得是受过专业训练的人。例如居民会说，我想在社区设计天空步道，但是他真正意思不见得是设计天空步道，而是他听过那个名称，或是碰巧看过天空步道。所以要汇整真正需求，而非全盘接收。而且也要通过一些工作坊的操作提升整体公民素养。笔者团队的操作经验使我们意识到，在台北地区，教育民众很重要，教育公务人员更重要，因为他们经常会是影响政策行动的人。第四个步骤，界定参与式设计的目标。比如在台北市种菜不是拿来吃的而是拿来玩的。另外，台北夏天很热，七八月的时候都是35 ～ 36℃，要让市民走出户外很重要，所以要鼓励他们出来做一些有趣的事情。比如许多老人家比较担心食品安全，因此笔者的团队便会与朴门永续设计课程合作，教会他们把土壤变成有用的土，让老人学习种安全的蔬菜。第五个步骤就是居民的协力行动与示范操作，笔者参与的团队将台北市田园城市基地中的志愿者分为施工组和维护组，以便实际设计施工与后续维护使用。而这样的操作是从学校的景观设计教学就已经开始进行了，在笔者过去五年的景观设计课程教学中，与研究生共同研拟了未来台北市西区的屋顶绿化行动。台北市旧城区的景观其实挺不好看的，因为有铁皮屋、铁门、铁窗，为了让台北西区更漂亮，笔者提出未来可以通过模组化的方式让社区居民方便地施作屋顶花园，让老人可以便利地维护屋顶花园。

在笔者团队持续的实践过程中，首要事情是盘点台北市有哪些地方可以被使用和操作。举例来说，近年团队开始在台北市的社区绿地中持续发展可以种植且简易烹煮共食的户外社交空间，通过每周的课程教学，让志愿者了解基地的特质与限制、如何挑选适合种植的种子、如何育苗、如何制作有机肥、如何施肥，也让志愿者认领一块土地进行耕作。另外，团队也一直通过小学户外教学课程，让小学孩童也成为未来可能的参与者和管理者。

3 通过产官学三个向度的共同学习建构田园城市愿景

就整体而言，在台北市田园城市政策推动的成果方面，每一年的成果竞赛（图1）与社区花园辅导都让有心发展社区花园的居民与志愿者有更高的荣誉感，提升了小区的社会资本。不仅提升了小区居民的互动机会，亦对环境产生了正向效益，其在减少碳排放与降温上都有显著的效果，但在花费上却比一般的公园绿地少。随着相关农耕课程的教导与居民参与讨论的模式持续被讨论与实践，不同类型的小区花园也有了不同的做法，让都市景观有不同的面貌，这样的观念更延伸到了其他机构与单位。例如台湾科教馆的屋顶空间原本设定是景观美化，因应田园城市政策的推广，在“世界咖啡馆”参与式讨论的操作下，公共部门、相关专家学者与使用者进行探索、讨论、搜集、行动、执行与反馈等六步骤的循环，利用分组三回合的讨论模式，针对教育场所性质的基地进行永续性软硬件建构的讨论与共识发展，并使得屋顶花园有了新的想象。其不仅是一处能够传递花粉的蜜蜂园，也是一座疗愈身心的花园，

图1　田园城市基地的竞赛评审

图2　笔者团队带领小学学员参与古亭庄社区花园的改造构想

更是可以在空中荡秋千的儿童游戏场。锦安屋顶菜园加入了循环经济的概念，让屋顶花园不仅是屋顶上的花园，更有鱼菜共生与养鸡的设备。而台北市古亭庄花园基地的建置，则是借由农耕教学引导参与者确认自己的真实需求，并且由讲师与专业者带领邻里银发族与小学儿童进行空间讨论，最后利用八周的教育与实践，启发学习者对于小区花园想象，共识达成后进行实际的小区花园创意改造行动（图2）。

4　对于未来台北市小区花园的期待与想象

综上所述，尽管台北市的社区花园行动已成为一个可被参考的成功案例，然而整体居民素养的提升仍是未来需持续进行的工作，因为随意摘采、遛狗未注意宠物便溺行为仍随时可见，也可以看见部分体健设施变成了晒衣服的地方，所以素质提升和美学传播还是一个要坚持推动的重要工作，必须靠有心人士与相关单位持续辅导。笔者认为，民众自主地参与城市景观改造是重要的工作，但是整体景观专业素养的介入、有制度地导入使用者的想法，以及政府的指导与辅导仍是城市能够真正改变的关键因素，这样的思维是社区参与工作者必须认真思考的重大议题。

参考文献

[1] WOLCH J R, BYRNE J, NEWELL J P. Urban green space, public health, and environmental justice: the challenge of making cities "just green enough" [J]. Landscape and Urban Planning, 2014, 125: 234–244.

[2] SHAW A, MILLER, K K, WESCOTT G. Australian native gardens: Is there scope for a community shift? [J]. Landscape and Urban Planning, 2017, 157: 322–330.

[3] IZADAFAR A, YAZDANFAR S A, HOSSEINI S B, et al. Relationship between Support of Social Activities and Fear of Crime in Iran Residential Complex [J]. Procedia-Social and Behavioral Sciences, 2015, 170: 575–585.

[4] GILSTAD K, WALLACE L R, CARROLL-SCOTT A, et al. Research Note: Greater tree canopy cover is associated with lower rates of both violent and property crime in New Haven, CT [J]. Landscape and Urban Planning, 2015, 143: 248–253.

[5] KEMPERMAN A, TIMMERMANS H. Green spaces in the direct living environment and social contacts of the aging population [J]. Landscape and Urban Planning, 2014,129: 44–54.

[6] AGUSTINA I, BWILIN R. Community Gardens: Space for Interactions and Adaptations [J]. Procedia-Social and Behavioral Sciences, 2012, 36: 439–448.

生活美学再造——北京老城区微花园绿色微更新

侯晓蕾[1] 刘 欣[2] 林雪莹[2] 苏春婷[2] 疏伟慧[2]

微花园，顾名思义，为小而美的绿色景观。行走在北京老城的胡同街巷中，那些依附于这里的空间、事物和生活的植物随处可见，它们可以是一片藤架上的葫芦，也可以是房前屋后窗檐下的一株盆景，见缝插针地有机分布在胡同街巷的各个角落，形成了胡同中特有的绿色景观，我们称之为微花园。微花园中的“微”具有两层含义，一方面指的是尺度和规模上的“微小”；另一方面指的是更新模式中的“微更新”，也就是渐进式更新的意思。很难用尺度直接去给微花园下定义，因为很多微花园非常微小，甚至“占天不占地”，构成了胡同街巷中的多维空间。微花园虽小，但是随处可见，不计其数，点滴中影响着城市的环境品质。

1 微花园的研究缘起

在北京老城区的胡同街巷里，居民在自家门前、窗边经常采用回收的旧物和废弃材料种植特色植物和瓜果蔬菜，少则几盆花，多则形成一个“花园”。这一类的微花园往往尺度很小，土生土长，由居民独立建造和维护，多种植月季、蔷薇等当地灌木，以及葡萄、葫芦、丝瓜等具有食用功能的蔬菜瓜果，兼具美观和实用功能。出于各家不同的审美和需求，胡同里每一个微花园都不同，具有各自鲜明的特点，同时又在整体上具有一致性。虽然没有设计师的参与，微花园却体现了居民对生活品质的追求和对美的向往。五年前，团队开始尝试研究这些自发建成的微花园，并在记录的基础上进行分析观察，希望通过调查研究能够将这些宝贵的经验记录下来，记录下胡同居民美好的生活场景。

在生活中，人人都是艺术家。这些老城的花园非常有意思、有人情味，体现出对美好生活的向往。团队首先对微花园进行平面落位，对每个微花园进行绘制Mapping（图1），然后逐渐对其进行个性与共性、空间与元素等方面的分析，进而在分析和认知的基础上发现其提升的可能性。基于这些阶段成果，团队开始做一些社区展览和实践，逐步把一个个小的点进行一系列拓展，关注到老城区整体景观面貌。通过一系列的调查研究发现，当下老城区正在进行百街千巷和胡同景观的提升，尤其是与绿色相关的环境提升，设计师应该特别注意胡同中的这些自发花园是如何实现的，这样才能最为准确而真实地去了解居民的需求，以及居民对于胡同景观的审美和价值观。更重要的是，保护微花园能够保留老城区的多样性和原真性，能够使老城区的景观不像统一改造之后那样变得千篇一律，失去特色。因此，微花园的研究和实践，一方面是为“人”，也就是为了保持老百姓的生活方式；另一方面，是为了“城”，能够使得老城区更加原汁原味地保持住特色，并通过城市微更新进行有效提升。

1 中央美术学院建筑学院副教授，博士。
2 中央美术学院建筑学院景观系研究生。

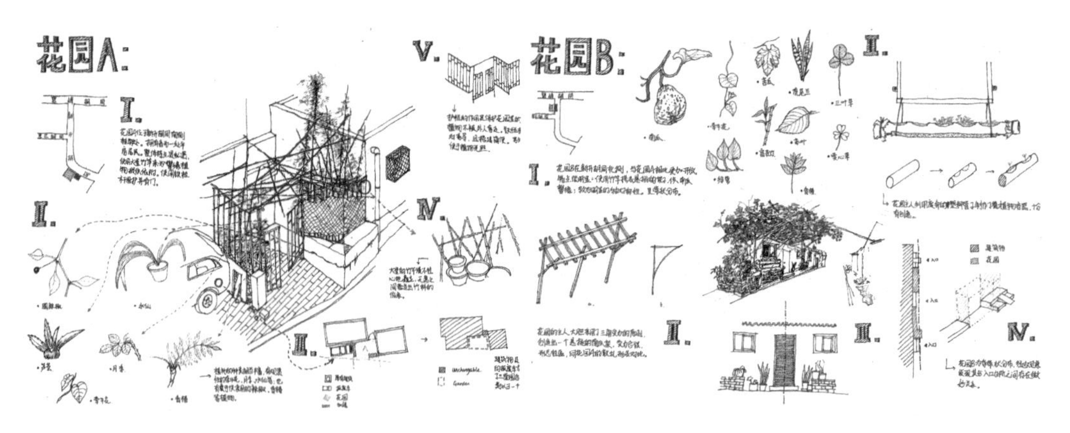

图1　微花园Mapping

2　涵盖微花园的老城区针灸式绿色微更新体系设想

所谓“积少成多、积水成渊”。对于北京老城区而言，微花园虽小，但是到处都有，如果每一个微花园都在一定程度上得到提升，那么城市的整体环境提升效果可想而知。希望以微更新的方式建构一个更加完善的体系，在城市中尤其是老城区见缝插针地提升一系列微空间，其中包括微花园。因为北京老城区是线性的胡同街巷式的公共空间，这一点跟西方例如欧洲老城的面状广场和市场公共空间有很大的不同，所以在胡同街巷里充斥和承载着各种各样人的活动和公共生活。但是，如今的胡同里停满了车，并且堆放了很多杂物，已经看不到这些公共活动了。如今在北京老城区很难看到很多完整的四合院，而更多的是百姓共居的大杂院。目前四合院内的公共空间几乎所剩无几，院外的胡同空间又被挤占，现在的老城区非常缺乏社区级的公共空间。

基于老城区的公共空间更新和提升角度，从2014年开始，团队做了很多参与式的设计、展览、研究和实践。这个过程中持续让居民做一些微空间自主选择，比如扎针地图。同时，团队以动态调研的方式把不同年龄、不同职业和不同喜好的人群对于公共空间、活动空间还有愿望空间进行动态连线式的研究和总结。这样使团队对于居民生活，对于居民之于微空间、微花园的选择有了一个基本的判断。所有的设计、实践和结论都来源于对居民的研究——在胡同里面发生的各种行为和活动。团队不断通过工作坊、设计调研、互动式的工作模式来探讨与居民需求相关的一系列微空间更新的可能性。

图2　基于景观视角的四个策略

在此基础上，我们提出了四个策略。第一个策略即微空间挖掘设计，里面包括五种微空间；第二个策略是私属空间公共化，希望像中国美术馆这种完整的封闭的大空间能够开放给市民，如果有的空间不能全时段开放，就分时段开放；第三个策略是公交站点集约化，老城的基础设施比如公交站是非常密集的，希望在将来有一个多功能综合提升成为集合型公共空间的考虑；第四个策略是文化探访路，因为老城区里面历史资源非常丰富，希望形成一个如同文化探访路径、供居民慢行的系统（图2）。

第一个策略的微空间实际上包括若干种，

其中第一种空间就是见缝插针地置换出的微花园。第二种空间叫做小微广场，另外还有一些游乐场和微装置，有的是永久的，有的是临时的。图3左边是老城里的一个小场景：原来有老人在这里挂鸟笼，有老人用碎砖围出一块地种葫芦，有老人很喜欢在这里拉二胡。那就用这样废旧且被熟识的材料进行安全设计，但还是保留原来的生活气息，同时增加休息的空间，这个空间改造后就形成了微花园。图3右边是老城里另外一个小场景：在一个屋檐下面种植月季花，旁边有很多竹棍来扶持月季花并供其攀缘。设想让这里成为一个小的雨水花园和休息空间的同时还能继续种植月季花，竹棍在扶持月季花的同时还能引导水的灌溉。这个空间在改造后就形成了一个小微广场。虽然在胡同沿线里的空间本质上是非常狭窄的，但通过这种方式形成一个集合空间，收集雨水的同时还可以收集垃圾，在三角地里形成了一个小游乐场，来形成居民可以活动的一个空间。团队在每年的设计周还会做一些装置，图4是2015年做的“9平方米9种功能”微装置，占地9 m^2，可以实现晒太阳、下棋、看书、种植、二手交换等9种功能（图4）。这个微装置的设想是在老城空间非常有限、人口密度又高的情况下，形成一个多复合多功能的使用空间。这是另外一种微空间的考虑：因为每条胡同每个片区都不一样，之后会逐步形成一些相应的主题空间。比如这个胡同以休息为主；这个空间以花园种植为主；这个胡同虽然它非常小，而居民在里面晒被子这种行为又让它形成了一个类似综合装置一样的具有生活气息的胡同。

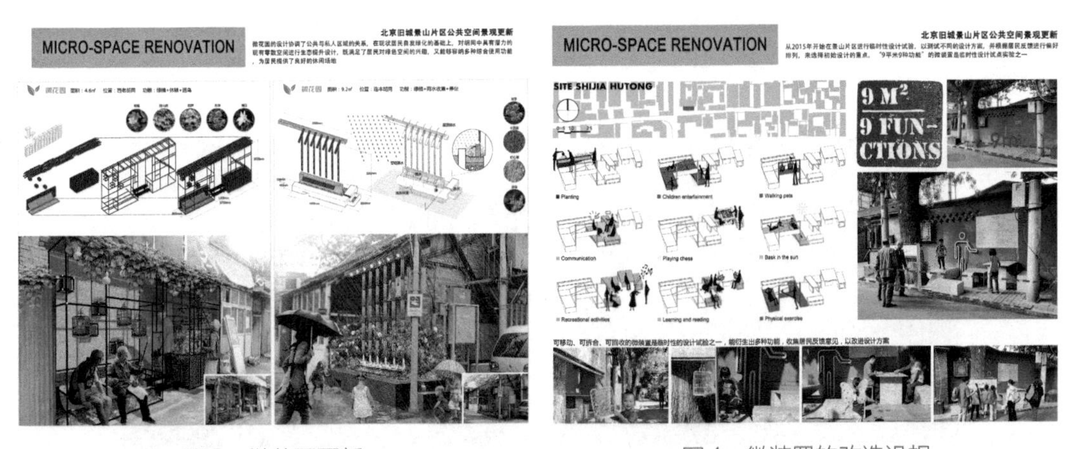

图3　微花园更新　　　　图4　微装置的改造设想

第二、三、四个策略都是在第一个微空间策略的基础上提出的，分别针对空间置换和公共空间分时段开放、基础设施综合化设计从而形成多功能公共空间、文化探访路和慢行系统相结合等方面进行了体系化的探讨。

3　微花园参与式设计和改造提升

团队从2014年开始对微花园进行持续的Mapping记录和观察。在老城里面看到若干个不同特点的微花园，第一步就是把它们画下来。画下来之后发现每个微花园看似破破烂烂，实际上花园中的装置、容器和植物都有各自不同的特点。在画下来的基础上继续探索微花园的空间结构，又发现它的空间结构也是非常有意思的：不但有软质的空间还有硬质的空间。大部分情况下这种空间里都种着葫芦、黄瓜，一方面是能吃，另一方面便于维护。由于老城的百姓微花园各有不同的特点，在此基础上，团队每年结合北京设计周做展览都是以老城的微花园和微空间提升为主题。对这些平民景观进行Mapping记录和观察，探索它们不同的景观类型、不同容器的装置和不同的生成过程。这种生成的过程是动态的，而且每个角度都能形成不同的微花园。团队对不同种类的微花园进行研究之后，以取景框的方式继续探索它们空间组织的模式，包括以互动的方式让居民自发组合微花园，来感受他们的出发点。

图5　自发微花园

团队也在持续进行微花园的互动展览以及相关的一些实践。两年前和居民一起进行的旧物改造盆栽活动每年都在持续。居民带着可以作为微空间营造种植容器的旧物来，团队则带一株植物，通过这种方式跟居民进行不同方式的参与式探讨和改造设计（图6）。有些居民通过活动和展览对活动有了一定的了解，就开始主动报名，想与团队一起实现他们的微花园提升。团队反复跟居民进行互动式的探讨，进一步修正方案，再通过工作坊的模式对方案逐步进行参与式设计，通过参与式设计实现和居民共同的微花园提升。团队与居民共同参与整个微花园的建造过程，居民坚持自己动手，团队也跟居民一起砌砖、一起种植，直到完成，逐步实现了一个个微花园的改造提升。

图6　旧物改造盆栽

北京老城的这些微花园各有特色，每个都不一样，前段时间与居民一起改造提升了几个微花园。这些微花园看起来不起眼，却是一个充满活力生机的空间且承载院子主人的生活态度，体现了一种生活仪式感和空间叙事感。这种胡同里的微花园或者说微空间最大的特点应该是亲切感，它们是老百姓生活的一部分而不是一种摆设，高高在上不应该是它们的面貌，所以应该更多地考虑到人的生活方式和他们与场地的关联感，而不是千篇一律的生搬硬套某一种风格或者全盘更改。公共空间品质与其造价或尺度并无直接的联系，一些微小的、极轻的介入也是对城市问题的一种回应。设计不应该被局限为一种“实”的物体，而更应像一个“虚”的框架、一个“空”的场景。通过大众的参与，居民以自己的方式填充，激发善意的举动，将生活的仪式感、空间叙事感渗透到日常生活中，使其不断生长变化。这个过程使人们重新去解读、去思考诸如此类“不起眼”的胡同微空间的新生机，也逐渐影响人们认识城市的方式，借以引发更大尺度生活方式的改变。微花园项目是一种思维方式的转变，把日常生活中的场景放到了一个与城市同样重要的位置，使得城市建设变得不那么高高在上，也使人思考“边缘”空间与都市生活共生共存的关系，以另一种角度解读一座城，建造一座城。

3.1　老时光花园

旧器物和老物件是史家胡同15号院（图7）最有特点的部分，院子里除了一棵柿子树以外还有零零散散的一些小盆栽。但院子的问题还是不少，主要在于杂物多、堆放乱、植物少，另外还有一个废弃煤窖需要拆除，因此施工前的整理工作相对费时且较复杂。75岁的居民许璜和老伴刘永杰带着小孙子一起生活在史家胡同15号内院，刘阿姨平时喜欢外出运动、锻炼身体，而许大爷则在家负责做饭、打理院子，并接送孙子上下学。院子里的旧器物和老物件如腌菜的坛罐、胡同老砖、旧花盆、鸟笼、废弃玻璃与旧马桶经过改造后，构成了整个院子的老时光基调。这些经过岁月洗礼的坛坛罐罐使得院子不失浓郁的生活气息，且愈发地有味道。经过精心搭配的植物结合部分蔬菜与院子里的柿子树相映成彰，柿子树下的小木板凳既可乘凉，又能置放花盆，两全其美。新添置的木质置物架使得花园更加整洁，且与院子的基调和谐。愿随着时光的变迁，身处在这花园中，沉浸在斑驳陆离的岁月中，这些过往的记忆会变得越来越清晰，能够慢慢品味……

图7　老时光花园改造前后对比

3.2　墙根儿花园

位于史家胡同54号院门口的墙根儿花园（图8）受自身狭长场地条件限制，呈现出一种典型的线性特质，长约20 m，进深只有不到80 cm，完全依靠西边的院墙存在，居民自行搭接竹竿以攀爬果蔬，现场杂物堆放较多。居民宗阿姨平时就喜欢侍弄花花草草，不管是院里院外都收拾得井井有条，对此次微花园提升表现出极大的热情。“这些空的花盆都可以用，不够的话院儿里还有，我平时顺手攒了些砖和瓦片，还有闲置的酒瓶、菜篮、电饭煲内胆这些，你看看有用的话都拿去。”通过参加持续几年的旧物改造盆栽活动以及一系列展览和参与式设计，宗阿姨和很多居民都已经开始理解胡同中的旧物进行艺术再造的价值。通过对场地进行分析，选择在建构与材料层面展开设计。保留场地整体的线性结构，以大面积墙体作为设计依托，软硬相间、错落有致。团队首先对场地现存花池进行修复性设计，选择与胡同院墙相一致的灰砖，结合场地内的闲置瓦片等，加入镂空花样砌筑，使其更具有趣味性与可使用性（休憩、交流、置物）；延续居民一直以来的物品存放需求，在墙壁上增加置物搁板及木格栅花架，增加空间利用的同时也能与整体绿色背景完全融合；保留居民的竹竿搭接种植池，增加部分适地花木，营造一种“花枝半倚墙，园畦多种瓜”的闲适生活场景感，将生活的仪式感、空间的叙事性

图8 墙根儿花园改造前后对比

渗透到日常生活中。这处花园由于位于胡同中的公共位置，每天都有路过的居民探访和参观花园，也有很多老人和孩子来这里遛弯儿，更多的街坊邻居来找宗阿姨聊天，增进了邻里关系。同时，周边的居民由于看到了微花园的潜力，也在学习着、琢磨着如何提升自家的花园。

3.3 地下室屋顶微花园

花园位于史家胡同44号（图9），这不是一个地面上的花园，而是一处居民楼地下室上方的“屋顶花园”。即便是这样巴掌大的空间，居民也是热爱种植的。在这里居住的秦叔叔喜欢自己琢磨、自己动手设计和搭建花园，家里有各种各样的工具，随时都可以给花园“做一件新衣服”。此外，秦叔叔还善于学习，喜欢研究，能够从别的花园上学习借鉴，让自己的花园变得更美。秦叔叔有着自己的考虑，“我希望能利用夏天的空调水和雨水，将它们收集起来浇花，这样既生态又环保。我自己做的收集雨水的管子，雨水可以顺着屋顶流到管子里，然后流到桶里，最后我用桶里的水浇花，特方便。”居民的这些自主思考为花园的改造提供了不少灵感。位于地下室上的“屋顶花园”，使用回收材料搭建，轻巧又坚固，可以承载较大重量，避免给屋顶造成过大压力；用PVC管收集空调冷凝水，既不会造成空调水乱流和打在地下室屋顶上产生噪声的情况，又能灌溉植物，形成一套自动灌溉系统；雨水通过带格网的架子流到收集雨水的装置中，方便回收利用浇花；在植物方面也多选择耐阴好养护的，有些植物也可以室外越冬，减轻了秦叔叔冬天的搬花负担；最后花园形成了三层迭落式，增加了花园的视觉层次，同时自动浇灌的装置也做到了生态可持续循环利用。

图9 雨水花园

4 生活美学再造——生活艺术和平民景观

以往城市建设多注重大尺度的城市景观建设，众多城市广场等大型景观应运而生，然而衡量城市环境品质高低的往往不是那些所谓“高大上”的区域，而是日常生活的百姓空间，城市的角角落落。

整洁而美观的日常空间会给城市环境带来整体提升，因此，更应该关注日常空间、平民景观，尤其是城市中的微空间、百姓的公共空间。

百姓空间需要由每一个居民参与进来，共同塑造。每个人都是生活的艺术家，源于生活的美是真实的美，源于生活的艺术才是真正的艺术。几年来团队深入社区，提出“生活美学再造”的理念，通过社区营造，与居民一起塑造生活美学和平民景观。生活美学与平民景观并不需要占据多么大的场地和空间，也不需要有特定的形式和意义，而是渗透在生活的方方面面，充满了人情味儿，是一种全民美育的方式。

生活美学再造的途径有很多，包括展览展示、营造活动、参与工作坊、互动访谈等。通过生活美学再造，老百姓在审美意识上都会有潜移默化的提升，同时相互之间也会增进交流。例如通过旧物改造盆栽活动，居民不但拓宽了日常生活的美学视角，同时还能够更加注意主动保留和搜集旧物，自行进行旧物改造盆栽的艺术创作，并进一步应用于微花园的装点中。微花园则集中体现了生活美学的价值观，艺术家和设计师引导居民自己动手，将身边的绿色空间进行艺术提升和设计改造，逐步形成价值导向和邻里效应，引发居民的改造意识提升和社区共治。

微花园提升的最终目的不只是通过一个花园的设计让这个地方变美，更多的是带来一种美化生活的精神与动力，一种对美好生活的向往，对生活品质的提升，对心灵的涤荡。这些花园能让居民提升对生活环境的爱与动手美化花园的积极性，从而群策群力，点滴中共同提升生活环境质量，更带来一种积极乐观向上的心态。事实上，城市中有很多微空间，处处都可以成为微花园。这些年来团队也研究菜市场——一种典型的居民交往空间，在菜市场和居民一起进行艺术展览和菜市场市集景观再造提升。在这个过程当中可以看到，菜市场更大程度上成为令人愉悦的日常交往场所，摊主和顾客都以微笑回报，整个过程都非常温暖，在给菜市场带来人气的同时也解决了一些其他问题。在这个过程中，菜贩和居民与团队一起建造一个新的空间，一个充满生活美学意味、充满对美好生活向往的交流空间，一个属于他们也属于大家的微花园。

所以，处处都是微花园。

国际社区农园研究现状及发展趋势分析

张雅玮[1]　方田红[2]　闫爱宾[2]

城市蔓延和人口高密度聚集破坏了自然植被，导致城市生态环境急剧恶化。与此同时，城市在发展过程中个体与个体、个体与自然、个体与社会之间的关系逐渐失调，城市病日益严重。在城市生态和社会问题日趋严重的情况下，建立生态宜居城市是全体人类面临的挑战。从十六届五中全会起，我国就明确提出要建设资源节约和环境友好的两型社会。十九大会议中，习近平总书记特别强调："坚持人与自然和谐共生，建设生态文明是中华民族永续发展的千年大计。"在一些发达国家，社区农园（Community Garden）因在向人们提供接触自然、放松身心场所的同时兼具资源节约、气候调节、提供生态教育、增加生物多样性、增加社区凝聚力、提高幸福指数等多项益处，受到越来越多的关注。

社区农园作为都市农园的一部分，不同于私家菜地，指的是"由当地社区参与管理、运营，种植农作物或鲜花等植物的开放空间"。2000年后，我国一些经济较发达的城市学习国外模式，建立了一些社区农园，如上海创智农园和百草园、湖南农业大学"娃娃农园"、太原阳曲农场等。学者们对都市农业及其分支社区农园的研究也出现一定增长。我国现有的文献大多从社区农园领域下较具体的方向展开，并特别注重某一发达国家的具体历程和模式研究，如美国社区农园发展历程和模式，澳大利亚社区农园模式，意大利社区农园模式，以色列社区农园历程和模式，缺乏国外社区农园领域研究热点、进展和演进情况的系统整理。由于国外相关研究成果数量庞大，使用传统的文献分析方法不但较难在短期内从大量数据中有效揭示社区农园的知识体系及演变总体特征，而且难以直观清晰地展现文章中隐含的知识。基于此，本文利用成熟的定量学术统计方式Citespace，通过文献作者和发文机构合作网络、关键词共线网络分析等可视化分析方法来探索目标英文文献，首次对社区农园研究领域20年来重要英文文献进行系统分析与总结，用直观方式呈现社区农园研究热点问题及发展趋势，以期为我国社区农园未来实践发展和理论研究提供参考。

1　研究方法与数据采集

本文采用Citespace软件，在Web of Science核心合集的SCI—EXPANDED和SSCI中，以主题=（"community garden*"）AND文献类型=（Article）AND语言=（English）进行检索，运行时间为2019年7月31日，时间跨度设置1999—2018（Slice Length=1），共获取相关论文2 760篇。在可视化分析过程中，本文参数选取（Selection Criteria）每年引用频次最高的50篇论文（Top 50 per slice），使用了剪切（Pruning）中的寻址（Pathfinder）功能。

在Citespace软件生成的图谱中，节点表示分析对象，节点越大，分析对象出现频率越高，受到关注越高。中介中心性体现节点的重要程度，中介中心性值越大，节点越重要。节点间的连线表示节点间的合作

1　华东理工大学艺术设计与传媒学院讲师。
2　华东理工大学艺术设计与传媒学院副教授。

强度，连线越粗，节点间合作强度越大。半衰期描述节点的老化程度，半衰期越长文章越经典。中介中心性表示节点在网络中的重要性。中心性大于0.1的重要节点，图谱中会用圆圈进行标注。突显词显示某一时段的研究前沿和影响最大的领域。时区视图描绘各研究主题随时间的演变趋势及相互之间的影响。

2　研究网络分析

2.1　作者合作网络分析

CiteSpace作者合作网络分析可显示该研究领域的核心人物及研究者之间合作、互引关系。将搜索及整理后的数据导入软件，得到作者合作网络图谱（图1）。共得出275个节点和362条节点连线，网络密度为0.008 8。发文量达10篇以上的学者只有惠瑟姆（Whitham TG，25篇）、巴莱（Balley JK，12篇）和菲尔波特（Philpott SM，12篇）三人，仅占发文数量2篇及以上所有作者（275篇）的17.8%。惠瑟姆、巴莱和菲尔波特的中介中心性也最高，分别为0.01、0.02和0.01。他们主要从遗传的角度研究社区植物的生态多样性。从半衰期看，德让（Dejean Al）、科尔巴拉（Corbara Br）和佩罗祖洛（Pelozuelo La）的影响期限最长，均为6年。2012年起，这3个人的影响力也最大。此外如图谱所见，各作者之间联系较少，互引率不高，彼此间学术认可度较低，没有形成普遍的学术共识。

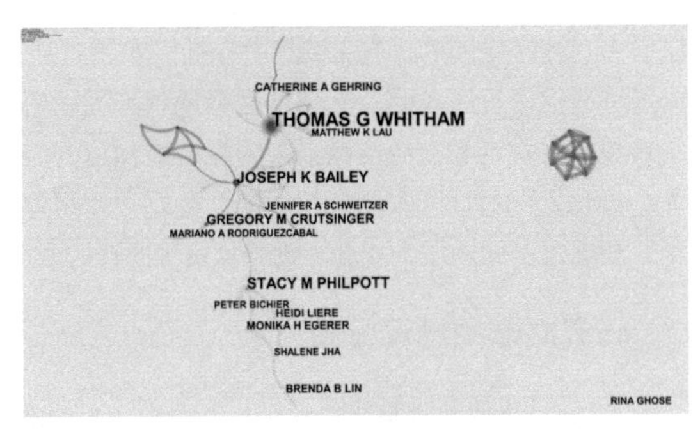

图1　作者合作网络图谱

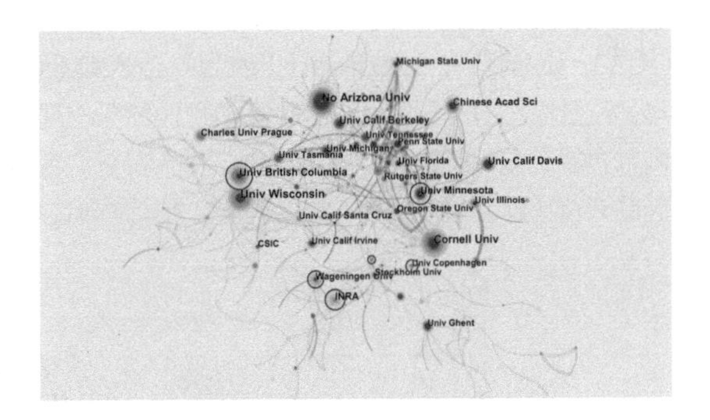

图2　发文机构合作网络图谱

2.2　发文机构合作网络分析

运用Citespace软件，以发文机构为节点类型进行合作网络分析得到图2。如图所见，共得出325个节点和519条节点连线，网络密度为0.009 9。在社区农园研究领域发文最多的机构是美国的北亚利桑那大学（NAU），为44篇，其中介中心性值是0.07，半衰期是9年。其余发文在20篇以上的机构共10家，分别是美国威斯康星大学（UW-Madison，41篇）、美国康奈尔大学（CU，38篇）、加拿大不列颠哥伦比亚大学（UBC，33篇）、中国科学院（CAS，27篇）、美国明尼苏达大学（UMN，26篇）、法国国家农业研究院（INRA，24篇）、美国加利福尼亚大学伯克利分校（UCB，23篇）、美国加利福尼亚大学戴维斯分校（UC Davis，23篇）、荷兰瓦赫宁根大学（WUR，22篇）和澳大利亚塔斯马尼亚大学（UTAS，20篇）。美国明尼苏达大学、瑞典于默奥大学（Umeå universitet）、加拿大不列颠哥伦比亚大学、法国国家农业研究院、荷兰瓦赫宁根大学、美国康奈尔大学和丹麦哥本哈根大学（UCPH）的中介中心性大于0.1，其半衰期分别为10年、3年、10年、3年、7年、9年和7年。从半衰期和中介中心性来看，美国明尼苏达大学和加拿大不列颠哥伦比亚大学一直在进行社区农园领域的研究，它们也是该领域研究的重要机构；从发文机构类型来看，高等院校和科研机构是从事社区农园研究的主要机构；从发文机构所在地来看，美国的研究成果最多，这与美国境内社区农园众多且备受社会关注有关；从合作强度上来看，以加拿大不列颠哥伦比亚大学、美国明尼苏达大学、法国国家农业研究院和荷兰瓦赫宁根大学等为核心，学院间存在较为紧密的学术联系。

2.3 研究网络现状评述

在1999—2018年间，国外社区农园研究日趋成熟，虽形成了较紧密的学术团队，研究机构之间的合作网络也较紧密，但却并没有出现普遍的学术共识。研究机构所在地及研究对象所在地均出现较明显地域局限性，主要集中在发达国家。美国研究社区农园的机构，及以美国社区农园为研究对象的数量最多，其中针对美国的研究主要集中在工业城市的低收入区。

中国学者参与社区农园研究或以中国社区农园为研究对象的英文文献近年总体呈现上升趋势。中国学者对社区农园的研究主要集中在社区农园对社会、植物多样性、心理健康和饮食结构的影响方面，并特别研究了社区农园及其他类型绿地对其周围房价及附近居民居住环境满意度的影响。研究者和研究地集中在香港和上海这两个中国经济最发达的城市，其他城市相关研究不多。研究的地理局限性可能会导致人们对社区农园参与动机、益处和障碍等认知产生片面性。在未来研究中，基于“政治生态学”角度对不同地域、社会、政治背景下的社区农园进行比较分析，将会成为该问题得以推进的基础。

3 研究文献关键词分析

3.1 研究领域活力分析

关键词可以判断该领域研究方向的丰富程度、内容更新速度和学科研究活力。通过提取1999—2018年间国外社区农园研究文献的关键词，经合并近义词和删除泛义词处理后，共得331个关键词（图3）。如图所见，2003年前社区农园的关键词较少，主要侧重生态多样性、环境等词汇。2003—2008年词汇量增长迅速，并分别在2004年和2008年出现2次高峰。这体现出该时期社区农园研究充满活力，内容也有了多样化的趋势，都市化、食品安全、休闲、体力劳动、社会资本、社区重塑、性别作用等问题开始受到关注。2009—2018年社区农园的研究报道逐渐下降，并趋于平稳，进入了缓速发展阶段。

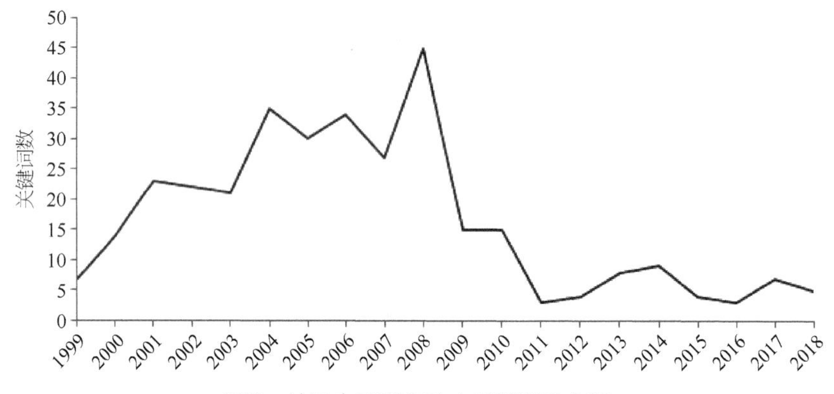

图3 社区农园研究论文关键词分布图

3.2 研究热点词分析

关键词作为论文的高度概括，它的出现频次和相互联系可以揭示某领域的研究热点。Citespace软件可以通过词频分析，探测突现词，绘制时区视图，探究社区农园的发展演进规律。抽取1999—2018年社区农园研究的331个关键词中词频前20位的关键词行的排序（表1），词频最高的是社区（Community），其次是多样性（Diversity）、生态多样性（Biodiversity）、社区农园（Community Garden）、保护（Conservation）、健康（Health）、花园（Garden）等。从突现词探测（表2）来看，突现度排在前10位的关键词依次是：水栖生境（Water Habitat）、秘密花园（Secret Garden）、生态作用（Ecological Role）、人口（Population）、社区遗传学（Community Genetics）、植被（Vegetation）、底栖微藻（Microphytobentho）、干扰（Disturbance）、生境（Habitat）和选择（Selection）。从时间序列（图

表1　1999—2018年社区农园研究中前20位关键词词频和中心度统计

序　号	关键词	频　次	中心度	序　号	关键词	频　次	中心度
1	社　区	500	0.07	11	城市	122	0.01
2	多样性	331	0.06	12	农业	121	0.12
3	生态多样性	260	0.06	13	都市农业	118	0.01
4	社区农园	233	0.13	14	人口	113	0.13
5	保　护	180	0.06	15	生态	110	0.04
6	健　康	168	0.11	16	模式	110	0.09
7	花　园	177	0.05	17	都市化	97	0.06
8	管　理	161	0.12	18	环境	89	0.10
9	植　物	123	0.17	19	社区结构	89	0.04
10	气候变化	122	0.06	20	景观	87	0.05

表2　1999—2018年前10位突现词

突现词	突显度	起始年份	终止年份	1999—2018 年
水栖生境	10.742	2000	2004	
秘密花园	9.984 8	2000	2004	
生态作用	9.712 5	2000	2003	
人　口	8.651 8	2004	2013	
社区遗传学	6.535 1	2004	2011	
植　被	6.306 5	2004	2011	
底栖微藻	5.868 8	2000	2003	
干　扰	4.711 8	2002	2006	
生　境	4.686 6	2004	2006	
选　择	4.488 4	2004	2011	

4）上看，2005年以前关于社区农园的研究主要以生态多样性、多样性保持、社区为研究对象。2005年起，研究重点开始关注社区农园对人们健康的影响。

4　热点领域研究进展及趋势

通过对重点节点和相应文献的分析，社区农园研究重点随时间不断发生变化，但总体可分为以下4个方向。

4.1　社区农园的创立和管理

20世纪70年代以前的社区农园运动主要是危机事件催化的产物，社区农园的设置和管理也大都

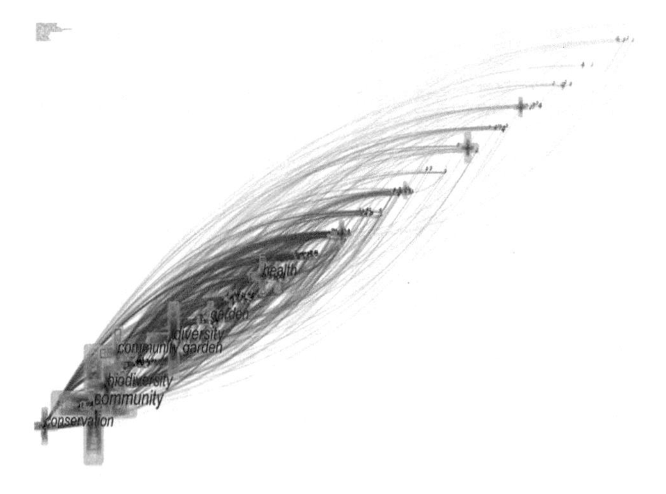

图4 社区农园研究关键词共线时间序列图谱

建立在临时性的基础之上。70年代以后，随着城市土地使用观念的转变，社区农园不再仅仅被视为解决危机的工具，其实践日趋多样，管理逐渐成熟及规则化。吉塔特（Guitart）和福克斯坎珀（Fox-Kämper）依照社区农园创立和管理方式的不同，把它分为自上而下和自下而上两大类，具体分为六种：第一种是纯粹自上而下型农园。此种类型的社区农园创立和管理全部由受雇用的专业人员负责。当地居民志愿者不参与社区农园的管理、运营，而只参与社区农园的活动。这种类型的社区农园也被称为份地（Allotment），它属于广义社区农园下的一个分支。而本文采用了赫兰（Holland）狭义的社区农园概念。故这里的第一种分类不在本文的讨论范畴。第二种是受雇用的专业人员主导型自上而下农园。受雇用的专业人员对社区农园创立和管理起主导作用，社区居民志愿者起有限的辅助作用。第三种是社区居民志愿者主导型自下而上农园。社区居民志愿者对社区农园创立和管理起主导作用，受雇用的专业人员起有限的辅助作用。第四种是专业人员志愿者和社区居民志愿者共同创立和管理型自下而上农园。第五种是社区居民志愿者完全独立创立和管理型自下而上型农园。第六种是政府或/和公共机构支撑型自下而上农园。此类农园中，政府或/和公共机构主要在社区农园的创立阶段发挥作用，提供场地、技术、资金等支持，而社区居民志愿者则负责具体的社区农园管理和运营工作。社区农园领导者的管理水平、社区农园得到的财物及政策支持度、社区支持度、志愿者参与积极度和社区农园活动丰富度直接影响着社区农园的成败。此外，能否合理利用出版物、电子网络和会议等方式加大社区农园的跨社区学习和宣传效果，也是社区农园持续存在的关键。公地悲剧和土地租约不稳定则是导致社区农园消失的重要原因，具体表现为利益相关者的冲突（如居民在社区农园使用过程中的冲突，居民与政府的冲突所导致的项目性质的转变等）和社区农园为都市经济开发让路。

社区农园管理研究早期重点关注具体社区农园案例的管理模式、困境和挑战。近5年来，随着相关研究日趋丰富，社区农园研究更关注如何基于已有案例建立通用性强、体系化的社区农园管理标准和模式。不同的社区农园依赖于不同的复杂支持机构网络的协同作用，因此从不同的成功社区花园项目中吸取教训，建立完善的社区农园开发、管理、评估构架，规范化管理社区农园具有挑战性。这是该领域未来需要解决的问题。

4.2 社区农园社会效应

基于共同目的建立起来的社区农园为人们提供了聚会的场所。人们在劳作过程中，在共同认可的管理规范下，有序开展活动，互相帮助，增加交流，形成更紧密的社会关系。纽约的一个调查显示，有51%的社区农园参与者认为社区农园可以提升人们对所在社区的好感度。格洛弗（Glover）等在对圣路易斯市的调查中也发现，社区农园既可以是社会资本的产物也可以是社会资本来源。弗思（Firth）等的调查证实，与兴趣型农园相比，依托当地社区建立的农园可更有效实现当地社区资本最大化。

社区农园是对抗20世纪70年代起西方资本主义国家出现的大规模公共空间蚕食现象的推动策略。它帮助贫困人群接近土地，获得更多社会物质资源，是一种挑战霸权社会秩序、建立更公平社会分配方式的手段。不过，由于现今社区农园土地所有权或长期使用权普遍得不到保障，在纽约和洛杉矶等地已有超过400个社区农园为商业利益让道，被迫关闭。社区农人及相关组织做出很多努力，但收效甚微。

社区农园是减少社区犯罪率的有效辅助手段。破窗理论认为，破败、混乱的物质环境给人们带来了该地区缺乏犯罪防范措施的信号，进而导致更多犯罪行为的产生。利用城市空地、棕地等空余用地建立起来的社区农园可提升该地景观，增加使用率，继而改善此处治安条件。霍（Hou）的研究证实，将社区农园设置于城市公园之中的，可以得到丰富公园活动，增加公园使用率，改善公园治安等益处。从2000年起将社区农园纳入都市公园体系进行管理的提议也得到了越来越多的支持。

社区农园对社区精神、社会公平和犯罪率的影响是社会效应领域关注最多的方向。不同组织类型和不同运作目标的社区农园与社会资本、社区凝聚力之间的关系是目前研究的热点及该领域未来研究的重点。

4.3　社区农园健康效应

很多研究证实社区农园有助提升人们的健康指数。在美国社区农园被认为是低收入人群和少数族裔接近新鲜、健康饮食的重要途径。健康领域的研究者关注社区农园是否能够改善社区农人的饮食结构、精神状态，及提高他们的身体素质。阿莱莫（Alaimo）等的研究证明，社区农人饮食中的蔬菜和水果所占比例是非农人每天摄入量的5倍。社区农园的活动可以改善久坐生活状态对人们身体和精神健康带来的不利影响。萨呐汉（Shanahan）等运用剂量反映模型从暴露强度，暴露频度和暴露时长三个角度研究及证实了社区农园参与时长与人的健康成正比。对于农人来说走进社区、接触自然、分享食物、交流学习、互惠帮助是提升健康指数的重要原因。然而也有学者指出，社区农园在给一部分人带来愉悦的体验同时，也给另一部分人带来消极的情绪，这包括因身体原因、个人和社会期望冲突导致不能顺利在社区农园劳作进而产生的失望情绪。同时也有学者们对社区农园在提高低收入群体整体健康饮食比率效果方面提出质疑。在针对加拿大低收入社区人群的调查中发现，由于缺乏相关种植知识，社区农园所在地离其居住地较远，社区农园日程安排和其家庭计划不匹配等原因，他们社区农园的参与意愿及参与率极低。该研究认为社区农园可能不是这些家庭获得健康食物、改善饮食比例的有效途径。

早期社区农园健康效应研究主要采用问卷、访谈、观察等社会学方法调查社区农园对一般人群带来的益处。近10年来社区农园健康效应研究出现了两个新趋势：一是开始关注社区农园对特定人群如糖尿病患者、精神病患者、临终人群的治疗作用。二是多学科视角调查社区农园对健康的影响。近5年来，一些学者开始用化学分析法研究社区农园土壤中重金属超标的问题，以及用生物学方法研究社区农园中存在的农产品微生物污染问题。从单一调查方法向多种调查方法的转换体现出学科交叉是健康效应研究的未来趋势。如何建立合理的社区农园作物质量控制体系，及如何提高公众食品安全意识也是未来研究的主攻方向。

4.4　社区农园生态效应

社区农园生态效应研究侧重点在生态系统服务上。生态系统服务指的是人们从生态系统中获得的益处，包括供给服务、调节服务、文化服务以及支持服务。研究发现，与份地和公园相比，社区农园能更有效地提高区域生物多样性，增加雨水径流吸收率，增强传粉与种子扩散，提高居民休闲、娱乐与美学享受。德国莱比锡（Leipzig）农园的调查表明，与份地农园相比，社区农园具有更高的渗透性土壤表面比例和略高的微生物土壤活性，在水调节和养分循环方面更具优势。瑞典斯德哥尔摩（Stockholm）农园的研究也显示，人们在农园获得的生态知识和相关实践对于维持和加强地面生态系统服务至关重要，有助于减缓生态系统服务的进一步退化。

不同类型土地提供不同种类的生态系统服务。景观组成的变化会直接影响生态系统服务的空间分布。哪些因素（组织类型、动机、园艺实践、年龄、规模等）会影响社区农园生态服务效果，作物选择和园艺实践如何将生态多样性和社区农园更好的融合在一起等方面的研究并不多见，后续研究需要加强。

文章利用Citespace软件，首次对近20年来英文期刊中有关社区农园的研究热点、进展和演进过程进行系统的梳理与总结，并在此基础上探讨了当前社区农园的热点问题和研究趋势，对我国目前尚在雏形的社区农园实践及研究具有一定参考价值，但也存在检索关键词单一，可能会遗漏类似文献的问题，有待于后续研究的进一步完善。

参考文献

[1] 陈静，纪丹雯，沈洁.城市困难立地的社区农园营造探索——以城市农业实践为例[J].园林，2018（1）：12–15.

[2] 王锐颖，翟阳，李侃侃，等.澳大利亚社区农园的发展及其对中国的启示[J].中国农学通报，2017，33（31）：74–80.

[3] 周晨，周湛曦，熊辉，等.基于都市农业的社区童心园构建——以湖南农业大学“娃娃农园”为例[J].城市学刊，2017，38（6）：69–73.

[4] CABRAL I, KEIM J, ENGELMANN R, et al. Ecosystem services of allotment and community gardens: a Leipzig, Germany case study [J]. Urban Forestry & Urban Greening, 2017, 23: 44–53.

[5] DENNIS M, JAMES P. User participation in urban green commons: exploring the links between access, voluntarism, biodiversity and well being [J]. Urban Forestry & Urban Greening, 2016, 15: 22–31.

[6] BEILIN R, HUNTER A. Co-constructing the sustainable city: how indicators help us “grow” more than just food in community gardens [J]. Local Environment, 2011, 16(6): 523–538.

[7] TURNER B. Embodied connections: sustainability, food systems and community gardens [J]. Local Environment, 2011, 16(6): 509–522.

[8] HOLLAND L J L E. Diversity and connections in community gardens: a contribution to local sustainability [J]. 2004, 9(3): 285–305.

[9] 李良涛，王文惠，Weller L，等.美国市民农园的发展、功能及建设模式初探[J].中国农学通报，2011，27（33）：306–313.

[10] 吴建寨，李斐斐，杨海成，等.美国都市农业发展及启示[J].世界农业，2017（8）：19–24.

[11] 庞慧冉.西方都市社区农园探析——以意大利米兰为例[C].中国城市规划学会、贵阳市人民政府.新常态：传承与变革——2015中国城市规划年会论文集（06城市设计与详细规划）.中国城市规划学会、贵阳市人民政府：中国城市规划学会，2015：12.

[12] 方田红，李培，杨嘉妍，等.以色列社区花园发展及其对中国的启示[J].北方园艺，2019（1）：190–194.

[13] CHAOMEI CHEN. Science Mapping: A Systematic Review of the Literature [J].数据与情报科学学报：英文版，2017（2）：1–40.

社区花园的建设与社区失落空间的更新与再生的研究

史璟崎[1]　陈新业[2]

社区作为人文性较强的概念，由德国社会学家斐迪南·滕尼斯（Ferdinand Tönnies）提出，是指在传统的自然感性一致的基础上，紧密联系起来的社会有机体。通常是指一群任意地区的居民住在一起，成为含有地域、人口、文化制度和生活方式以及地域感的社会群体，体现人与人之间的关系。社区应该具有相对独立且稳定的地域范围作为其重要的物质组成部分，社区的地域范围分为居住空间和社区公共空间。在建设社区公共空间的过程中，欧美地区提出了社区花园的概念。作为社区重要物质组成部分的社区花园，其更新与再生也应该符合新时代对社区的环境需求、文化需求和社会发展需求。

罗杰·特兰西克（Roger Trancik）在其著作《寻找失落空间——城市设计的理论》中提出了失落空间这一设计理论，将令人不愉快的、需要重新设计的反传统城市空间定义为失落空间。在诸多社区空间中同样也存在一些无明确使用目的、缺乏合理维护、令人不愉快且对社区发展无益处的失落空间。中国在大规模城市化建设的过程中由于忽略了城市公共空间的整体规划，导致部分城市公共空间无法利用，从而成为城市失落空间。社区失落空间是城市居住区失落空间这一社会性概念的延伸，也是城市失落空间的重要组成部分，它没有明确的边界，可以存在于社区公共空间的任意角落，原本“具有清晰特征的生活发生空间”变得毫无生气，严重影响到了社区居民的日常生活心理状态和生活质量，在一定程度上失去社区交往的理想场所，居民情感孤独，邻里关系涣散。

社区失落空间的更新与再生属于社区公共空间建设中的一个重要组成部分，更新意味着通过再次设计将社区失落空间更新为可利用的社区公共空间；再生意味着为社区失落空间重新赋予活力，在有利用价值的基础上尽可能开放可持续发展的潜力。

1　社区失落空间的成因

本文调研了位于上海（代表一线城市）的康乐小区、康馨家园和盛大花园3个社区，以及太原的彭西二巷新建村社区、起凤街社区和阳光汾河湾3个社区进行了实地调研。调研结果显示，高端社区中几乎不存在社区失落空间，其他社区中均存在社区失落空间，上海社区失落空间的失落程度小于太原，某些社区（如起凤街社区）的公共空间以交通空间和停车场为主，几乎没有可供居民展开社会性交往活动的公共空间。

社区失落空间是城市失落空间中的重要组成部分之一，随着城市化建设逐渐出现于社区之中，并与居民生活息息相关，主要表现如下。

1.1　社区公共设施老旧、弃置、缺乏合理利用的社区失落空间

社区的公共服务设施一般分为教育、医疗卫生、文化体育、商业服务、金融邮电、社区服务、市

1　上海师范大学美术学院研究生。
2　上海师范大学美术学院副教授。

政公用及行政管理等，这些公共服务设施存在于社区公共空间内，对居民的日常生活发挥着极为重要的作用。但是由于长期高频率使用，社区的公共服务设施如若缺乏持续性的维护，将会出现老化、破损甚至废弃的情况，逐渐退化为社区失落空间（图1）。

1.2 缺乏合理设计及管理的绿地空间

由于部分设计者对社区居民缺乏了解，对社区公共空间的使用情况和社区景观缺乏合理规划，使某些社区绿地阻碍了社区合理的“交通组织”，居民为缩短行走距离而行走在绿地中，久而久之产生一条“道路”（图2）。随着经济的发展，社区居民的物质生活条件得到了明显改善，原有的社区公共空间被挪作他用或被侵占，比如由于现阶段汽车持有量大大增加，在老旧社区内表现为停车空间匮乏，进而侵占社区绿化用地。当社区绿地的属性被改变且长期弃置，成为失落空间就成为必然。

1.3 规划不合理的社区公共空间

由于社区公共空间规划及建设可能存在部分不合理性，导致公共空间的尺度、功能和美观存在问题，出现长期弃置、无法利用的空地，使用率低下的交通空间，和部分被居民用来存放闲置或损坏物品的公共空间（图3）。

图1 社区居民自行搭建的休息区

图2 绿地空间被行人走出一条道路

图3 居民堆放闲置物品的公共空间

2 社区花园退化为社区失落空间的成因

社区花园作为社区公共空间的重要组成部分，是绿地空间的重要表现形式之一，在建设与维护中以社区民众为主体，以共建共享的方式进行园艺活动，可以在不改变现有绿地空间属性的前提下提升社区公众的参与性，进而促进社区营造。但在长期建设和维护过程中也会存在部分利用价值不明确、无法持续让居民产生归属感的社区花园（图4），其产生原因是多方面的。

图4 缺乏维护的社区花园一角

2.1 功能主义设计风格的影响

在高速的城市化进程中，在功能主义设计风格的引领下，出现了大量同质化的新建居住空间。在设计中强调功能性，通过对建筑布局“有序地规划”最大程度保证室内居住空间的需求和建筑可售面积，在满足基本的绿化面积要求后，忽视或将室外公共空间视为次要之物。对于居住空间的设计往往缺乏对当地社区居民生活方式与精神文化需求的深入考虑，从而缺乏社区公共空间的合理规划。

2.2 城市居民生活节奏变快

城市居民生活紧张充实，在社区公共空间主动停留的时间变短，特别是年轻的社区居民往往将大量时间投入工作当中，无暇进行邻里交往，居民之间的疏离感增加，间接导致居民失去了社区交往的主动性，逐步浪费了部分社区公共空间的使用率。

2.3 社区居民缺乏对社区花园建设的持续性参与

城市社区往往由于快速的城市建设和集中化的住房模式高度压缩了社区公共空间的面积，居民大多数以居住的房屋为单位，更愿意在自己的房屋中活动，部分居民中失去了参与社区公共活动的主动性。

2.4 社区花园缺乏切实可行的维护方式，缺乏有力度的管理手段

社区花园是社区绿地的营造形式之一。由于社区花园的建设和维护需要居民参与，如何保证居民可以持续参与建设也是一个难点。在建设中疏于管理、缺乏持续性建设活动的组织会导致居民兴趣减淡，主动性降低，久而久之会导致社区花园建设的缺乏，使社区花园退化为社区失落空间。

2.5 居民缺乏维护社区花园的相关知识

社区花园的建设和维护需要社区居民全过程参与，而且需要有专业人员必要的指导，否则将难以进行合理的建设活动。在缺乏必要的专业指导情况下，社区花园建设缺乏对社区居民的吸引力、植物种植品种不恰当、缺乏必要的后期维护、植物生长缓慢甚至死亡等，使社区花园不景气甚至趋于荒废，进而社区绿化用地被侵占用于它用。

退化和正在退化为社区失落空间的社区花园在实际生活中很常见，往往也由多个原因共同导致。了解社区花园退化的原因，才能更有效率地以社区花园为载体，对社区失落空间进行更新与再生。

3 社区花园作为社区失落空间的更新与再生方式

3.1 社区花园作为社区失落空间更新与再生方式的可实现性

部分社区公共空间在经过规划与设计之后在空间上显得合理且巧妙，但居民却鲜少使用，这是因为设计师没有对社区环境和居民进行针对性调研，没有满足社区居民的功能需求和审美需求，未能实现社区花园的功能性与人文性。社区花园的建设活动主要以社区内部居民自治为基础，可以链接不同社会资源实现共治，以“共治、共建、共享”的建设模式更新和再生社区失落空间，将人与人、人与环境联系起来，形成社区居民共同参与的社区营造模式。由于社区花园的建设投入成本和所占面积都较为灵活，已经可以成为社区公共空间建设和社区失落空间更新与再生的参考方向。

当社区花园退化成为的社区失落空间需要进行重建时，应分析失落空间产生的原因。在重建初期需考虑不同社区失落空间的现状差异和社区主要居民的可参与度与生活方式，联系空间与自然资源、建筑布局及社区居民，加强社区内“居民、环境、管理者”三个方面的互动，设计并规划符合社区情况的建设活动。可以根据居民可能产生的社会性行为将社区公共空间区分成不同属性的场域，通过交通流线和社区公共空间的合理安排，引导更多的居民自发地停留在社区公共空间并发生活动，甚至可以衍生出社区文化。

3.2 社区花园建设与维护的手段

以建设社区花园为社区失落空间更新与再生的手段，并达到持续性的美化环境和建设稳定的社区关系的目的，需要明确社区花园应该如何建设与维护。

3.2.1 选择合适的场地与植物

社区花园的建设初期要考虑社区的地理条件和气候条件，选择适合的植物品种。社区花园可以扩展到建筑物的垂直面和顶面。社区居民也可以充分利用建筑物的屋顶和楼梯间的窗口等空间来种植绿化。

3.2.2 获得资金与技术支持

在规划社区花园营造时应明确建设和维护社区花园大致所需的资金，寻求相关政府单位和社区居民的支持和投入。建设过程中应定期邀请专业人士或机构对社区管理者和社区居民展开社区花园建设与维护的专业培训，使居民掌握相关的种植与维护技术，从而展开更高效的社区花园建设活动。

3.2.3 提升居民参与的积极性

为提升居民参与的积极性，社区花园的维护活动应循序渐进。如以住户为单位，由一个或几个住户共同承担一部分社区花园的建设，发挥居民主动性，共建社区公共空间，共享社区花园建设成果和心得，打破从私人空间建设到公共空间共同建设的不适感，侧面推动社区花园的维护活动。同时应该激发居民参与兴趣，如在目前政府推进垃圾分类的情况下，可以在社区内设立可回收垃圾回收站，将可回收垃圾变废为宝，投入社区花园的植物种植活动或装饰活动中，增加社区花园的建设与维护活动的体验感；可以利用厨余垃圾制作成“肥料”用于社区花园种植，在建设社区花园的同时达到一定的教育意义。

3.2.4 联系更多可以利用的社会资源，共治社区花园

社区花园在设计方式上可以更加灵活。以社区花园为场地引入可以利用的资源，达到更为丰富的建设和维护模式，引入社区和社区周边不同的物质资源和技术资源，不仅是建设阶段，更需要维护阶段的共治，达到“共治，共建，共享”才能更好地促进其可持续发展。如位于学校附近的社区可以与学校展开联系，开发教育新模式，在社区花园的建设中引入学生主体开展实践课程，形成互利的建设模式。

4 社区居民对社区花园失落空间更新的意愿分析

在快速城市化的过程中，计划经济下的“单位人”转变为“社会人”，社区需要新型的组织方式来重新编制社区网络。以社区花园为建设手段可以为社区失落空间重新赋予活力，尽可能挖掘其可持续发展的潜力，重建社区精神风貌，有助于建立稳定的社区关系网络。

本研究通过网络开展了针对全国居民关于社区花园建设居民意愿的问卷调查，共收回177份问卷（表1），同时对上海康健小区和太原起凤街社区的管理者进行了关于社区花园建设和社区失落空间更新与再生的访谈，通过分析调研得出以下结论。

4.1 社区管理者保持积极的态度

两个社区的社区管理者已经意识到社区存在或可能存在失落空间，但没有多余的精力维护社区公共空间的环境，需要合理的更新与再生建设手段和更多人员参与社区公共空间建设活动。社区管理者认为在有资金和技术支持的前提下可以展开社区失落空间的更新工作，也愿意组织居民共同参与社区花园的建设和维护。

4.2 社区居民愿意参与社区花园的建设

本次问卷调查中，37.85%的社区居民对社区花园很感兴趣，在时间允许的情况下愿意参与建设活动；53.02%的社区居民对社区花园有一点兴趣并愿意偶尔参与活动；仅有9.12%的社区居民表示兴趣不大。17.51%的居民可以日常建设社区花园；18.64%的社区居民愿意一周参与一次；62.23%的居民可以在闲暇时间参与建设，并愿意长期维护；仅有1.69%的居民不愿意参与建设活动。可以得出约90%社区居民支持社区失落空间的更新与再生，约98%的社区居民在时间允许的情况下可参与社区花园的建设与维护活动。

4.3 社区居民和社区管理者已经成为社区失落空间更新与再生的潜在参与者

在调研中针对社区居民眼中社区花园建设的最大困难和投入资金进行了调研（表2）。有超过半数的社区居民担心后续维护、没有资金支持和身边的人积极性不高的问题，有32.79%的社区居民担心没

表1　社区居民对社区花园更新的意愿分析

社区居民年龄	数量与占比	对社区花园建设的态度	允许投入建设活动的个人时间	选择情况
20岁以下	40人（22.6%）	75%的人数有兴趣且愿意参与建设	日常照料	12人（30%）
			一周一次	4人（10%）
			时间不固定	23人（57.5%）
			不愿意参与	1人（2.5%）
20～50岁	110人（62.2%）	91%的人数有兴趣且愿意参与建设	日常照料	17人（15.5%）
			一周一次	25人（22.7%）
			时间不固定	67人（60.9%）
			不愿意参与	1人（0.9%）
50～65岁	27人（15.2%）	81%的人数有兴趣且愿意参与建设	日常照料	3人（11.1%）
			一周一次	4人（14.8%）
			时间不固定	19人（70.4%）
			不愿意参与	1人（3.7%）

表2　社区居民对社区花园建设的担忧和投资分析

建设社区花园的困难		建设社区花园的投资	
社区花园建设的困难	人数与占比	社区花园建设的投资	人数与占比
没有资金支持	102人（55.74%）	若可以获得作物，愿意投资	71人（38.8%）
没有技术支持	60人（32.79%）	若有教育活动，愿意投资	39人（21.31%）
身边的人没有积极性	103人（56.28%）	有更好的环境，愿意投资	104人（56.83%）
担心后续维护问题	128人（69.95%）	仅愿意使用物业费	59人（32.24%）
其他：没有合适的土地	4人（2.19%）	不愿意投入任何资金	7人（3.83%）

有技术支持。大多数社区居民愿意在有更好的环境、亲子活动和社交活动、可以获得种植作物的情况下对建设社区花园进行少量捐助；部分居民建议使用物业费进行建设和维护；仅有3.83%的社区居民极不愿意使用物业费，也不愿意投入。因此持续性的建设与维护活动，需要居民参与的积极性和资金与技术的支持，在社区失落空间进行合理有序的规划下要提升社区居民的兴趣和共同维护社区公共空间环境的集体意识，借助外部专业力量培训社区花园建设的相关知识，以社区居民为主体展开对社区失落空间的更新与再生。

5　已建设社区花园更新和再生社区失落空间对社区关系更新的意义

社区花园作为社区绿地的存在形式之一，可以美化环境、净化空气、调节居民身心健康，为建设和谐稳定的社区关系网络做基础。居民可以在建设活动中锻炼身体，提升身体素质，社区花园生态功能和观赏功能可以安慰居民内心，使居民在建设活动中与其他社区成员产生交流，帮助居民释放心理压力，在获得成果后可以在社区中进行共享，增进社区成员的关系。

社区花园作为社区网络重建的重要方式与途径，必须要由本地居民持续性共同参与建设，以居民自治为主要手段，同时引入其他可以利用的资源进行“共治”，再通过“共建”，达到“共享”，通过以居民为主体参与的社区公共空间的规划、建设与维护，在美化环境的同时引发社区生活文化的建设，加强社区建设的深度和体验性，增进社区居民的交往，从而重建社区关系网络。

社区花园可以以社区公共空间为场地，赋予具有高度可参与性的社会性活动，引导人们自发地产生交往行为，通过交往行为可以使居民之间产生亲近感，使人与空间形成具有社会性的场域。尽管不同居民间存在个体差异，并不能保证每个人都有稳定的时间参与社区花园的建设，但参与建设活动的居民可以对不参与活动的居民产生“辐射”效果，不论是公共活动的参与者还是公共活动的目击者，都可以切实感受到人与人、人与环境产生的联系，使冰冷的场所被赋予亲近感，提升居民生活幸福感。扬·盖尔（Jan Gehl）在《交往与空间》中有一个著名的论断：“有活动发生是因为有活动发生，没有活动发生是因为没有活动发生。”它表明了人们的活动是吸引他人参与其中的重要因素。

社区花园的建设与维护是长期的，不同的居民通过持续性的活动在社区公共空间中产生紧密联系，会由独立的个体逐渐组成和社区居民紧密联系的社群，以社区花园的建设和维护为统一目标，激发社区居民的参与感和体验感。建设活动的高度可参与性可以带动居民积极性，为居民提供操作性强的交往场所，增强居民对社区的认同感，引导居民走出自身领域感，打破城市社区中的孤立感，形成社区居民之间的共生感。从而实现“共治、共建、共享”的新型社区营造模式，并逐步建立和谐稳定的社区关系网络。

参考文献

[1] 斐迪南·滕尼斯.共同体与社会[M].林荣远，译.北京：商务印书馆，1999：74–76.

[2] 罗杰·特兰西克.寻找失落空间——城市设计的理论[M].朱子瑜，译.北京：中国建筑工业出版社，2008：3.

[3] 赵宇.城市失落空间的景观优化利用[D].重庆：重庆大学，2016.

[4] 刘悦来，尹科娈，葛佳佳.公众参与　协同共享　日臻完善——上海社区花园系列空间微更新实验[J].西部人居环境学刊，2018，33（4）：8–12.

[5] 王雪.寻找失落的城市空间——以上海市长宁区沪杭铁路徐虹支线虹梅路核心段空间改造为例[D].上海：上海师范大学，2019.

[6] 刘悦来，尹科娈.从空间营建到社区营造——上海社区花园实践探索[J].城市建筑，2018（25）：43–46.

[7] 刘悦来.社区园艺——城市空间微更新的有效途径[J].公共艺术，2016（4）：10–15.

[8] 陈璐瑶，谭少华，戴妍.社区绿地对人群健康的促进作用及规划策略[J].建筑与文化，2017（2）：184–185.

[9] 扬·盖尔.交往与空间[M].何人可，译.北京：中国建筑工业出版社，2002：25–28.

立体花园——高密度居住环境背景下立体绿化在社区花园中的应用

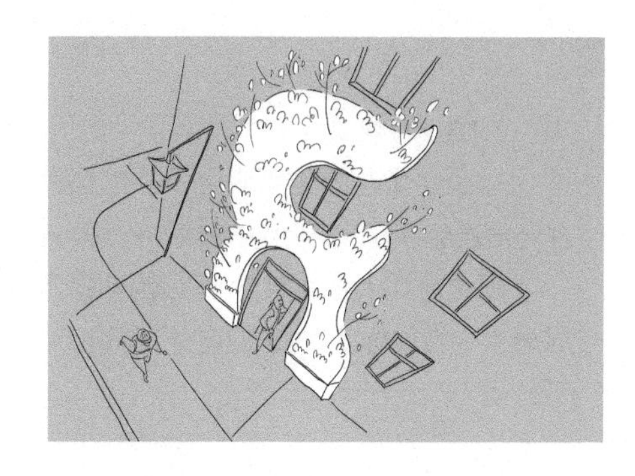

王巧良[1]　金亚璐[1]　车衔晨[1]　史　琰[2]　包志毅[3]

当前我国城市化建设进程快速，特别在大城市建设中，高强度的土地开发与建设导致城市绿地迅速减少，建筑楼层越来越高，形成了高密度的居住环境。即使在城市中有面积较大的公共服务绿地，也很难使城市居民随时随刻感受回归自然之乐。而建设社区花园可以让城市居民近距离接触自然，更可以有效改善城市居民自治能力与社会交往不足的状况，打破邻里之间的隔阂，提升社区活力。所谓社区花园就是社区民众以共建共享方式进行园艺活动的场地，是提升社区公众参与性、构建社区和谐人际关系、拉近人与自然相处距离、实现社区有机更新，进而促进社区营造与社区共治的空间载体。因此，在城市社区用地紧缺的情况下可以创新采用立体绿化的形式建设社区花园，将水平面的绿化种植到墙体上、绿廊上、屋顶上等，形成社区立体花园。

本文将从景观营造、公众互动、可持续性三个层面对社区立体花园的建设进行讨论。

1　立体花园的景观营造

1.1　植物品种筛选

通过前期大量的调研分析可知立体绿化的植物筛选要充分考虑地域气候因素和墙面生长环境因素，以及居民的需求喜好，从植物的生态适应性、观赏性及功能性三方面进行筛选。

1.1.1　生态适应性

墙面或屋顶的年温差与日温差变化相较于地面大得多，夏季高温，土壤保湿性差，冬季低温，土壤保温性差，因此要选择耐旱性、耐寒性较强的植物；由于当前立体绿化系统种植层较薄，植物根系的生长空间有限，在植物的应用上要尽量选择浅根系的；此外，立体绿化依附于建筑墙体而建，光照强度和日照时间差别很大，植物应用应根据墙体方位进行向阳性及耐阴性植物选择；墙体或屋顶的上空风力相较于地面大，尤其在夏季风影响区域，暴雨和台风会严重影响植物生长，甚至有高空脱落的危险，因此要选择抗风性强、不易倒伏的小灌木及草本植物。

1.1.2　观赏性

社区立体花园的营建目的是增加社区的绿化面积、美化社区环境。因此立体绿化的植物应以常绿植物为主，尤其是彩叶常绿植物，既丰富墙面色彩，又可避免冬季及早春出现枯黄现象；其次，要考虑社区居民的喜好及需求，选择承载城市居民儿时记忆和乡愁文化的乡土植物；同时，适当引入株型秀丽的观花、观果及芳香植物，形成独特的植物景观效果，促使社区居民感受立体花园的自然乐趣。

1　浙江农林大学风景园林与建筑学院、旅游与健康学院硕士研究生。
2　浙江农林大学风景园林与建筑学院、旅游与健康学院副教授。
3　浙江农林大学风景园林与建筑学院、旅游与健康学院教授，博士生导师。

1.1.3　功能性

社区立体花园主要服务于社区居民，满足居民科普学习、休憩娱乐的需求，改善居民生活环境，提升居民生活水平。因此在植物应用上要选择有科普功能、滞尘功能、观花观果及芳香功能的植物。

通过前期大量文献参阅及案例调研，统计得出29种满足上述三大筛选要求的植物材料，包括半常绿灌木、常绿灌木、藤本植物、多年生草本植物以及蕨类植物等，供后期立体社区花园建设引用参考（表1）。

表1　立体社区花园建设植物材料推荐表

序号	植物名称	拉丁学名	科名	属名	性状
1	金叶女贞	*Ligustrum × vicaryi*	木樨科	女贞属	半常绿灌木
2	银姬小蜡	*Ligustrum sinense "Variegatum"*	木樨科	女贞属	半常绿灌木
3	黄金枸骨	*Ilex x attenuata "Sunny Foster"*	冬青科	冬青属	常绿灌木
4	黄杨	*Buxus sinica*	黄杨科	黄杨属	常绿灌木
5	红花檵木	*Loropetalum chinense var.rubrum*	金缕梅科	檵木属	常绿灌木
6	千叶兰	*Muehlenbeckia complexa*	蓼科	千叶兰属	常绿灌木
7	栀子	*Gardenia jasminoides*	茜草科	栀子属	常绿灌木
8	亮绿忍冬	*Lonicera ligustrina Wall*	忍冬科	忍冬属	常绿灌木
9	金边冬青卫矛	*Euonymus Japonicus "Ovatus Aureus"*	卫矛科	卫矛属	常绿灌木
10	鹅掌柴	*Schefflera octophylla*	五加科	鹅掌柴属	常绿灌木
11	熊掌木	*Fatshedera lizei*	五加科	熊掌木属	常绿灌木
12	金森女贞	*Ligustrum japonicum "Howardii"*	木犀科	女贞属	常绿小灌木
13	火焰南天竹	*Nandina domestica "Fire power"*	小檗科	南天竹属	常绿小灌木
14	花叶蔓长春	*Vinca major "Variegata"*	夹竹桃科	蔓长春花属	常绿蔓性植物
15	花叶络石	*Trachelospermum asiaticum "Hatuyukikazura"*	夹竹桃科	络石属	常绿木质藤本
16	小叶扶芳藤	*Euonymus fortunei var. radicans*	卫矛科	卫矛属	常绿木质藤本
17	常春藤	*Hedera helix*	五加科	常春藤属	常绿藤本
18	金边阔叶山麦冬	*Liriope muscari "Variegata"*	百合科	山麦冬属	多年生常绿草本
19	金叶过路黄	*Lysimachia nummularia "Aurea"*	报春花科	珍珠菜属	多年生常绿草本
20	蓝羊茅	*Festuca glauca*	禾本科	羊茅属	多年生常绿草本
21	细茎针芒	*Stipa tenuissima*	禾本科	针茅属	多年生常绿草本
22	矾根	*Heuchera micrantha*	虎耳草科	矾根属	多年生常绿草本
23	大吴风草	*Farfugrium japonicum*	菊科	大吴风草属	多年生常绿草本

（续表）

序号	植物名称	拉 丁 学 名	科 名	属 名	性 状
24	银叶菊	*Senecio cineraria*	菊科	千里光属	多年生常绿草本
25	金叶苔草	*Carex oshimensis* “*Evergold*”	莎草科	苔草属	多年生常绿草本
26	金边吊兰	*Chlorophytum comosum*	天门冬科	吊兰属	多年生常绿草本
27	金叶金线蒲	*Acorus gramineus* “*Ogon*”	天南星科	菖蒲属	多年生常绿草本
28	波士顿蕨	*Nephrolepis exaltata* “*Bostoniensis*”	肾蕨科	肾蕨属	多年生常绿蕨类草本
29	鸟巢蕨	*Asplenium nidus*	铁角蕨科	巢蕨属	多年生常绿蕨类草本

1.2 多样空间形式打造

1.2.1 墙体边界空间

社区立体花园的营建可以充分利用社区的墙体边界进行布置，如建筑墙体（图1）、地下车库出入口（图2）、变电房、单元出入口、社区围墙等，既可以减少墙面的坚硬感与枯燥感、丰富墙面色彩变化，又可以增加建筑区分度。

图1 建筑墙体绿化

图2 地下车库绿墙

1.2.2 广场空间

社区广场是社区花园营建的重要位置，可以充分利用广场的灯柱、墙体等进行立体绿化，例如在社区的公共墙面上种植可食性植物，促进居民互动。同时还可以在社区广场的绿化带区块配置形态各异的绿雕，提升广场整体趣味性。

1.2.3 道路空间

社区立体花园的营建可以充分利用社区道路两旁的灯柱（图3）、行道树和小品（图4），选用爬藤

图3 行道树爬藤植物

图4 道路花钵

类植物或花钵进行布置，增强道路的指示性和趣味性。

1.2.4 绿廊空间

通过建立高层建筑之间的廊架，利用立体绿化容器连接高层建筑、形成社区绿廊、美化社区环境、促进社区居民交流联系、实现社区花园的可达性。

1.3 丰富植物景观营建

通过大量墙面的调研取景，笔者将立体花园植物景观模式分为六大类：几何式、自然式、模纹式、意境式、幽谷式、绿屏式。在社区墙上花园的营建中，要根据不同的空间场景进行植物景观配置，对于社区围墙、车库出入口、建筑墙面等较大尺度的墙体宜采用几何式（图5）、模纹式（图6）或绿屏式等配置模式，使得植物墙面整体性较强；对于单元内庭、变电房、单元出入口等较小尺度的墙体宜采用自然式（图7）、意境式（图8）、幽谷式等配置模式，使得植物墙面趣味性和辨识度较强。

此外，在墙上花园的营建中要注重植物色彩的搭配，以绿色为基调，点缀彩色叶植物和观花观果植物，打造四季常绿、三季观花的自然生态墙面绿化景观。

图5 社区几何式绿墙

图6 社区模纹式绿墙

图7 变电箱自然式绿墙

图8 单元内庭意境式绿墙

2 立体花园的公众互动

2.1 形成多元互动空间

根据业主的年龄、行业、喜好等进行划分，通过立体绿化运用，形成交流空间、休憩空间、自然教育空间等，各空间既独立又有联系，满足“整体化”“人性化”“多元化”的要求。

2.1.1 交流活动空间

屋顶花园、空中廊道、平台绿化等作为立体绿化的形式，为居民提供户外运动以及公众交流等活动的趣味性空间。尤其是在高密度环境下，建筑楼层较高，立体绿化种植区比地面绿化更亲近居民。在设计时可按低层住宅的尺度，约4～5层设置一组走廊绿化或平台绿化，形成穿透性较强、开放性较好的小范围公共交流活动空间，满足居民短期停留、邻里交流和儿童游戏的需求。

2.1.2 休憩空间

休憩空间不同于开放的交流空间，由于其功能要求，往往是一个安静的围合空间（图9）。而立体绿化作为一种立面空间的处理方式更能形成内聚性空间。休憩空间的立体绿化通常为墙面绿化，通过绿墙将内部空间与外部空间阻隔，围合空间的同时在竖向维度上形成垂直的绿色森林。通过设施绿化、立体花坛、绿雕小品等多种立体绿化形式，结合水体、置石、植物等园林要素烘托绿色自然的氛围，让居民在城市中感受自然气息，在立体花园中休憩呼吸。同时立体花园具有降温、增湿、减噪等生态效益，更能提高休憩空间的舒适性，给居民良好的美学欣赏和心理上的愉悦感受。此外阳台绿化和屋顶花园也能打造良好的私密休憩空间，使得城市居民足不出户就可感受绿意盎然。

图9 绿墙围合空间

2.1.3 自然教育空间

立体绿化空间不仅可以美化社区环境，打造休憩活动空间，还可作为社区居民进行自然教育的载体。立体花园内可以设立相应的景观主题，引导公众深入其中，接触多姿多彩的植物世界、学习植物知识、认识自然环境、明确人与自然环境和谐共处的态度，起到良好的环境教育作用。同时通过绿廊等景观构筑物设计更加直观地展示环境教育的内容，也为公众提供了解自然、学习环境知识的场所，达到“寓教于游”的教育目的。此外还应配置相应的解说系统，体现科学性与趣味性，向社区居民提供指示及说明信息。

2.1.4 室内公共空间

室内公共空间立体花园可以显著提升空间品质、改善室内微气候、放松居民心情，楼梯间、停车场等的绿化还可打破空间的单调感。但公共建筑室内的平面空间通常作为居民活动休憩或通行的场所，留给绿化的空间较小。立体绿化则可以很好地解决室内平面空间小与绿化需求大之间的矛盾。将其与室内墙面、梁架、柱体等结合，分割和装饰室内空间，最大程度增大室内绿化面积。在具体设计时还需注意其对光照、通风、温度和湿度的需求，利用窗户、玻璃顶棚，或人为设置植物生长灯、室内空调等为室内立体绿化提供良好生长环境。

2.2 提高立体绿化连接性

社区立体花园需要通过连接实现其功能的最优化。将墙面绿化与阳台绿化、屋顶绿化相联系形成竖向绿化空间，并结合立体绿化廊架、空中花园等横向空间，最后延伸至室内绿化及地面绿化，形成协调有序的三维社区立体绿化空间体系，将社区中的绿化空间相互联系，让高层业主也可以快速抵达社区花园，享受公共空间。

此外，立体绿化形成的植物带还可实现一些物种交互作用和迁徙，并通过与地面层的联系构成一个连续的生态系统。有学者对济南市官扎营高层居住区进行立体绿化景观规划设计，通过微地形处理、墙面绿化、屋顶绿化等多种立体绿化方式，连接地面、墙面及屋顶，打造出了更加适宜的人居环境。还有学者对南宁市步行街商住一体社区进行立体绿色空间打造，通过组团绿化阳台和中心绿化阳台连接，利用多层次立体交通网络连接至社区和城市公共空间。这种有层次的公共绿化阳台网络增加了居住区的邻里接触，促进了邻里交往，加强了住户和城市之间的联系，同时也极大地改善了高密度居住区的采光、通风等环境。

2.3　增加居民参与度

社区立体花园要在设计和建设的过程中积极调动居民参与，打造全民参与的社区立体绿化空间。

2.3.1　建立公众创作空间

在社区立体花园的建设中，可以通过社区业主委员会征得全体业主同意，在社区的广场、绿化带、建筑体及部分屋顶处预留一部分用地，建立一系列的立体花园公众创作空间，为社区业主参与建设提供有效场地。

2.3.2　举办园艺主题沙龙

在社区内定期举办园艺主题沙龙活动，可以是专业知识传播，也可以是业余爱好探讨，目的是让更多的社区居民参与到社区立体花园的建设中。一方面有助于宣传社区立体花园的建设；另一方面可以提高社区居民对立体花园建设的参与性，并学习到园艺技能和营造理念。

2.3.3　组建花园建设团队

社区花园的建设离不开广大居民的参与与维护。因此需要组建一支由社区居民组成的花园建设团队，招募对社区花园营造感兴趣的居民，包含设计、环境、生态、美学等领域的成员，实现大人带动小孩、小团队带动大团队的良性循环，最终实现全民参与社区立体花园的建设。

2.3.4　开展各类趣味活动

在社区立体花园的建设中还可以定期开展各类趣味活动。例如绿墙配置DIY活动、可食绿墙采摘活动、植物画展等，以提高社区居民的兴趣和参与度，在丰富居民生活的同时增进邻里关系（图10、图11）。

图10　创意性绿墙

图11　小型DIY绿墙

3　立体花园的可持续性

3.1　景观可持续性

立体花园的景观可持续性主要体现在整体的景观效果在未来几十年内得以保持，且后期养护成本较低。这就需要立体花园在营建时选择抗性较强的多年生植物，同时要考虑植物的生长速度和规格，采用智能化、一体化的立体绿化模式系统，通过自动化水肥控制，实现植物矮化和景观的持续性，减少人工养护成本和植物更换成本。

3.2 互动可持续性

立体花园的互动可持续性主要表现在社区居民积极参与社区花园建设，共同养护，进而促进邻里交流，提升社区活力。这就需要社区内部建立居民自治组织，调动居民参与立体花园的积极性，并组织一定的资源和技能培训，发展社区居民进入自治组织，实现立体花园的互动、自治与可持续性发展。

4 讨论与展望

今后，社区立体花园的建设需要在植物选择、空间营造、景观搭配、公众互动及可持续性等多个方面开展深入研究。在植物选择上要充分考虑社区微气候环境，选择景观表现好、抗性强的植物种类；在空间营造上要充分利用社区现有空间，联动有限空间，尽可能多的实现绿化美化；在景观搭配上要充分考虑植物美学特征，营造丰富多彩的立体植物景观；在公众互动上要建立居民自治组织，充分调动居民参与互动的积极性，共同营建社区花园；在可持续性上要充分利用现有高新技术，降低后期维护成本，实现社区居民共治、自治，确保社区立体花园可持续发展。

参考文献

[1] 刘悦来，尹科娈.从空间营建到社区营造——上海社区花园实践探索[J].城市建筑，2018(25)：43-46.
[2] 刘悦来，许俊丽，尹科娈.高密度城市社区公共空间参与式营造：以社区花园为例[J].风景园林，2019，26(6)：13-17.
[3] 吴冲.垂直绿化的配置方式及应用探讨[J].现代园艺，2012(13)：51-53.
[4] 车风义.城市公共空间垂直绿化应用设计研究[D].济南：齐鲁工业大学，2013.
[5] 刘启明，曹馨妍.浅谈模块化景观在屋顶绿化中的应用研究[J].建筑节能，2016(3)：51-52.
[6] 张小康.建筑立面垂直绿化设计策略研究[D].重庆：重庆大学，2011.
[7] 肖姗.基于地域文化特色的植物园景观规划设计研究[D].四川：西南科技大学，2012.
[8] 秦俊，胡永红.建筑立面绿化技术[M].北京：中国建筑工业出版社，2018.
[9] 藏海晓.立体绿化设计在高层居住社区中的应用研究[D].济南：山东建筑大学，2014.
[10] 唐剑崎.南宁市高层高密度社区绿色空间设计优化策略[D].广东：华南理工大学，2016.
[11] 刘悦来."城市治理"中的上海故事：共建共享社区花园[J].人类居住，2018(2)：18-21.
[12] 刘悦来，尹科娈，魏闽，等.高密度城市社区花园实施机制探索——以上海创智农园为例[J].上海城市规划，2017(2)：29-33.
[13] 王巧良，邓文莉，包志毅，等.基于环境教育理念的城市公园设计应用探究[J].中国园林，2018，34(S2)：119-121.
[14] 刘悦来，尹科娈，魏闽，等.高密度中心城区社区花园实践探索——以上海创智农园和百草园为例[J].风景园林，2017(9)：16-22.

Chapter 02 案例实践

老旧小区更新中的社区花园实践——以北京“加气厂小区·幸福花园”为例

程洁心[1]　刘佳燕[2]　高　睿[3]

1　项目背景

在城市规划逐步迈入存量更新为主的时代，社区成为城市更新的重要载体，社区中的各种小微开放空间日益成为人们相互交往、体验生活、感受自然的重要载体。但很长一段时间以来城市规划采取“生产空间”的模式，以及高度压缩和简化的参与形式和决策办法，效率和美学至上的导向致使社区层级的微观人居环境因“量小言微”而不受重视，品质低下。在众多老旧小区中，由于物业管理的缺位和公共空间维护的不足，原有的大量绿化空间被废弃，几近荒芜，甚至堆满了垃圾和动物粪便。有的小区里，部分居民开始私下改造绿地，另辟菜园或花园，展示出强大的改造意愿和种植技巧，但随之而来的争地、偷菜、与物业争执等现象日益凸显，加剧了邻里矛盾。有物业或政府部门投资改造公共空间，希冀提供更高品质的绿化景观或休闲空间，又常常遭遇社区不买账的困境，“不好看”“不好用”“不喜欢”等指责带来“民生工程难得民心”的挑战。

基于对上述问题的反思，在清河街道办事处、美和园社区和清华大学“新清河实验”课题组的大力支持下，思得自然工作室和海淀区社区提升与社会工作发展中心协同合作，在清河加气厂小区进行了社区花园改造项目。探索以社区花园营造作为一种行动过程，不仅在空间上助力老旧小区的有机更新和活化，改善生态环境和空间品质，更重要的是将规划作为一种社会过程去关注，从而强化社区关系网络、社区共识和地方依赖，增进社区的文化包容与归属感，促进社区主体性和自组织能力，推动基层社会治理创新和社区赋能。

2　前期调研

基于“新清河实验”长期扎根清河所奠定的良好社区合作平台和工作基础，工作团队通过长达数月的社区走访和居民调研，最终选定了美和园社区加气厂小区8号楼前空地作为本次社区花园改造项目的试点地块。

加气厂小区曾经是单位职工宿舍区，居民彼此熟识，住户稳定，但由于公共空间的缺乏，原本的熟人社会渐渐变得疏离。本次计划改造的地块位于小区中心地带两栋6层住宅楼之间，也是小区内唯一的绿化空间。根据居民介绍，这里曾经有个紫藤花廊，大家常在此活动，后来因为种种原因，绿地被占用，紫藤花廊消失，成了被一圈圆柏黄杨围绕的荒地（图1）。但是小区里年长的居民还保留了栽种的爱好，不忍这片地荒芜，于是自己买了树苗、花草种植，林林总总种下了20多种植物。

1　北京清城同衡智慧园高新技术研究院、思得自然工作室负责人。
2　清华大学建筑学院副教授、博士，“新清河实验”社区规划负责人。
3　思得自然工作室设计师。

3 方案制定

明确场地后，由思得自然工作室组织，若干位社区居民以及30余位来自社会各界的志愿者在朴门永续导师颜嘉成老师的带领下，分别利用两个周末4天的时间，持续开展社区花园营造工作坊。

工作坊第一天大家首先通过基地踏勘了解了场地的基本现状（图2），包括场地的地形地貌、生态环境、居民使用情况等。在此过程中，调研小组重点对已经在这块场地栽种了植物的居民进行访谈，了解他们的需求，并说明本次花园营造工作坊的目的，征求改造意见。之后，分小组采用KJ法（应对复杂问题时利用语言或文字资料进行归类整理，进而找到解决途径的一种办法）对场地进行分析，并分别制定改造方案（图3）。最后，导师通过点评各组方案的优缺点和共性特征，分析关键问题的解决策略，协助组员们进一步优化和整合方案（图4），共同形成最终定稿。

图1 场地原状——被圆柏黄杨围绕的荒地

图2 通过基地踏勘了解场地的基本现状

图3 分小组设计花园改造方案

图4 导师引导各组进行方案整合

4 花园营造

本次花园营造的参与主体为30余位来自各行各业的志愿者以及加气厂小区的居民。营造所用物料由“新清河实验”课题组提供资金支持，参与活动的志愿者及居民均通过线上和线下动员募集而来。大家在导师和思得自然工作室团队的带领下，共同完成了从场地现状调研、花园方案设计到花园营建的全过程。一块约200 m^2功能单一、几近荒芜的绿地摇身变为居民友好、环境友善、生物多样性丰富的生态花园。

图5 大雨也无法阻挡营造者的热情

整整4天的营造过程中既有烈日当空，也遇上了倾盆大雨（图5）。参与者中既有年近古稀的老人，也有蹒跚学步的孩童，大家都倾心投入、无间合作。有年长腿脚不便的老人无法下地劳作，便主动担负起后勤重任，为大家送瓜递水（图6）。参与营造的人员一开始以志愿者为主，居民较少，后来越来越多的居民从驻足观看到最终积极加入行动者的行列。邻里关系、互助友情在劳动与合作的过程中逐步生根发芽，欢声笑语不断飘荡在花园的上空（图7）。

图6　为大家送来西瓜的老人

图7　协同营造中的欢声笑语

在花园营造过程中，朴门永续设计的理念贯穿始终。营造材料皆为自然材料，且尽量做到物尽其用（图8）。花园的主体框架由杉木杆串联围合形成，植物种植采用厚土栽培的方式（图9），且根据不同植物的适应性选择植物品种、栽种地点以及朝向（图10）；花园的路面由松树皮铺设而成；此外在花园中还加入了昆虫屋（图11）、德式高床等朴门设计元素；同时依循朴门设计原则中“照顾人”的理念，充分尊重场地原有使用者的生活习惯和诉求，在移植社区居民自己栽种的植物时，和他们做了充分的沟通，并且和他们共同完成这一过程。

花园设计考量的时间维度不仅在于当下，更应放眼长远。作为设计者需要思考，5～10年以后原

图8　多余的木桩制作成坐凳

图9　居民共同进行厚土栽培

图10　导师讲解植物的生长习性

图11　动手营建昆虫屋

本生长在这里的树木会长成什么样子？期望这片土地上的植物和居民之间形成一种怎样的互动关系和模式？在设计中除了充分考虑土壤、水、阳光的影响，更需要关照的还有花园使用者的意志和情感。虽说现在花园已经初步建成，但就真正的营造而言只是揭开了序幕，重点在于搭建框架，更丰富多彩的内容交由社区居民用时间、用参与、用生活中有趣的故事来慢慢填充（图12）。

图12　建成后的社区花园

5　日常管护

花园的日常管护离不开社区在地居民的支持。在场地进行营造之前，已经有几位居民在这里种植了部分可食用植物，包括无花果、大葱等，争取他们的支持是实现花园管护可持续进行的关键。首先，在调研期间就需要充分了解这些原本已经在频繁使用这块场地的人们的想法。花园改造过程中，必然会对他们已有的劳动成果有一定影响，如何在尊重他们劳动成果的前提下让改造顺利进行？如何更好地满足他们后续的需求？如何让他们营造的私有空间转化为更具开放性的公共空间？如何让他们与花园产生更深的联结，并且能够影响更多人参与到花园维护中来？这些都是需要考量的问题。

在营造过程中，经过持续、充分的动员，这几位居民都共同参与了社区花园的改造，有一位大爷亲自把自己之前种植的无花果挪了位置，一位阿姨慷慨地让大家把她种的大葱移出，和其他品种丰富的花混种在花园中。营造结束后他们都纷纷表示愿意继续参与花园的维护（图13）。

图13　种无花果树的大爷积极参与花园营造

后续维护过程中，团队不断收集居民的反馈建议，提供种植和管护等方面的指导意见和其他相关支持。未来计划面向社区举办一些园艺和自然教育相关的活动，挖掘更多爱好园艺和热爱自然的居民，促进大家之间的交流，并培育自发形成的各种园艺团体，为社区花园注入源源不断的活力。

6 花园的激活和运营

花园建成后不久团队召集部分社区居民及参与了花园营造的志愿者举办了一场志愿者答谢大会。大家共同协商，制定了后续的花园维护公约（图14），并通过现场投票确定了花园名称为“幸福花园”（图15）。至此，“加气厂小区·幸福花园”正式成为承载着大家共同记忆、融入社区居民生活的珍贵场所。

图14 居民共同制定花园维护公约

图15 居民投票决定花园名字

“加气厂小区·幸福花园”第一阶段的营造已经告一段落，这是一个结束，更是花园进入社区自主管理和运营阶段的开始。自主有效的维护管理是保证社区花园可持续成长的重要环节。管理的最终目的是要提升社区的自我组织能力，培育老旧小区的自我“造血”机制。因此在这个过程中，明确管理时间、划定管理范围非常重要，并且需要持续注意发掘和培育在地参与力量，团队作为外来者，在其中的角色将逐步由最初的组织者和领导者向支持者和陪伴者转变。

社区花园后续活动的开展将根据活动目的进行划分。自然教育活动以亲子家庭为主要对象，通过激发参与者对自然的感知能力建立起人与环境的连接；针对老年群体的歌唱活动或棋牌活动等选用社区花园为活动基地，增强居民对社区以及对该场所的认同感；花园管理相关工作坊和培训重在培育在地力量；社区文化相关活动以加气厂记忆为线索，挖掘社区历史故事。未来还将继续引入更多的外部资源、举办公益活动，以社区花园为平台构建相关公益网络节点。

7 总结思考

一个社区花园的建成并非难事，然而建成仅仅只是社区花园漫长生长过程的一个开始。每一个社区都有自己独特的历史和生活脉络，如何在此基础上打造一个秉承社区特色的社区花园是每一个营造者都需要认真考量的关键问题。期望通过社区花园改善居民一些既有的生活习惯，更引导他们尊重这块场地上原有的生活印记，在不断找寻两者之间平衡的过程中让社区向着“好一点，更好一点”的方向发展。

这次的花园营造团队尝试在社区现有生活轨迹的基础上做出一些“真实可见、可感知的”改变，在这一改变的过程中，让信任、关爱在人与人之间传递和蔓延，从而变成让社区花园能够持续生长的助燃剂。当社区花园成为一个起点，越来越多的力量才会注入；当更多的居民与花园形成更大的连接网络，关于社区的记忆也会更加丰富，场所精神将更加强大。

从更大的尺度来看，“加气厂小区·幸福花园”不仅是属于社区居民的公共场所，也是整个城市生态系统网络中的一个节点。尽管它只是一个小尺度的绿地空间，但是在高密度的城区内它对改善局部生态环境气候、净化空气、降低噪声、保护水土、提供氧气等仍然具有不可忽视的作用。更重要的是，散布于各地的多个小型绿地与其他类型的公园绿地及生态走廊的组合，可以大幅提升城市生态网络的有效性和连接度，为特定生物移动提供立足点和网状交流路径，成为生物多样性的重要庇护所和踏脚石，对促进城市生物多样性具有重要意义。

因此，在花园后续的运营中计划将其定为一个生物多样性监测点，用更科学的方法对其生态价值进行量化评估和进一步扩展，为后续城市生态相关研究和体系优化奠定基础，社区花园的价值也将得到更大的延伸。

参考文献

[1] 叶原源，刘玉亭，黄幸．“在地文化”导向下的社区多元与自主微更新［J］.规划师，2018，34（2）：31–36.

[2] 刘佳燕，邓翔宇.基于社会—空间生产的社区规划——新清河实验探索［J］.城市规划，2016，40（11）：9–14.

[3] 刘悦来，尹科娈，葛佳佳.公众参与 协同共享 日臻完善——上海社区花园系列空间微更新实验［J］.西部人居环境学刊，2018，33（4）：8–12.

[4] 李铮生.城市园林绿地规划与设计［M］.北京：中国建筑工业出版社，2006.

[5] KONG F H, YIN H W, NAKAGOSHI N, et al. Urban Green Space Network Development for Biodiversity Conservation: Identification based on graph theory and gravity modeling［J］.Landscape and Urban Planning, 2009, 95(01/02): 16–27.

北京老城失落空间里的社区花园实践——以三庙社区花园为例

刘祎绯[1]　陈瑞丹[2]　古城绿意研究小组[3]

1　项目背景

三庙社区花园位于北京市西城区广安门内街道三庙小区内（图1），为一长方形场地，设计面积约550 m^2。三庙小区始建于20世纪60年代，是北京老城里具有代表性的多层老旧小区。该项目从腾退空间再利用的角度，由广安门内街道牵头与三庙社区、古城绿意研究小组进行合作，致力于居民参与和社区共建，旨在为社区居民提供高质量的公共空间。

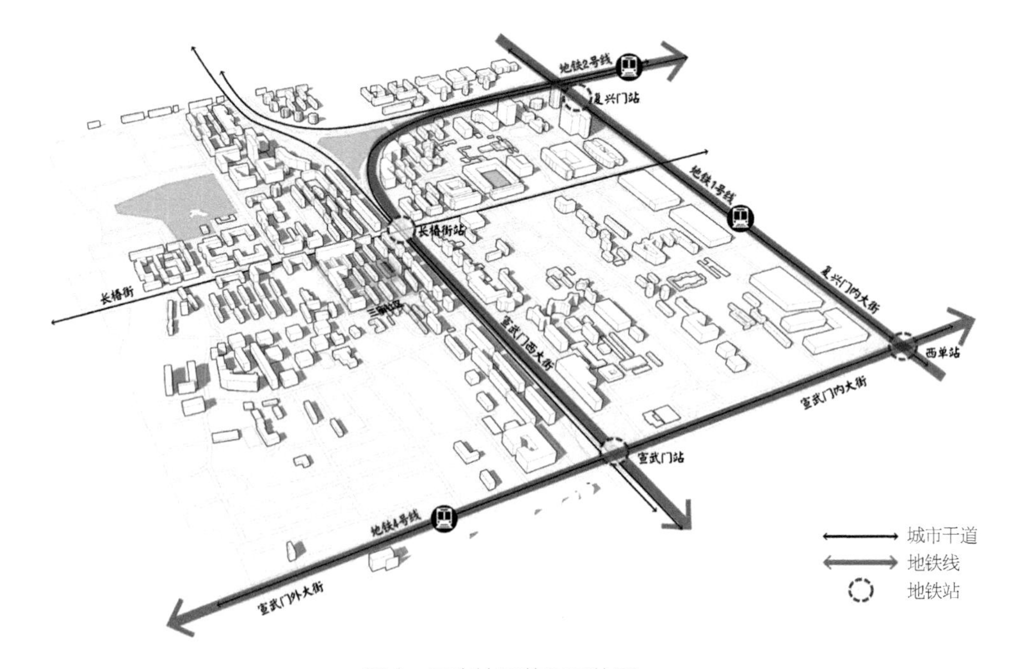

图1　三庙社区花园区位图

三庙社区花园前身为住宅楼前一处存在安全隐患的废弃车棚（图2），现改造为居民的公共活动场所，该场地特点如下：① 位于社区内部中心地段，北侧聚集有三庙社区学校、零售商店等人流密集场

1　北京林业大学园林学院城乡规划系副教授，博士。
2　北京林业大学园林学院园林树木教研室副教授，博士。
3　古城绿意研究小组成立于2016年3月，由刘祎绯老师和陈瑞丹老师指导、北京林业大学园林学院学生组成的专业研究小组，团队专注于利用专业的植物学、景观学知识探讨如何更加合理地为老城添绿，并在北京老城进行实践。本次项目的主要参与人员还有魏方、梁静宜、冯子桐、崔钰晗、刘力、胡佳艺、罗昱、张珵、吴佳馨、薛博文、于港、游子怡、彭博、刘影、蔡奇峰、张晓颖等。

所，但原状环境杂乱、缺乏组织，没有形成良好的空间互动；② 场地服务人群以老年人为主，社区年龄结构中0～14岁占19%，14～16岁占24%，60～80岁占42%，80岁以上占15%；③ 社区内部原有4个主要的开放空间，但功能较为单一，多以健身和闲坐为主，缺乏综合型和趣味性的公共空间；④ 原有植物（加杨、槐树等）未能良好地营造社区花园空间感，景观效果单薄，特别是中层植物缺乏，且现有植物种植池破旧，场地裸露土地较多，林下景观效果差。

图2　三庙社区花园场地旧况图

2　前期调研

项目之初，古城绿意研究小组与社区居民建立起良好的互动合作关系，通过介绍三庙文化历史与分享社区营造案例来激发社区居民的社区认同感和荣誉感，以此增强社区凝聚力，为日后社区居民共建、共享、共治奠定基础。同时采取趣味贴纸（利用不同颜色的贴纸票选出“最赞成”和“最反对”的活动）方式进行三庙社区花园功能的投票活动（图3）。同时考虑到居民种植花草的习惯，开展了植物教育科普讲座（图4），以及种植小麦杯（图5）、碰碰香和长寿花等活动，唤起人们对种植的兴趣。

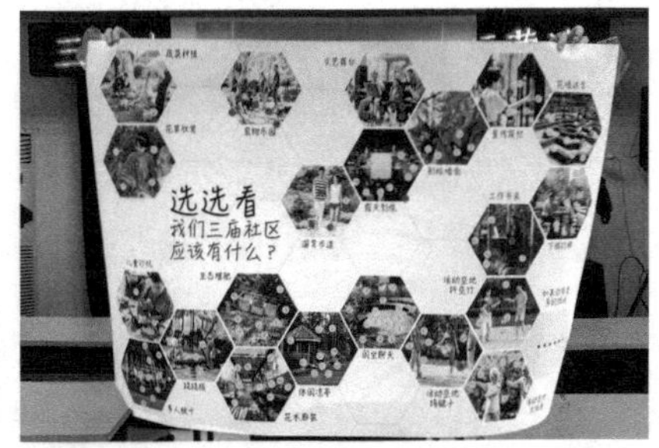

图3　居民票选最受欢迎的十项活动

图4　主题讲座现场　　　　图5　居民动手制作小麦杯

3　方案制定

方案制定过程中古城绿意研究小组采取了多种方式来获取居民意见，包括实地调研访谈、趣味贴纸等活动。还组织了几场“梦想的花园”模型搭建活动（图6～图8），让不同年龄段的居民可以通过搭建六边形模块的方式将自己的想法具象化。

图6　中老年组搭建花园模型

意见收集过程中，不可避免会出现许多矛盾。首先是爱狗人士与反对方的冲突，花园能否让宠物进入成了功能设计上的一大问题；其次是儿童游乐区的设置，不少家长和孩童强烈建议增加儿童游乐区域，但低层住户则表示该区域产生的噪声会影响休息。综合考虑居民需求，在设计方案中设置噪声较小的活动区，并将活动区域安排在乔木下，利用植物降噪功能降低噪声。此外不少居民也提出了后期植物的养护及管理问题，极大地促进了后期“社区公约”的形成。

图7　青少年组搭建花园模型

图8　居民搭建的“梦想的花园”模型

图9　三庙社区花园设计方案模型

图10　三庙社区花园鸟瞰图

一个服务于大众的方案需要不断地磨合，设计团队获得了居民对社区花园设计的多项具体建议后，在满足功能性的前提下充分尊重居民实际需求，最终确定了设计方案（图9～图12）。

在平面设计上选取稳定的六边形模块，将其自由组合形成多样化布局形式以适应不同场景的需求（图13）；由于场地长边为东西向，因此在流线设计中主要实现东西方向的连接，在场地北侧设置有1个主入口和3个次入口，西侧设置有1个次入口和1个无障碍坡道，主游线为东北–西南向曲折贯穿场地；功能分区秉着满足各年龄层人群需求的原则，将场地分为11个区域：入口广场区、工作书桌区、植物教室区、花草欣赏区、生态堆肥区、多人秋千区、跷跷板区、闲坐聊天区、活动广场区、宣传栏区和花木廊架区（图14）。

图11　三庙社区花园主入口效果图

图12　三庙社区花园西北角效果图

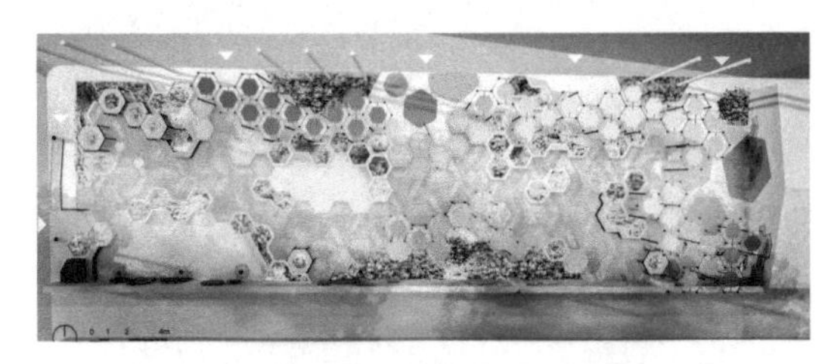

图13　三庙社区花园平面图

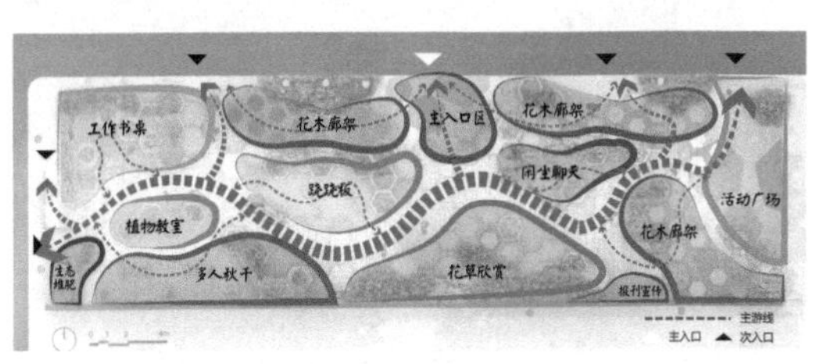

图14　三庙社区花园功能分区图

4　花园营造

设计方案定稿后，古城绿意研究小组与广内街道、三庙社区联合举办了三庙社区花园方案公示与解答活动，利用展板与模型的形式直观地为社区居民进行讲解和展示（图15）。此外活动还延续对三庙社区花园功能的贴纸投票活动，在海报上列举了多元的功能和可能的活动，邀请居民选出最想要参与的选项。同时邀请社区居民加入“三庙绿意志愿团”，通过建立微信群、开展问卷调查的方式收集志愿者的基本信息与对社区花园维护事宜的态度，从而方便后续活动的开展。

图15　设计团队为居民讲解方案

5　花园的激活和运营

三庙社区花园未来将成为三庙的公共活动中心，为居民提供自然科普的教育平台和促进社区共建

图16 居民报名参加“三庙绿意志愿团”

的大本营。同时，在社区公约的建立、监督管理的执行等方面还需要更长时间的探索实践。

社区花园的建造不仅仅是为了给居民提供舒适的活动环境和休闲娱乐场所，同时也是社区营造的途径之一。目前由古城绿意研究小组、广内街道、三庙社区和社区居民四方共同建立的“三庙绿意志愿团”正积极投身于花园营建和活动开展中（图16），已经开展了植物义诊、纸黏土（图17）、植物拼贴画亲子活动（图18）等，通过活动不断拉近邻里关系，也促进代际交流。

图17 纸黏土活动中志愿者与居民合影

图18 居民参与植物拼贴画亲子活动

6 总结思考

伴随着资源紧缺、功能结构失衡、空间发展受制约等大城市病的日益凸显，北京各级政府启动了不同类别大大小小的空间疏解腾退、留白增绿工作，尤其是在寸土寸金的老城区域开展了多项“微更新”活动。如何调动民众积极性、吸引他们共同参与到设计营建和维护管理上，从而实现空间品质的提升和共建共享，社区花园似乎指出了一个方向。在这一次社区花园的设计与营建中，团队通过采取不同层次的公众参与方式，拉动多方力量，尤其是调动居民的自主管理积极性，从而改变以往社区机构主导、各方矛盾重重的局面，保障了各个年龄段人群的利益，形成多方共建、共治、共享的社区花园机制，实现社区的可持续发展。

微花园城市绿色微更新实践——以北京老城区为例

侯晓蕾[1] 刘 欣[2] 林雪莹[2] 苏春婷[2] 疏伟慧[2]

1 项目背景

绿色景观自古以来便是北京老城区胡同美好生活方式的一部分，寄托着胡同居民美化家园和身边环境的愿景。在十九大“打造共建共治共享的社会治理格局”和北京市城市新总规“加强城市修补、坚持留白增绿、创造优良人居环境”等的思想指导下，2015—2019年北京市城市规划设计研究院、中央美术学院建筑学院十七工作室的联合团队在北京市东城区朝阳门街道办事处和史家社区的大力支持下，对多处胡同微花园进行了在地提升和微更新设计改造。通过参与设计、设计展览、方案展示、居民自发报名、花园参与改造等自下而上的自主孵化社培的模式，原汁原味地保留老城居民的绿色生活方式，营造出多样化各具特色并富有统一性的北京老城区普通百姓的微花园景观。探索如何发展和引导好居民自身热爱园艺种植的积极性，实现参与式的街区景观更新与共治，为美丽的胡同增添美化日常生活的景致（图1）。

图1 微花园团队合影

2 前期调研

微花园团队以朝阳门街道的史家胡同博物馆为基地，几年以来组织当地居民开展居民调研访谈、旧物改造盆栽、微花园景观设计工作坊、胡同里的微花园参与式设计展览等一系列活动，与居民一起探讨微花园提升的可能性，并通过参与式设计过程与居民一起动手，逐步实现身边的微花园景观。胡同中的这类空间多为公共空间和半公共空间，由于其在胡同中的位置不同、关联的情况不同，因此现状非常多样化（图2、图3）。

图2 史家胡同15号微花园现状

1 中央美术学院建筑学院副教授，博士。
2 中央美术学院建筑学院学生。

3 方案制定

图3　史家胡同54号微花园现状

在该项目中联合团队各自发挥特长。北京市城市规划设计研究院利用其作为朝阳门街道责任规划师的长期在地优势，负责居民发动和实施规则的设计；中央美术学院建筑学院十七工作室则发挥艺术与景观设计的专业优势，与居民一对一进行互动访谈、参与设计、参与施工和种植指导；街道和社区则为项目提供了居民协调、资金保障等方面的坚实支持。所有的微花园改造提升方案都本着原汁原味、低造价、旧物利用的“减法”原则，鼓励居民采用旧物利用的生活习惯，利用自己留下来的旧物改造盆栽，将堆积在各个空间中的旧砖瓦、旧盆罐等变废为宝，重新利用在微花园的营造中，在美化环境的同时置换出很多被侵占的空间。

微花园的设计方案坚持原汁原味地改造提升。在持续进行展览和社区营造活动的基础上，居民对微花园有了新的认识，同时也开始理解旧物改造种植的价值所在，以及开始爱护自己的微花园，并且引发了居民进行微花园提升的兴趣。从2017年开始，联合团队开始对史家胡同及周边的几处微花园开展了公众参与式的设计工作坊。通过自愿报名的方式，居民提出了对微花园进行改造提升的意愿。联合团队与居民共同讨论改造提升的可能性，并进行不断修正和改进，与居民一起探讨微花园的改造设

图4　史家胡同15号微花园设计方案

图5　史家胡同44号设计方案

图6　史家胡同54号设计方案

计方案（图4～图6）。在设计工作坊的过程中，联合团队为居民提供了艺术审美和景观设计等方面的美学和空间营造指导，从空间造型、植物配置、雨水利用和节约能源等方面与居民一起探讨出了专业方案，能够帮助居民对微花园进行低造价、简单而实用的有效提升。

4　花园营造

在整个过程中设计师和居民共同探讨、共同设计得出设计方案，同时还一同深度参与到花园的改造工作中。每一个花园都凝结着居民与设计师的汗水和智慧，花园改造完成后居民也格外珍惜。通过充分的公众参与，期望能够催生居民自发长期维护微花园环境的积极性，将微花园长久地维持下去，而不仅仅是一次性改造。这样的微花园有很强的示范性，同时也宣扬出一种环保理念，能够推广到家家户户，但一定不是简单的复制推广，而是尊重多元化的推广。例如在史家胡同15号院的微花园改造提升中，居民家中原来堆积的旧马桶、老砖老瓦、用过的腌制咸菜的罐子、旧鸟笼、废弃的玻璃等元素都被运用到花园设计中，这些经过岁月洗礼、蕴含着丰富的故事的旧物不但使老城百姓的生活被原汁原味地保留下来，而且艺术性和审美得到极大提升，同时彰显了花园的旧时光味道（图7～图9）。

图7　史家胡同15号院微花园改造前后对比

图8　史家胡同15号院微花园利用旧物改造后的一个角落

图9　史家胡同54号院微花园改造后

5　日常管护

微花园的设计改造由居民自主报名参加，深度参与设计，亲自动手实施。通过充分的公众参与催生居民自发长期维护花园环境的积极性，花友会和擅长养护的居民成为微花园日常维护的主体。团队不仅为居民提供了日常景观艺术提升方面的美学指导，还从植物搭配、雨水利用和节约能源、植物的后期养护维护等方面帮助居民制定了专业的维护和管护方案，与居民共同塑造可持续的微花园景观。其中一位参与微花园认领养护的居民宗阿姨说：“微花园虽小，但街坊邻居一开门就能看到花花草草，心情特别好，经常过来坐一坐、聊一聊。北京的天气干燥，我用塑料瓶改造成喷水壶，每天给花园浇水，辛苦点也不怕，就当运动了（图10）。”

图10　与居民一起共建微花园

6　花园的激活和运营

建立微花园的创新机制。建立前期策划分析、参与设计、方案互动、实施监督、建设与实施各阶段联动的保障机制，居民对全过程进行充分了解、签署各阶段同意书，设置微花园实施效果的评比环节，从而激发居民的兴趣和自主性，促进老城区绿色景观的长效提升。在这个过程中以街道和社区为单位的基层政府推动了项目的发展并提供了启动资金，对实践推动起到了监管与支持作用。

建立微花园公共治理和共同营造制度。由于微花园的营建过程涉及的主体众多，需要多方的密切配合。在这个过程中，“沟通”应被足够重视，需要关注设计实施过程中居民的主动性、知情权和满意度。在项目的前期、设计过程、实施过程中与结束后，以访谈方式不断收集居民各个阶段的诉求和建议，持续传递“社区是我家，治理靠大家”的理念。

图11　团队与居民一起探讨微花园养护

建立微花园公治模式和维护机制。在项目培育过程中主动挖掘社区能人并建立花友会等社群组织，探索微花园的认领和认养制度，由社区自组织牵头建立微花园绿色景观的维护机制，社区进行辅助监督和推进（图11）。

7　总结思考

在当前存量时代的城市更新进程中，如何通过社会治理和空间营造来鼓励和激发社会与社区主体的主观能动性是基于社区营造的规划实践的重要内容。北京老城区的微花园研究实践也是致力于探索一种源于生活、顺应民意、回归美学的微花园绿色景观微更新途径。

街区更新源于生活、回归生活。借助胡同微花园实践，期望共同摸索出一条源于生活、回归生活的工作路径。在长期研究老城景观的过程中，越来越发现胡同居民自发种植的宝贵意义。适合的景观绿化设计不仅有助于提升胡同空间形象，改善环境微气候，还可凸显胡同气质与风格，承载传统与文化。而与居民共建共治微花园景观则不仅是实现城市留白增绿、街区有机更新的重要手段，也是推动社区营造的有利契机。

居民参与为主体的老旧小区社区花园实践——以育园为例

高　健[1]

1　项目背景

育园建于20世纪60年代，占地600 m^2，位于北京市海淀区中关村街道科育社区内（图1），是中科院家属宿舍区，属于老公房，是作为自然之友·盖娅设计工作室（以下简称盖娅设计）和海淀区中关村街道联合提升老旧小区边角地景观、探索社区营造样板经验的合作，以街道牵头出资，由盖娅设计与社区居民共同设计，融合多元社会、社区力量参与其中，以“公众参与、共知共行”的价值观与在地使用者共建诗意栖居家园，践行永续生活理念。

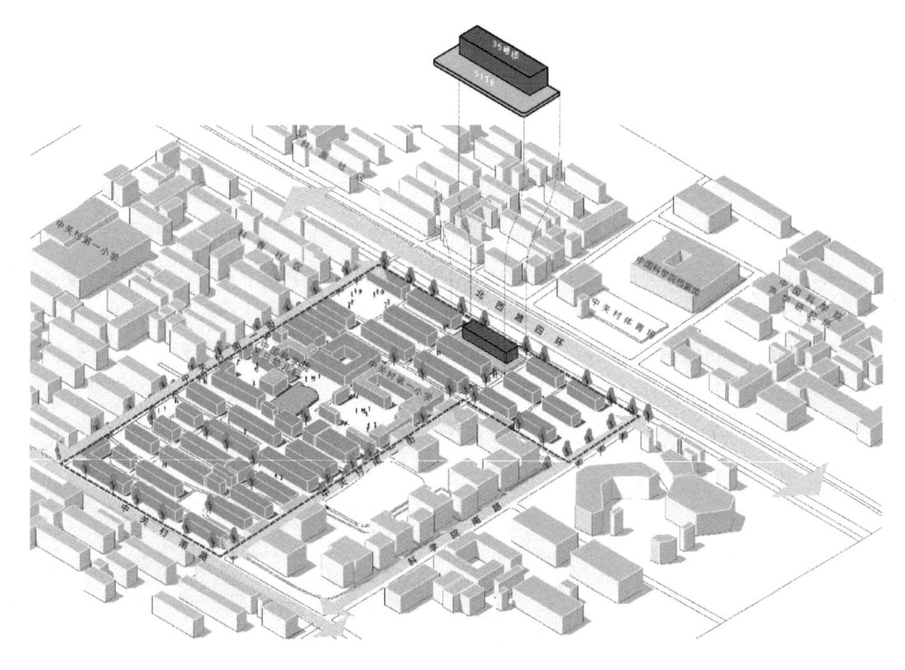

图1　育园区位图

2　前期调研

育园为社区的楼间公共绿地，属于业主集体共有。选址在此原因如下。

1　自然之友·盖娅设计工作室创始人，首席设计师。

① 该小区是一个近60年的老旧小区，拆迁动员十几年未拆动，缺乏有活力的公共空间，社区有多处私搭乱建的临时房屋，多处卫生死角清理不到位，居民对社区老旧环境不甚满意。

② 育园是社区楼间的一块废弃边角地（图2）。场地中有三处临时彩钢房，这些棚屋将场地划分成南北两块。南侧荒地是居民临时停车空间，地面土壤裸露、干硬，下雨时泥泞；北侧荒地是社区的卫生死角区域，由于被铁门锁着，多年来鲜少有人进入，逐步堆积起各类杂物，垃圾遍地、杂草丛生，蚊虫、恶臭等问题让周围住户大为头疼，社区居民都避开此地绕道而行（图3）。

③ 育园场地的脏乱差及无人管理的状况造成了社区居民生活的不便，不利于社区和谐发展，成为社区居委会和居民迫切要解决的社区问题。

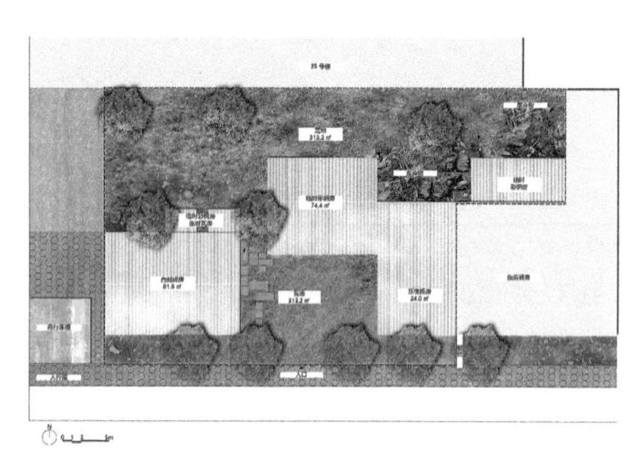

图2　育园原状平面图

图3　育园旧况拼贴图

3　方案制定

项目启动之初中关村街道与社区花园专业设计机构盖娅设计达成协力合作，盖娅设计与街道、居委会、居民共同建立了内部沟通议事平台：线上为“科育社区营造志愿者群”，线下为“社区花园营造维护小组”，打破信息壁垒，起到各方之间沟通信息同步共享、参事议事流畅的作用。初期盖娅设计团队对场地进行调研及测绘、与居委会沟通了解场地基础信息、策划社区花园营造流程；举办针对中关村街道社区干部的社区花园营造培训，培养社区营造人才及共识社区花园的理念；组织社区居民举办社区绿地图（Green Map）工作坊（图4），以绘制绿色地图的方式帮助社区居民认识和描绘本地区的人文和生态环境，共同发现社区身边的绿元素，发现身边平凡的精彩，有助于提升社区居民“大处思考，

图4　育园前期设计工作

小处行动”的参与意识和对社区的关心度，增强社区凝聚力。

盖娅设计以“人人都是设计师”“在地使用者为设计主体”的理念在社区开展花园营造工作。组织居委干部、社区积极分子开展参与式设计工作坊（图5），赋予社区居民表达对花园营造诉求、愿景的权利，弥补设计师专业视角在社区生活层面的不足。设计工作坊参与者分儿童、青年人和老人，居民参与式设计过程如下。

图5　育园居民参与式设计过程

开展社区花园营造讲堂。以共学讲堂的形式向居民讲授生态社区规划设计原理及社区花园案例，让居民对生态社区有初步了解，掌握了社区调研观察的方法及营造可持续社区的理念，对破败的场地转化成共建共享的社区花园提升信心。

社区居民参与场地调研。携带场地现状图纸身临其境地感受和观察场地，找出场地优势与问题。优势如下：空间完整，面积较大；花园旁小房子可作配套使用；邻北四环路，交通方便；邻中关村一小，便于学生参与。问题如下：垃圾、蚊虫多，味道大，居民不敢停留；私搭乱建彩钢房，侵占花园面积及影响美观；无人管理，乱停车；土质差，多为建筑垃圾渣土；雨水资源浪费。

参与式设计成果讨论。30位社区居民通过游戏的方式分为4组，分别对场地进行了问题梳理及愿景畅想（图6），通过小组内交流互动、达成共识，并用绘画设计草图的方式将共识成果转化成4个不同的设计方案，作为设计团队的设计依据。

设计方案共识会。盖娅设计将居民对于场地的想象转化为能看得懂的图纸和实体模型（图7～图9）。举办方案共识会，街道、居委会、社区居民共同听取方案汇报并讨论，由于居民提出的温室、树屋为临时建筑，按照城管规定不能建造，故取消。通过讨论，确定了花园名称取自科育社区的“育”字，叫育园，将育园的主要功能定位为可持续的社区共享花园，满足居民日常休闲、开展社区活动、作为自然教育的户外教室。

4　花园营造

盖娅设计倡导“公众参与，共知共行”的价值观。育园的营造过程是一个对价值观探索的过程，团队与居委会、居民、社会力量一起探索以在地使用者为主体全流程参与的社区花园营造。2017—2019年间开展了18场花园设计、营造活动，共计600人次参与，设计、讲解、测量、裁切、组合、安装、种植、收获，花园营造的每一个环节社区居民都深度参与，每一次建造都是一次公民生态行动。育园营造活动提供了学习机会，分享了知识，并使居民实际体验建造过程，在重建社区环境的同时也构建了社区人与人之间的关系网络（图10）。

	共识	红豆组	黄豆组	黑豆组	绿豆组
现状问题	蚊虫多；房屋改造；物资回收利用；废弃窗户保留	蚊虫多；防盗装置不友好且可能存在危险		整体老旧；路面不平整有积水；绿植单一；场地遮荫性差；植物根系发达	排水性能不好，雨天积水，地面泥泞，蚊虫滋生；厕所位置不合理；拆除会产生建筑废料
教育内容	低碳教室；雨水收集；农耕种植；绿屋顶；清洁能源；鸟类救助站	花房、温室；屋顶花园；图书小角；		雨水收集（教室西北角、场地东北角）；绿屋顶；鱼池	透明水槽培养；科普；雨水花园；树上鸟窝
入口设置	重视，仪式感；体现精神，宣传；聚会（社区会客厅）；无障碍；趣味	栅栏、门	西面、南面共两个入口，仪式感；道路通达；遮风挡雨的棚架	南面、西侧入口仅通往菜园；无障碍，游览路线环路	南面入口；阶梯花架，下置长椅；标识牌
植物配置	遮荫；驱蚊；蔬果；果树	植物搭配种植以驱逐蚊虫；植株排布注意通风，慎选带刺植物果树	爬山虎；海棠，石榴树，桃树，柿子，蓝莓；月季，丁香，茉莉；藤三七，薄荷，豆类，油菜花	遮荫乔木；西侧种植花草水果，展厅附近种植葡萄架；北面种植向日葵	东北部较为荫蔽，种植阴生植物；堆肥池旁边种植香气植物；螺旋花园；温室蘑菇
地面铺装	生态、透水、鹅卵石道（适合老人）、木皮小桥等丰富趣味		石子路，小拱桥，梅花桩等各种形式		鹅卵石（按摩脚底）；现场废弃砖石再利用
水处理	雨水收集		管道雨水收集；自然雨水收集、池塘（收集、动物、植物）		用水系划分东西走向，透明可视水槽收集雨水，种植净水、水培系统
游乐	攀爬（空中走廊）、树屋、秋千、滑梯、弹跳、儿童休憩、秘密空间、沙池（自然式围合）		需要有遮荫、休息空间（凉亭等）、树屋		树之间安置秋千；东南角树荫下设置座椅
特殊使用者	无障碍	无障碍	无障碍；老人儿童		
建筑	种子仓库（展示）；料理台；温室花房（咖啡房）；垃圾分类；大教室作聚会用；生态厕所；堆肥箱；彩绘、宣传墙	低碳教室；玻璃花房；生态厕所；冷餐厨房（简单加热）	彩绘、宣传墙；生态厕所；堆肥池（放在入口附近便于居民送来厨余或放置厕所旁）；宽敞通透的活动室（彩绘、园艺展、品尝会、生日会）	小教室打通，可穿行，工具、种子库房；各屋与外界保持视线通透；堆肥池放菜池旁边或中部，远离居民楼	东部温室；东北厕所；垃圾分类；墙壁彩绘

图6　育园居民需求整理

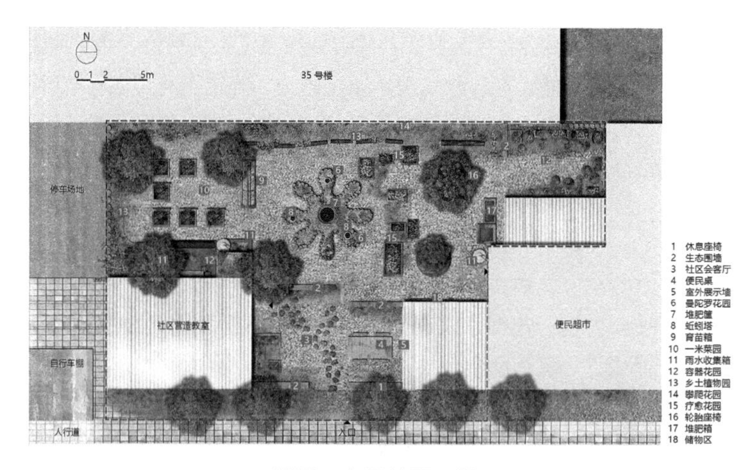

图7　育园总平面图

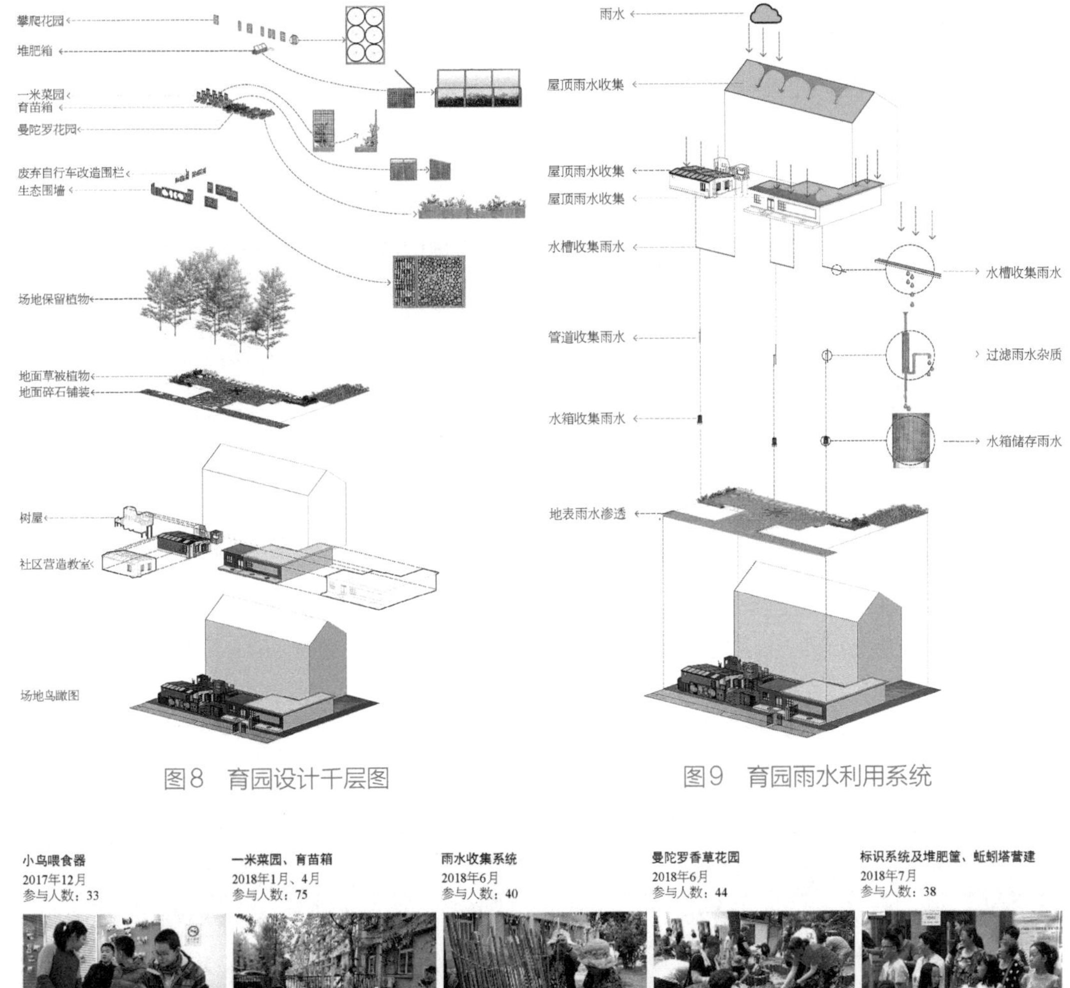

图8　育园设计千层图

图9　育园雨水利用系统

图10　育园参与式营造过程

5　花园的激活和运营

育园营造进入第3年，参与育园营造的众多社区居民志愿者当中涌现出了一批花园营造积极爱好者，组成了花园维护自治小组，每日排班3位志愿者进行植物养护，有专人负责厨余堆肥箱的管理；居委会有工作人员负责花园营造后勤保障及资源对接，给运营维护志愿者解决了后顾之忧；社区邀请专家开展园艺课堂，对植物的种植、养护进行培训，目前形成了居委会、居民、专家三方良性互动的状态。社区居民出现自发营造现象说明居民掌握了营造花园的基本知识，同时通过活动赋予了居民可以自发营造的权利，体现了营造即维护的理念。育园附近中关村一小的学生把育园作为自然观察、教育的基地，利用课余时间来照料、观察花园，还将营造过程写成剧本进行演出，增强了学校与社区之间的互动联系。育园的价值在于提供了居民参与互助学习的平台，营造了一个“环境美了，人心近了”的社区氛围（图11）。

6　总结思考

常常有人发问：什么是社区花园？社区中那么多的花园绿地是不是社区花园呢？它们之间有什么区别？社区花园也许在专业界已经有了明确的定义，但盖娅设计通过育园的营造有几点感受：第一，社区花园的设计营造是公众参与的，是社区自主营建的，主体性、主动性在社区。第二，社区花园是为人服务的，所有的行动应该紧密围绕社区空间中的人来进行策划、实施，凝心聚力是根本。第三，社区花园是具有启智教育功能的，包括自然生态教育、永续生活教育、认知生命教育。第四，社区花园是具有公民性的，是解决当下社会问题的具体体现，是构建社会网络的重要一环（图12）。

图11　育园日常管理与维护

图12　育园的幸福时刻

社会转型中社造教学的设计在场——塘桥社区微更新工作坊纪实

徐磊青[1]　言　语[2]

1　项目背景

塘桥金浦小区入口广场是“行走上海”社区微更新2016年开启推行时的启动试点，也是试点发出后报名竞标的设计团队最多的一个项目所在地。社区微更新作为自上而下发动，意在上下结合的基层自治建设，有其突破性意义，但也在一开始就被定下了自上而下为主的基调。在最初所申报的11个微更新试点项目中，组成成分上有居民自愿提出的，也有政府作为试点要求的，塘桥属于后者。该项目处于小区入口一内向型广场，包括菜场、药店等社区商业，与小学、慈善商店、升旗台（活动时作为舞台）等多个功能区相交叉。项目发起方为上海市规划和自然资源局及其下属的上海城市公共空间设计促进中心。项目于4月份推出并公布，要求参加竞标的团队于6月份汇报，并需要在11月份建成。

这种显然异于中国台湾与日本社造动辄上十年的进度安排，成为早期整个微更新作为一项公共服务外包的缩影。参赛团队有十余个，包括最后中标团队的徐磊青教授领衔的408研究小组与其合作方，即包含同济大学刘悦来老师领衔的四叶草堂在内。而教学团队所属课程的短期性质也需要快速找到社会空间的症结所在并马上切入社群中开展社会工作，并不能在物质环境空间中做过多图板式的蓝图推演。作为社区自治转型时间节点中的首发项目，这既是机会也是挑战。从最后的方案评选情况看，囿于物质空间的方案都无法获得好评。但转型之中对社造项目的过度加速却也是事实，这里必须要指出反思之处，借此引出其一系列存在问题。

2　存在问题

如图1、图2所绘社区广场的现状分析完全脱离平面绘制并诉诸人情脉络与多功能混杂于密集人流，使得场地既存在一系列基于社区内部自愿秩序的自组织协调，又存在包括停车矛盾的居民意见冲突。如果把社区营造当作社区培力（Community Empowerment）来看，建构主体性本身就存在统一战线与相应的解决矛盾的问题，来积极匹配这种社区自发状态。这种“上下结合”的方式有其好处，比如因为政府推动而相对积极的基层干部支持与动员、相应的宣传等，但仅限于一些社区居委会常客，或者原本就较为热心的“社区能人”。而时下同时进行的自上而下的拆违执行带来的不信任感，使得社区中某些族群的身份认同的边缘感被放大。譬如，广场上以自愿秩序存在的小商贩本来就有“被代表”的风险，但因为拆违问题导致对“社区营造”的极度不信任与不配合，便无法推进作为广场使用者的边缘人群加入这一实质上的“会员制”空间建造。那么，到底是从资产所有者的角度参照社区的附属性来凸显社区居民的意见，还是从广场使用者的角度践行作为公共空间理应不排斥任何人的特质，从

1　同济大学建筑与城市规划学院建筑系教授，408研究小组发起人。
2　同济大学建筑与城市规划学院建筑系博士生。

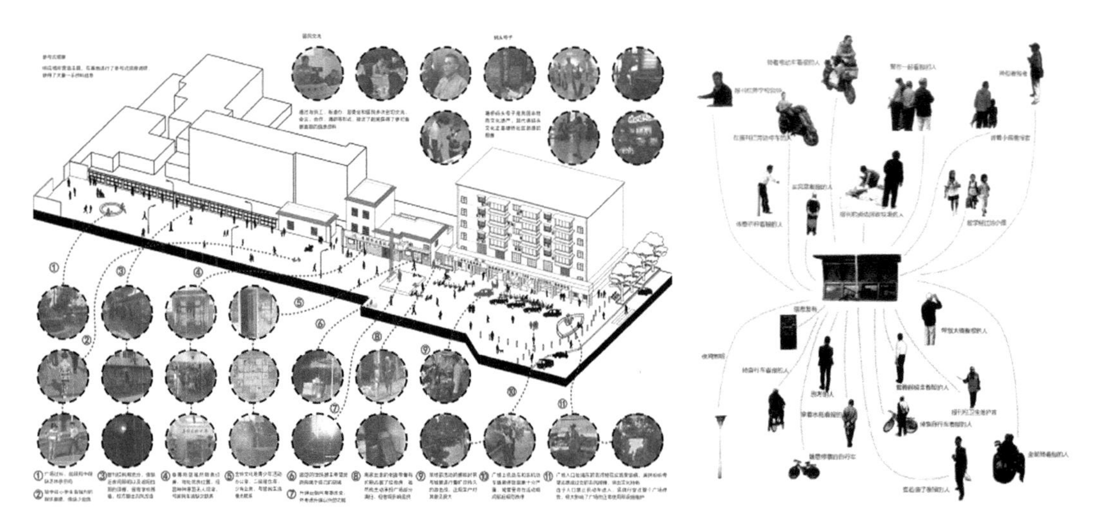

图1　社区广场概况–轴测图

图2　塘桥社区广场街道家具之间的联系

一开始就被其他自上而下的运动所波及。从前期调研开始，这部分人群就极其淡漠。短时间内大量调研工作集中推进其实也掩盖不了集结本科学生将方案快速成型的遗憾。这次的回顾应该说是成为一次如何在短时间保持设计在场的审慎，也是一次建筑设计教学专业上的反思。下文将节略提到过程中若干关键实践问题。

3　项目过程

3.1　参与式观察&行为学调研

一般情况下前期课程每周上三次，一次是在学校，一次是在现场和居民一起开会讨论，一次是学生自己前往基地有针对性地观察、采访与记录。前期工作量非常大，问题从无到有再到筛选、调和，学生如构想的那样，从无所事事的恍惚状态到有针对性能命中一些问题，并和居民展开对话，大概花费了3周的时间。这其中对学生的激励十分重要，鼓励学生深入居民生活进行参与式观察废了不少周章。例如，许多人譬如小贩等基地相关使用者对微更新持排斥态度，且很反感别人将他们作为调研对象。这对于许多人类学、社会学学生来说是最基本的技能，但对多数尚在象牙塔中玩味空间的建筑学学生来说，这对他们的情商、策略和信心来说都是极大的考验。鼓励学生和居民打成一片，并去体验他们的生活。

慢慢地许多学生会有目的地跟人靠近，从一些边缘话题开场，或者直接去买受访者售卖的一些东西。这些在地知识构成了学生们对场地的分析与印象，关键的承载物是生活和具体的人，而不是传统距离式观察得到的想当然的分析图。学生们和居民慢慢地建立联结和对话渠道，有互相留下联系方式的，也有乐于合影的，居民都知道有一群热心的建筑学学生耕耘在田野并倾听他们的生活。不过，很明显可以看到，学生中性格较为积极乐观者较容易进入状态，而相对被动、安静的学生容易吃亏，身为教学者亦身体力行地加入调研中对学生进行引领与指导。

3.2　居民代表会议

开会并不是想象中那么简单的事情，不然不会有《罗伯特议事规则》这样一本开会技术书籍问世。尤其在居民建议和设计构想不太相符的情况下更是如此，议题很容易随着讨论的进行失焦，但矛盾总能把话题带回来，虽然也不能马上解决。总的来说，学生在调研中发现的问题已部分得到了解释，但另一部分则以矛盾的方式出现，即居民自己的意见并不是很统一，例如停车问题。

两次居民代表会议，一次街道办访问会议，被代表的程度不同，相同的议题浮现不同的结果是很正常的事。学生们在居民之间因需求不同造成的矛盾中很容易左右摇摆而迷失。这时候提示与鼓励学生相信自己的设计对环境的良性改变，即从“破窗效应”开始的改变最后肯定会有它自己的意义，与此同时又客观地利用居民的意见形成自己设计的依据。景观模型现场交互，给广场使用者主体汇报，中期汇报直接选择在项目现场进行，这是化解居民代表会议中使用者主体不能完全被代表的一个好方法。因为使用者主体的最佳定义便是路过广场和使用广场的社区居民。“摆摊”行动共进行了两次，与他们正面交锋。广场上的人群向模型和同学们聚集的时候成了新的景观，又再次吸引新的路过的好奇的居民参与对场地的讨论中来。

3.3　发起投票，选出最佳方案

给所有参与中期现场景观模型汇报的居民发贴纸用来给每个改造方案投票。居民可以选择他们最喜欢的某个广场中的改造项目，也可以明确地直接把贴纸贴在某个项目喜欢的部分上。这个过程中产生了许多改造建议，都被学生记录在竖在一旁的居民意见栏上。甚至，有些居民直接把意见贴在我们这轮用以现场交互的图纸上（图3）。

图3　在塘桥社区广场升旗台举办参与式设计互动投票

3.4　场所实验：文化衫售卖与涂鸦

鼓励学生从运营和场所感的角度出发，对各自的项目进行设计与验证。可惜时间有限，只完成了其中一个场所实验，即针对广场上既存的慈善商店改造效果的测试，以慈善集市的状态来完成。

学生毛遂自荐自己设计了宣传手册，并积极游说慈善商店参加改造。其中慈善商店改造的关键原因是其在销售上的惨淡业绩——这并不是孤例，而是全国几乎所有慈善商店都处在这样的冷清状态中：积压的货物已经快起灰，封闭的界面拒人入内，财政状况和接济效率惨淡。学生们提出主要是售卖空间和售卖方式的问题，并认为将慈善商品跨越封闭的界面拿出来卖一定可以完成销售上的逆转，再加上纪念品的搭配销售，一定可以扭转整体的颓势。为此还特地设计了塘桥文化衫进行义卖：先靠文化衫涂鸦吸引小朋友们的注意，并让他们自己完成作品，吸引大量小朋友和家长聚集。人气提升后许多居民便开始支持义卖活动了。最后将所得的钱款捐献给了慈善商店。慈善商店的工作人员从开始的不理解、不关心到参与并且帮忙卖东西，也给了团队极大的信心（图4、图5）。

图4　学生与社区能人进一步交流

图5　场所营造中的活动策略与媒介策略

4 总结思考

在与居民的交流过程中，部分居民对此事深表怀疑，对居民素质表示不信任，对公共事务的热心裹挟在一种身份认同中，对城市化发展阶段的中国国情表示无奈。对此，刘悦来老师可能深有体会，其四叶草堂的疗愈花园主打社区居民合作、自主种植活动，初期投入的花苗与营养土在一开始时经历了被一些居民"拿"走的尴尬，但通过一系列活动的组织，最终居民还是共同养护好了疗愈花园，甚至还有居民自发维修小花园的设施，并有小学生认领其中的植物定期照顾，事态正往好的一面发展。小小的疗愈花园用最小的建构代价，完成了恐怕许多实体操作所不能营造和参与的主体性、良好环境感知和社会效益。

举个例子，小贩的问题恐怕是中国具有普遍性意义的社会矛盾，它在塘桥也存在并有一定历史了。作为有人文主义倾向的城市研究者，希望能够找到恰当与柔和的方式处理都市流动性问题，但在最近的行动中大部分小贩被逐步清理。与流动商贩同时存在的还有菜场的停车问题与街边摆卖问题。团队深有感受地在社区广场上与居民讨论这个问题时发现都难以说服对方。流动性问题在发达国家有诸多解决之道，例如分时段摆卖、对摆卖的内容作出限制、限定摆卖范围（同停车问题）、加强卫生管理甚至分包卫生区域。金浦小区对流动商贩与停车等的管理问题特别支持，并认为如果能够形成试点，对全国的社区治理会有借鉴意义。他们表示愿意就此事提供加强管理的执行力度并为各方沟通。

讽刺的是，相对于全体论教学的概念，在从前的教学体系中"全过程设计"似乎是高校建筑专业中开设的施工图设计课程。那么从"全过程"到"全体论"还有相当距离的一段路程要走，这段路程便是工具理性到回归人性与多元主体需求的阵痛。

如此一来，教学的任务量实际上比传统教学大多了，因为增加了许多调研与分析的工作量。很多时候社会向度的设计结果不那么尽人意的原因就是因为时间分配不均衡。团队的精力曾一度尽量放在注重整体与局部的关系上，保证学生不会失焦或者跑题，并确保进度。但深知8周课程的局限，恐怕重点还是在前期分析、场所实验和设计生成上，好在设计最终中标使得设计课程在实际意义上大大延长，学生终可以同时完成"全体论"的教学任务和"全过程"的设计任务。

学生们也在一种远离舒适区的环境下突破工作对象与工作路径的调整。通过参加刘悦来老师的四叶草堂所举办的疗愈花园系列活动，更多地进一步接触了社区营造作为一种应当让参与先于设计，设计应当帮助参与的"参与的自主性"可能，并知道设计师在其中的定位与作用及其发挥空间。就像疗愈花园带给社区的绿意与善意一般，社区修复设计总比直接拍脑袋做设计难，难在对人性的把握和忍耐上，但却是值得的。我们在乎的是，一旦社群之间的良性氛围和社区自主力量形成，公共空间设计之后的社群是否仍然能以此为基础获得空间上的支持，这些可持续的在地力量是否会保证社区的再发展。

当公园遇上菜园——社区园圃与都市公园在西雅图的蜕变

侯志仁（Jeffrey Hou）[1]

随着对粮食安全以及环境永续议题的重视，都市农耕近年来已成为一股世界性的潮流。都市农园、屋顶菜园与社区园圃如雨后春笋般在世界各地城市的各个角落出现。过去一直被视为是临时甚至是非法行为的菜园，一时之间成为炙热的城市运动。

都市园圃的出现正在改变着都市绿地的角色与意涵。在北美洲，社区园圃不仅让城市居民有机会种菜，也在耕作的过程中拉近社区居民之间的距离。在都市园圃已有一段历史的欧洲，近年来也有更多有趣的案例出现，代表了城市地景由下而上的再利用。

瑞典的斯德哥尔摩市就有一个精彩的案例，市中心一条荒废的铁道在几年前被市民申请转变为铁道园圃，原本跑的是一列列火车的铁道，现在则摆着一排排种着新鲜蔬菜的木箱（图1）。在柏林，冷战时期担负着重要运送物资任务的腾普霍夫（Tempelhof）机场，经停用多年后，近年来被实验成为大型都市开放空间，而旧机场内最热门的先驱实验点之一就是一处充满田园意境的都市园圃，这些地点不仅是种菜而已，也是市民休闲的去处，同时也肩负户外环境教育的功能（图2）。

图1 斯德哥尔摩市铁道园圃

图2 柏林腾普霍夫（Tempelhof）机场一角的市民园圃

东亚城市这几年也不输于欧美。新加坡在2005年正式推动社区园圃的政策后，3年内就有240个园圃与团体相继成立。从2010年开始韩国首尔甚至将自己定位为“世界都市农耕首都”，并与民间团体合作，推出一系列的策略性方案。原本在汉江上作为歌剧院预定地的鹭德岛（Nodeul Island），在计划

1 美国华盛顿大学景观建筑系教授，环太平洋社区设计网络发起人。

停滞后，摇身一变，成为一大片绿油油的市民农园（图3）。除此之外，首尔市政府计划将投入六十五亿韩元，将全市百分之一的土地改造成城市园圃。在中国台北，柯文哲市长上任后也正式推出“田园城市”的政策，虽然起步较晚，但短时间也有不少的案例出现，包括社区与学校的园圃（图4）。

图3 韩国首尔鹭德岛上的公共农场，远眺着韩国第一高楼六三大厦

图4 我国台北市民生社区里废弃的空军眷村被改建成社区园圃

1 菜园用地哪里来?

从欧美到东亚，都市园圃正催化着都市地景的革命性转变。但在都市农耕与市民园圃成为潮流的同时，一些过去都市园圃所经常遭遇的问题也逐渐凸显出来，其中最常见的问题就是用地的取得。

在北美，由于社区园圃长期以来被视为是临时性的使用，而且多半散落在开发停滞的土地，因此等开发的脚步一来，园圃就经常被拆除或迫迁。在纽约市，为数庞大的社区园圃所在的市有地差一点在20世纪90年代末期被市政府标售，所幸有民间团体的介入，才得以通过土地信托的方式保留下来。但在洛杉矶，占地5.9万m^2、共有360户家庭经营的南中央农场（South Central Farm），其下场就没有如此幸运。尽管有国际的串联以及好莱坞影星的加持，土地最后还是被市政府取回转作其他用途。

类似的案例在北美各地层出不穷，在加拿大温哥华市中心也有一处铁道园圃，在经过市民多年的经营后铁路公司却计划将土地收回，虽然有市民的积极争取与市政府的介入，最后仍协调失败，市民心血的结晶在推土机下变成一堆废土。

有了这些经验之后，土地的取得一直是社区园圃倡议者所努力的目标。相对于随时可能被取回作开发的住宅与商业用地，既有的法定公园绿地与开放空间被视为是设置市民园圃最有保障的地点。而市民园圃的融入也催化着公园绿地在规划、设计与管理上的转变。美国“公共土地信托组织（Trust for Public Land）”的前任执行长彼得·哈尼克（Peter Harnik），在他的《城市绿地》一书中就提道：“在公园里设置社区园圃，虽然在整体上没有增加城市公园用地的面积，但社区园圃可以让公园的使用更为频繁，也有助于改善公园的空间。”

在西雅图近年新开发的公园中就有许多这类案例。现在就来看西雅图的公园案例里有哪些具体的转变，这些转变如何通过个案与政策的推动而形成，以及持续的课题与挑战。

2 西雅图的社区园圃

都市农耕在西雅图有一段长久的历史。在20世纪30年代美国经济大萧条时期，面临失业与粮食不足，当时相关单位把机场空地释放出来让民众耕作。数年后，在二次大战时期为确保粮食的供应，也有学校提供校地出来让民众耕作的案例。但随着经济的复苏与战争的结束，这些临时性的措施也就风消云散，没有再持续下去。也因此，跟其他北美洲的城市一样都市农耕在西雅图一直被视为暂时性的土地使用，而非永久性的都市景观。

这个观点一直到20世纪70年代随着新一波社区园圃的出现与正式化，才开始有了初步的转变。但直到20世纪90年代晚期才有社区园圃完全融入公园，以及与公园一并规划设计的案例。甚至直到最近，公园管理单位仍习惯性地排斥在公园里设置菜园这件事，其中最大的障碍就是耕作这件事一直被视为是私人的用途，与公园作为公共使用的性质格格不入。

在西雅图，早期的园圃大多位于城市角落的畸零地，有的设于高压电塔下的公有地（图5），也有的设在垃圾掩埋场上（图6），要不然就是坡度太陡的用地。即使是设在公园用地，也仅作单一使用，除了单元化的菜圃与工作空间外没有太多其他的设施或设计。这个现象一直到20世纪90年代晚期才有转变，而关键点之一就是布莱德纳园圃公园（Bradner Gardens Park）的设立。

图5　西雅图市区早期高压湾际电塔下的社区园圃

图6　西雅图早年盖在垃圾掩埋场上的社区园圃（Interbay P-Patch）

布莱德纳园圃公园的前身就是一处社区园圃，该区块虽然在土地使用分区上一直就是公园用地，但一直没被开发成正式的公园。20世纪90年代中期，西雅图高科技产业急速成长、地价飙涨，市政府看上了这块拥有市中心天际线视野、却又未开发的公园用地，意图把它标售给建商。

眼见辛苦多年经营的菜园要被收回，社区居民与园友们及时组织起来，并与西雅图其他开放空间相关团体与环境组织进行串联、联署，最后成功游说了市议员，在议会中通过一项法案，规定市政府若要出售公园用地必须在该社区范围内提供等值的公园用地作为补偿。该法案通过之后，有效地抑止了市政府出售该用地的计划，后来也成功阻止了相关的案例。

社区团体的策略保护了原本的菜园，除此之外，在阻止该标售案的同时，园圃保护团体也向市府其他单位申请公园规划与设计的补助，发展替代方案。在取得经费后，有了景观建筑团队的支持，社区团体与其他专业团体提出整合型公园设计，其中不仅融入了原有的菜圃，也结合了不同专业团体认养的示范型园圃、观赏型的花园、湿地，以及弹性使用的草坪、儿童游戏场、会议室、工具间、储藏空间等，甚至还有篮球场。这些不同的元素经由一个农场的设计主题串联起来：儿童游戏场的游戏器具以农具为主题，废弃的农具成为围墙的装饰品，还有一具从 eBay 上买来的美国乡间农场常见的风车，负责将收集的雨水打到高处用来储水灌溉。

兴建好的布莱德纳园圃公园里还有许多社区艺术家的创作，包括水龙头的装饰、稻草人，还有一处被选为西雅图最华丽的公共厕所，厕所的墙面由社区艺术家以精彩的马赛克作为装饰，色彩鲜艳的马赛克设计改变了一般人对公厕的印象。这些有趣的设计也转变了一般人对公园里设置菜园的刻板想象，即公园与菜园不必要是对立的个体，而是可以成为互补、兼容的开放空间，兼顾休闲、农耕、环境教育与社造的功能（图7 ～图10）。

图7　可以眺望西雅图市中心天际线的布莱德纳园圃公园

图8　废弃的农具成了社区艺术家创作的素材

图9　儿童园圃里的稻草人

图10　拥有华丽马赛克创作的公园厕所

3　从个案到政策

在西雅图，近年来公园遇上菜园的现象不只是因为有类似布莱德纳园圃公园这样的个案，还包括近年来市政府与市议会在社区园圃、公园绿地与都市农耕上的一系列政策与措施。

其中最重要的首推2008年市议会所通过的“在地粮食行动方案（Local Food Action Initiatives）”。

该决议提供了市政府施政的指导方针，也包含了几项具体的措施，包括成立区域性粮食政策委员会、在市政府内成立跨部门的粮食系统工作小组、在“西雅图绿色因素制度（Green Factor）”中加入粮食生产的奖励措施、容积转移适用于提供西雅图农民市集蔬果的农场以保护这些农场、在土地使用分区法则中纳入社区园圃、城市农业、农民市集与中小型杂货店等使用分类、协助社区将粮食规划纳入社区规划的程序中，以及提供奖励与协助使社区商店提供健康食品。此外，该决议指定将原有2.8万m^2的市营苗圃转变为都市农场与湿地。这项决议通过之后，市政府也拟定了一项“粮食行动计划（Food Action Plan）”作为执行的依据。

除了上述的成果外，“在地粮食行动方案”中指定在新的“公园与绿地特别税（Parks and Green Spaces Levy）”中增加200万美元经费，设置更多的社区园圃。200万美元听起来是一笔不小的经费，但因为近年来西雅图的地价飙涨，若拿来购买土地则顶多可以增加一两处的园圃，或可能还不够。于是 P-Patch 社区园圃计划就打上了公园的主意，他们表示若可以在既有或新有的公园里融入社区园圃的设置，这笔经费就可以用在刀刃上，从事园圃实际开发，而不必用来添购土地。后来他们真的朝这个方向努力，用200万美元的经费一口气在6年间增加20处新的社区园圃，即增加原本园圃数量的27%左右。接下来，如何在这些公园里成功地融入菜园的设计与管理就成了一项重要的课题。

西雅图的“公园与绿地特别税”本身也是一项具有突破性、值得参考的措施。由于郊区化的过程以及政治文化的因素，美国城市在财政上普遍面临收入短缺的窘境，无法有足够的经费来开辟新的公园绿地，甚至进行原有公园绿地的维护与管理就已经相当吃力。因此许多城市选择与民间团体甚至企业合作，以民间募款或公共部门委托民间团体管理的方式来兴建或管理公园绿地。纽约的中央公园与高线公园（High Line Park）及芝加哥的千禧公园就是最显著的例子。但这些做法也经常引起争议，特别是针对公共资源的私有化、缺乏市民监督的机制等议题。

在这个脉络下，西雅图的“公园与绿地特别税”代表了另一种较为进步的做法。它是由市民团体通过创制复决权主动提案，再经过公民投票通过的法案，规定在一定期限内增加房屋税的税额，增加的税收将用于公园与绿地的用地取得、开发与维护管理。在法案的拟定过程中，通过多场的公听会来收集不同市民与社区团体的意见，最后归纳并提出整合的版本，交由市民公投。由于需要通过公投的门槛，它在法案里需要兼顾不同社区的需求与公益性。此外在制度上还设有一个市民监督委员会，负责监督经费的使用。

由于都市农耕在法案推动时已经是西雅图市民所关心的议题，因此将社区园圃纳入公园特别税的提案很快就获得各界的支持。这一笔庞大的经费（一亿四千六百万美元）也使得全市各个角落有许多新公园设立，在新公园的规划与设计过程中社区园圃不断被社区居民提出来，要求纳入新公园的规划设计里。也因此除了上游的政策配套外，西雅图公园的“菜园化”也反映了由下而上、草根的民意。而这个制度设计的基础就是“公园与绿地特别税”。

在西雅图这新一波公园与菜园整合性设计的案例中，位于首都丘（Capital Hill）社区的顶坡公园是我认为最精彩、也最具代表性的公益项目。首都丘在西雅图算是个密度相当高的社区，公园所在地的前身是一处地面停车场，该地块在上一轮的公园特别税中被公园局买下来，准备开辟成为公园。

在西雅图，公园绿地的规划设计依规定必须至少有三次社区公听会，若遇到历史保存区或是重要的开发案，则还有其他的审议程序。通常第一次公听会除了对社区提出说明外，就是聆听并收集居民的意见。第二次则是提出不同的初步替选方案，收集进一步的意见回去整合后，第三次再提出整合性的方案。过程中，比较积极的社区也会主动向公园局与设计团队提出建议、进行协商。

在顶坡公园第一轮的公听会中社区园圃的需求就被居民提出来，由于基地附近大多是公寓大

图11　公园与菜园融合为一体的西雅图顶坡公园

图12　公园与菜园共享的走道让公园的使用者也可以欣赏菜园的植物

楼，社区园圃因此成为一项重要的需求。当然，不同的居民也有不同的意见，甚至还有溜滑板的团体要求在公园里提供溜滑板的设施。不过顶坡公园的用地实在太小了，在仅有约850 m^2的基地范围里，若要依据居民的意见将公园用地依据不同需求切割成不同的区块，则空间明显不足。于是该案的设计团队Mithun想出了一个将公园空间与社区园圃完全融合的方式（图11）。

有异于一般将公园空间与园圃空间分开处理的做法，在顶坡公园的案例里，园圃区块与草坪、桌椅等公园空间元素交错在一起，并且享用共同的走道，一方面节省了空间，另一方面走道的设计也有效地将原本性质不同的空间连接在一起。坐在草坪上看书、交谈、晒太阳的群众，伴随着在菜圃里工作的园友，形成一幅有趣的画面。Mithun的景观设计师也很有技巧地在公园的一角融入溜滑板的设计，响应了滑板爱好者的需求，也解决了不同活动之间可能产生的冲突，使麻雀虽小的社区公园得以五脏俱全（图12～图14）。

图13　公园顶端的户外大型桌椅是一处共享空间

图14　巧妙地将溜滑板设施融入于公园中

顶坡公园除了专业者的设计之外，当初公园的规划还留了一栋工具储藏室让园友们自行设计与施工。为了鼓励园友之间互助与落实共管精神，西雅图P-Patch 社区园圃计划特别鼓励园友们自行设计并一起动手打造园圃里的设施。这个做法与一般公园设计营造过程有很大的差别，但经过多年与社区园圃计划的合作后，西雅图公园与休闲局也逐渐认同这项做法，通过实际的参与来营造社区对开放空间的认同感与归属感。

顶坡公园的设计其实还没有结束，在规划阶段设计团队就预留了伏笔。由于公园面积有限，他们把脑筋动到环绕公园两侧的人行道上。社区团体与公园局合作，日前申请到预算，预备改善人行道，在视觉与动线上将人行道整合成为公园的一部分，并在上面种果树。

4 公园菜园化、菜园公园化

在西雅图负责公园管理的公园与休闲局并不是一开始就认同在公园里设置菜园这件事。但经过长时间的沟通与磨合，他们也逐渐认识到社区园圃的重要性与特质。但不可否认，公园经费的短缺也是一项诱因，园圃的自行管理与维护节省了公园管理单位一笔不小的经费，园友的日常性使用与维护也使得公园更有人气，改善了公园的治安与环境整洁问题。此外，社区居民自发性提出设置社区园圃的构想也是催化公园相关单位态度与观念转变的一个重要因素。如今，公园局不但经常主动地向社区园圃计划请求协助，公园维护团队也经常协助园友们解决平常可能遇到的问题。

经过多年的磨合，反过来P-Patch社区园圃计划也开始对园圃的公益性与社会功能更加注重。在参与公园的规划设计过程中他们认知到专业团队参与的重要性，专业者不仅提供了技术上的协助，也有助于整合社区经常分歧的意见，通过设计化解原本可能有冲突的使用。这一点在顶坡公园的案例中特别显著。

在西雅图不断有社区园圃出现于公园的同时，这几年也有社区园圃日渐公园化的趋势。巴尔顿街园圃（Barton Street P-Patch）就是一个有趣的例子。

巴尔顿街园圃是西雅图新一波的社区园圃之一，在设置的初期有了专业团队Barkers Landscape Architects（简称Barkers LA）的协助，而Barkers LA也就是当年协助布莱德纳园圃公园规划的团队，所以对社区园圃的议题相当有经验。巴尔顿街园圃在规划过程中遇到的难题之一就是基地正中央刚好有个大树，这颗白桦树长得又高又美，对未来的菜圃来说却可能遮住了菜圃的日照。但经过设计团队与园友的讨论，后来还是决定将它留住，并利用大树将周围设计成可以举办活动的场所，让园圃除了种菜之外还可以成为社区办活动的场所。如今，宽大的平台已成为平常园友与居民们野餐聊天的地方，让园圃更像一个公共空间（图15）。

图15 高大的白桦树周围成为园圃里的集会与休闲空间

决定留下大树后，Barkers LA提出了不同的菜圃配置方案供园友与居民们挑选。最后一个放射型、蜘蛛网状的配置方案被挑选出来。蜘蛛网状的菜圃配置可能是西雅图唯一的一个，虽然执行难度较高，对一般园圃而言也不见得实用，但在巴尔顿街园圃里这个配置却十分恰当，因为所有的动线都拉回到基地中央的白桦树，动线的交集拉近了园友间的距离与视觉的联系。此外，由于是蜘蛛网状的设计，园友们还特别找来艺术家做了一只大蜘蛛雕塑，藏在菜丛中。栩栩如生的雕塑可能会使不清楚的人吓一大跳（图16）。

图16 栩栩如生的大蜘蛛雕塑

除了蜘蛛雕塑之外，巴尔顿街园圃最大的特色之一就是园圃里大大小小、随意与刻意的艺术创作。从园圃的转角装饰到人像雕塑，这些都是园友创意的写照。这里最值得一提的是，不仅工具储藏室是园友与志工们所打造，事实上施工单位只负责整地与铺设管线，其余的都是园友与志工们亲手完成，也因此充满了个人创意与手工质感。它基本上就是一处居民精心设计、打造出来的社区花园。

除了巴尔顿街园圃外，西雅图近年也冒出许多其他有趣的案例，这些案例的共同点就是他们都来自社区的创意，及加上专业团队的协助。在西雅图西区高点（High Point）社区里的蜜蜂园圃（Bee Garden）就是一个这样的案例。蜜蜂园圃是社区里一位高中生的点子。她为了实现这个想法向市政府邻里局的社区媒合补助金提出计划，获得补助，在建筑师的协助下，设计了一个具有特色又有教育功能的蜂屋，旁边还规划了一处户外教室。色彩鲜艳的蜂屋不仅有养蜂与环境教育的功能，蜜蜂园圃也成了附近居民经常来聚会的场所（图17）。

图17　蜜蜂园圃里的社区聚会

除了新的案例外，一些历史悠久的园圃也开始有新功能的出现。西雅图市中心亚裔历史街区里的胡进培社区花园是西雅图历史最悠久的社区园圃之一，长久以来一直是以年长者为主要使用者。近年来随着社区人口的转变，包括有小孩的家庭越来越多，园圃的管理单位开始尝试设置儿童园圃，让小朋友从小就有接触都市农耕的机会，儿童园圃的旁边设有鸡棚，特别受到小朋友的喜爱。多年下来园圃里也陆续增加了不少新设施，包括一处户外教室，让演讲、音乐会等社区活动可以在园圃里举行。去年刚落成的新设施则是一处社区厨房，这个由华盛顿大学景观建筑系学生规划、建筑系学生设计搭建的社区厨房十分特别，平时是一面可以存放物品的壁柜，打开后壁面往上抬成为遮阳挡雨的屋顶，屋顶下摆起长桌就可以成为社区或园友聚餐的空间，甚至还在这里举办过募款餐会。这些新的设施为胡进培社区花园增添了不少社区多元的使用功能，增加了园圃的开放性与公益性，这就是菜园的公园化。

5　光是设计还不够

除了不同单位多年的磨合与经验的交流互补之外，西雅图案例的成功因素还包括这些案例背后一个绵密的支持网络，这个以不同市民组织与专业团体所组成的网络提供了都市农耕与社区园圃长期发展、推广，以及日常的营运管理所需要的物资、人力与技术支持。

这些组织中有几个值得一提。以推广食用植栽为宗旨的“西雅图耕作（Seattle Tilth）”，就是一个关键的团体。该组织的服务项目包括：成人课程、儿童教育、社区厨房、园圃热线、公益园圃计划、堆肥达人（土壤专家）和景观顾问，另外它还经营了一个肩负职训与领导培育目的的“西雅图青少年园圃工作队（Seattle Youth Garden Works）”。

除了园圃与农耕技术的支持外，食物银行也是一个重要的环节，使社区园圃多了公益与社会的面向。西雅图的许多社区园圃里都有所谓“乐捐园圃（Giving Gardens）”或“食物银行园圃（Food Bank Gardens）”，园友们除了在自己的园圃上耕作外，也会固定在这些共有的园圃上种些菜，捐给当地的食物银行，而食物银行的运作则依赖像“莴苣连（Lettuce Link）”这样的民间组织来负责新鲜蔬菜的收集与储藏，并运送给有需要的弱势家庭。“乐捐园圃”或“食物银行园圃”的设置增加了园圃的公益性，改变了有些人视园圃为私利行为的刻板印象（图18）。

谈到民间组织，与西雅图社区园圃的发展与经营最紧密相关的就是GROW组织，GROW的前身是“P-Patch社区园圃信托（P-Patch Trust）”，而更前身则是“P-Patch社区园圃之友（Friends of P-Patch）”。

这些不同的名称反映了这个组织在西雅图社区园圃发展历程中所扮演的不同角色，从一开始以支持与倡议为主要任务，到后来发展土地信托，意图让园圃的地权可以永久化，直到目前全方位的经营，包括推广提倡、土地取得、人才训练、支持低收入园友、工具与种子分享、财务支持、粮食协助、报刊发行、责任险的担保和财务代理。GROW的全方位经营弥补了官方管理单位人力的不足（西雅图市P-Patch社区园圃计划只有6名全职员工）与体制的限制，形成了良好的分工，让公共部门单位可以专注于他们专长的事务，同样把资源用在刀刃上。

图18　西雅图社区园圃里常见的“乐捐园圃”

除了这些已有多年历史的组织外，西雅图这几年仍不断有新的组织出现，其中一个相当活跃的团体是城市果实（City Fruit）。城市果实一开始只是推广城市果树的采集以及有效地利用，通过课程、实作与技术指导来协助市民做果实的采收、处理与分发给弱势团体。除了街道、公园等地之外，城市果实的志工们也协助私人宅地上果树的种植与采收。近年来城市果实更开始与西雅图公园及休闲局，以及其他单位合作发展伙伴关系，代管了共13处公园、社区园圃与其他绿地上的果树。

这个网络加上市政府内跨部门的合作，提示着公园与菜园整合的过程不但要有跨部门的合作与民众的参与，背后还要有不同民间与专业团体的合作与协助。菜园不是在设计图上把它画进去就好，社区园圃与都市农耕的经营与管理有它独到、与一般公园管理不同的地方。有了完整的体系，公园与菜园的整合才会成功。

6　总结

从一个暂时性的土地使用，到成为当代城市开放空间转型与多元化的推手，社区园圃的成长代表一个对城市开放空间的新思维。公园绿地与开放空间不必要仅是静态、观赏的对象与休闲的空间，它也可以负担起粮食生产任务。此外，通过耕作园圃可以扮演生态与环境教育的功能。另一方面，通过彼此的交流、合作与学习，集体的耕作与劳动也可以拉近市民之间的距离，让公园绿地增加更多的社会价值与功能。

社区园圃与城市公园的整合还在一个起步的阶段，在北美洲除了少数几个城市，大部分仍缺少一套完整的规范与体系。即使在西雅图，公园与菜园的整合仍然面临许多挑战，其中最主要的挑战就是在有限的绿地空间里处理不同公园使用功能所可能产生的冲突，处理这些冲突需要设计者与居民的耐心与智慧。另一个重要的挑战则是园圃的经营与管理，在西雅图幸有公园局与园圃管理单位之间长期的磨合来处理公园与菜园管理经营的差异，在其他城市管理机构的习性与本位主义则有待被克服，在那之后公园与菜园的整合才能有成功的结果。

面对地球气候变迁、环境变化、粮食短缺等议题，都市绿地势必需要扮演更多元的角色。都市绿地不再只是休闲的空间，而需要负担起气候调节、保水、食物生产、教育学习等任务，而都市农耕与社区园圃就是这其中一个重要的环节。虽然都市粮食的生产无法、也不需要完全替代传统的农业生产，而且并非所有的公园绿地都适合接纳或改变成园圃，但整体而言都市农耕的存在与意义已不容被忽视，它的发展将有助于拉近都市与农村的距离，使都市市民更了解并关心农业议题。而社区园圃经营过程所建构出的社会关系也是强化社会韧性（Resilience）与规划设计民主化的一个重要的方法。

虽然都市农耕不一定非得与公园结合不可，而且一般城市里还具有更多其他的可能性，包括屋顶菜园等，但通过以上的案例，我们可以清楚地看出社区园圃与都市农耕在城市公园绿地的发展与演变过程中将可能扮演的革命性角色。公园菜园化与菜园公园化的过程代表的是一个新的环境与社会价值，以及都市地景功能、美学与结构的转变。

参考文献

[1] TAN L H H, NEO H. “Community in Bloom”: local participation of community gardens in urban Singapore [J]. Local Environment, 2009, 14(06), 529–539.

[2] MARE T M, PEÑA D. Insurgent Public Space: Guerrilla Urbanism and the Remaking of Contemporary Cities [M]. London and New York: Routledge, 2010: 241–254.

[3] HARNIK P. Urban Green: Innovative Parks for Resurgent Cities [M]. Washington DC: Island Press, 2010.

[4] HOU J, JOHNSON J M, LAWSON L J. Greening Cities, Growing Communities: Learning from Seattle's Urban Community Gardens [M]. Seattle: University of Washington Press, 2009.

“公”视野下上海社区花园实践探索——以创智农园为例

刘悦来[1]　魏　闽[2]　范浩阳[3]

1　项目背景

创智农园（Knowledge & Innovation Community Garden，以下简称农园）位于上海市杨浦区创智天地园区。创智天地是杨浦知识创新区的公共活动中心、创新服务中心和“三区联动（大学校区、科技园区、公共社区三区融合、联动发展）”示范性标志区（图1），总占地83.9万 m^2，规划总建筑面积100万 m^2，由上海杨浦知识创新区投资发展有限公司和香港瑞安集团共同建设。

图1　创智农园区位图

农园占地面积2 200 m^2，用地性质为街旁绿地。从空间形成而言，是城市开发中的典型隙地，因地下有重要市政管线通过，未得到充分利用，成为临时工棚和闲置地。2016年杨浦科创集团和瑞安集团通过改造再利用，由瑞安集团代建代管，社区组织参与日常运维，农园成为上海市首个位于开放街区中的社区花园。农园是瑞安集团“创新驱动城市可持续发展”的理念在“可持续发展、社区繁荣和人才成长”的企业社会责任方面大胆创新、积极实践的产物。

1　同济大学景观建筑与城市规划学院景观学系学者，同济大学社区花园与社区营造实验中心主任，四叶草堂联合发起人、理事长。
2　四叶草堂联合发起人，副理事长。
3　四叶草堂联合发起人，总干事。

在实施的过程中，关键问题是如何更好地调动社会资源，提升公众参与度。为更好地解决上述问题，迫切需要对社区花园实施中的利益相关者加以研究，厘清社区层面利益相关者各自的供需关系与运行机制，为社区花园的推广和实施提供解决方案，引领社区绿色空间的多元参与，推进社区基层的深度治理。本文主要以农园的运维经验为例，探索参与各方的相互关系，建立政府、企业、社会组织和民众的协作机制，找寻空间景观共治的路径。

2 农园概况与布局

农园呈狭长形，总体布局分为设施服务区、公共活动区、朴门菜园区、一米菜园区、互动园艺区等（图2）。

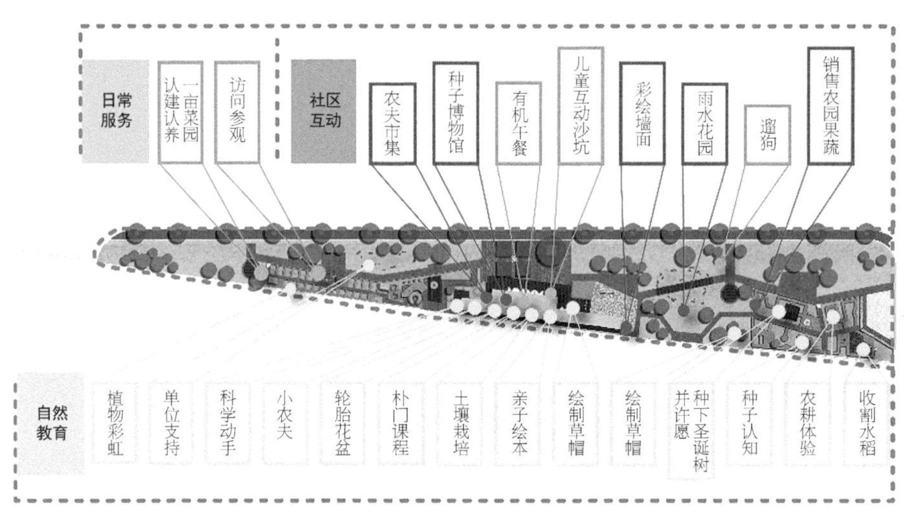

图2 创智农园总体布局

集装箱改造的室内区域（面积约100 m^2）及公共区域（面积约290 m^2）位于农园的中部，两侧为大面积的公共农事区（总面积达1 531 m^2），其中北部朴门菜园区（面积约150 m^2）有贯通南北的小路和休息座椅。在全园范围内设有垃圾分类箱、蚯蚓塔、各类堆肥设施、雨水收集设施、小温室等可持续能量循环设施。

2.1 设施服务区

农园服务的核心空间载体是一组三节集装箱改造而成的移动式建筑，集装箱长边两侧安装了落地窗与玻璃门，外部墙面刷上蓝色油漆，建筑周围一圈留出10 cm宽的凹槽放置鹅卵石，用于集装箱的屋顶排水。室内设有厨房、洗手间、吧台、公共就餐空间，移动式桌椅增加了空间的功能复合性（图3）。

图3 农园设施服务区

咖啡厅、餐厅、厨房：吧台提供简单的茶饮，以有机果茶和咖啡为主，工作日的午餐时间还提供农户现场制作的有机分享午餐。儿童自然教育场地：农园平均每周都会有自然教育活动，室内空间能够进行不超过20对小朋友与家长的教育培训、交流和聊天。会议厅：因为农园内所有桌椅都是可移动的，场地可创造性很大，加之配有投影仪和显示幕布，满足社区交流活动的条件。日常来养护农作物和园艺植物的居民、志愿者、小朋友和家长都是以集装箱为根据地，在室内喝茶聊天，逐渐为农园注入社区邻里文化中心的性质。

2.2　公共活动区

集装箱外侧设置活动广场、儿童沙坑，是室外活动最为集中、利用率最高的公共区，是集自行车停车、农夫市集、教育活动、儿童嬉戏、集散功能于一体的广场。北面边缘展示的主要是苔藓艺术家的作品和厨余垃圾分类设施，也是整个园区可持续理念的展示，旨在通过亲子参与的方式调动社区民众自己动手参与营造和维护的积极性（图4）。

图4　农园公共活动区

2.3　朴门菜园区

朴门菜园区位于设施服务区北侧，是朴门实践的核心区域，由螺旋花园、锁孔花园、香蕉圈、厚土栽培实验区、雨水收集设施、堆肥区等组成，为农园提供种苗支持的小温室也位于此处。这个区域是农园的核心种植供给区和可持续设计营造示范区，也是社区培训的户外重要地点（图5）。

图5　农园朴门菜园区

2.4　一米菜园区

由于都市居民对种植的热情和愿望越来越强烈，但自家的居住空间难以实现，为此在农园北段设置“一米菜园”，作为科普课程实验体验区，居民获得1 m^2左右的体验地块的管理维护权，可以根据管理人员的建议指导来选择符合自己饮食习惯的食物，“一米菜园”提供种子、工具、肥料，以及配有专门的管理员进行日常维护工作，居民可以收获这块地上的所有作物。管理团队定期邀请专业讲师为居民们授课，讲解种子认知、土壤辨识、工具选用、堆肥、菜园建造和作物栽培等知识，并带领大家亲身实践。

“一米菜园”是认建认养的一种新方式，可以有效地降低绿地的管理成本——参与者获得适当的产出，平衡其参与绿地维护的成本。

2.5　公共农事区

公共农事区从基础认知和种植要点着手，提高公众对农园整体景观的认知和参与农事活动的实践能力，通过自然教育与农事活动的配合，避免公众的无效参与和资源浪费。农园鼓励公众在掌握一定技能的条件下，多去土地里观察思考、动手实践。农园是一个服务于公众的绿色空间，除了“一米菜园”外，园区大部分场地都是提供给市民参与的农事区。农事区的植物种植主要是上海本地适宜露地栽培的果树、香草、蔬菜以及传统农作物，以还原田园乡村的自然风貌。果树类植物有石榴、樱桃、猕猴桃等，香草类植物有迷迭香、薰衣草、薄荷、百里香等，蔬菜类植物有葱蒜、豆类、甘蓝类、绿叶菜类等，农作物主要有油菜、小麦、水稻等。各种植物按照不同的节气和植物生长习性分别种在不同的区域内，以保证一年四季都有适合的植物茁壮成长。在南北两区各有一个小型的雨水花园，滞留雨水的同时还增加了生物多样性。

在农园与其西面居住区公用的一道老旧围墙上，由社区入驻企业AECOM的景观设计师和艺术家们把墙面当作画板，将先锋的装置艺术魔法门搬到这里，寓意门里门外的世界同样精彩，更预留出了一条通向这扇门的道路，希望未来真的能够打开门，拉近农园与住区的距离。也让小朋友们在墙面上规定的范围内涂鸦，将各自对自然农园的认知和期望画出来，让每一个来到这里的人都能有自己的归属与愿望。

2.6 互动园艺区

互动园艺区位于沿道路一侧，主要包括轮胎花园、社区花园展区等。这里已经举办了多次活动，社区花园展正在策展筹建、逐渐实施中。

轮胎花园系通过利用废弃轮胎，以社区活动的形式招募儿童参与布局、制作、描绘及种植养护活动；社区花园展览邀请有志于提供公共空间高品质服务的园艺、景观、设计、空间创意、社区服务类机构或个人作为参展单位，打造有特色、持环保理念、可持续发展的迷你花园，辅助以植物认养、园艺培训、花艺展示等活动，搭建商家企业与公众之间的联系；开辟重点地块，并提供苗木和工具，让市民共建共享“大众花园”，也鼓励居民从自家带来植物一同分享（图6）。

图6 市民捐赠的绿草园

3 日常社会服务

3.1 日常管理服务

日常社区服务包括农园日常维护、常规服务、社区认建认养管理、参访接待交流等。农园每天对外开放，有园区管理方法、活动组织管理办法等制度。仅仅在农园开业的前半年时间里，接待成团的重要访客达20批次，每天都有社区居民来访座谈、交流互动。常规服务包括用厕、自主茶品和咖啡、有机午餐等。农园可以容纳20人同时就餐，农园与有机市集的会员合作，每周末住在上海郊区的农户带上在家里做好的食物配料或者有机食材来农园，服务对象主要是创智天地园区的白领以及附近居住区的居民（图7）。

图7 农园晚宴

3.2 科普教育课程

科普教育分散在每一个具体的细节上，整个农园就是一个大的自然图书馆，身处其中的人在每一处角落都能收获知识与惊喜。移动建筑内的种子图书馆布置在背景墙上，设置装载上海本地植物种子的玻璃罐，有南瓜、萝藦、白扁豆乌桕、蚕豆等各种乡土植物（图8）；园区内的狗粪便蚯蚓堆肥塔和厨余垃圾分类设施旁都有详细解

图8 种子图书馆

说其原理和构造的文字，帮助公众更好地贯彻执行，甚至有条件的可以在自己小区里推行；公共农事区将朴门永续的螺旋花园、锁孔花园展示出来，精心配置各类植物，配以详细的科普解说内容，让孩子们在一年四季都有机会参与农事活动、陪伴农作物生长；在“一米菜园”内，对菜园主进行专业培训和跟踪服务，选择合适的种植内容，以满足一家人的需求。

农园特别聘请自然课程教师，确保每周至少一次主题活动，内容涉及当下农园内的农事活动、儿童有关的自然教育课程，以及餐饮、艺术等多方面。农园利用微信会员群、公众号推广文章以及海报等形式进行宣传，收取一定的活动成本费用。以朴门公开课为例，结合理论讲座与实操营造食物森林。农园也设计了一系列的社区花园策划、设计、营造、维护、管理课程，深受周围群众的喜爱。

3.3 社区营造活动

社区营造活动包括专业沙龙、农夫市集、植物漂流、露天电影等。

专业沙龙。沙龙力邀业界先锋和有识之士与社区居民互动，旨在推动都市社区的空间营造与邻里融合，倡导身体力行的绿色有机生活，以小而慢的方式渗透实施，实现社区资源的有效共享。目前包括复旦大学于海教授等一系列社区营造领域专家、学者和实践者在内的10余位讲者已经与社区民众开展了面对面的交流，取得了一定的社会影响力，并且获得了第三方公益机构和基金的支持。沙龙在进行儿童教育、社区营造活动等实践的基础上，进行有规律、有组织的理论交流学习，这样更有助于指导农园参与者的实践以及提升公众整体意识。有了更多的知识补充和意识层面上的改变，参与者才会更好地用主人翁的姿态参与市民农园，并且带动更多的人加入其中。

农夫市集。在周末，农夫市集与来自上海郊区如崇明、青浦、浦东、奉贤的个体小农户合作，提供人流量大的场地以供农户售卖自己的有机食品，每一份有机食品都是通过了严格的审核检察标准才出现在农夫市集上的。在工作日，农园室内有一个格子铺，供友善小农和创业者展示售卖产品（图9）。

图9　农夫市集

植物漂流。农园倡导景观共享的理念，鼓励市民将自家的植株移栽到公共花园里，或者将自家的植物“漂流”到种子图书馆里来，同时在管理者的允许下，也可以拿自家的植物和花园里的植物进行交换。在把自己的植株拿出家门的那一刻起，这株植物被赋予更多的意义，会成为社区分享的第一步。

露天电影院。将外围的白墙作为幕布，用投影仪和几个小板凳搭建简易室外电影院，开放时间主要是在夏天与初秋的晚上，电影主要以孩子们感兴趣的内容为主，并结合自然的题材。

公益活动。关注弱势群体，有助于打破现代经济体制下形成的效率至上、人与人之间互不关心的距离感，让更多的人有途径、有机会接触公益、参与公益，也让需要帮助的人能够借助农园这个载体得到一些帮助。

3.4 创意生活展览

农园进行了一系列创意生活的展览空间与活动，格子铺是其中之一，户外场地也在探索中。近期最直接的一个活动就是社区花园展（Community Garden Show），旨在搭建更有影响力的多方交流平台，提升片区的社区活力。社区花园展以认建认养的方式，通过网上和现场报名的形式筛选出认养者，有望通过平等民主的协商确定一套建立在转化劳动力、时间、资金等资源基础上的，规定认养人的义务与权利的标准。2018年和2019年已连续举办两届社区花园展（图10）。

图10　2019社区花园展

图11　创智农园俯瞰图

4　总结思考

农园项目涉及方包括政府、企业、社会组织、居民等，它们在农园的项目中扮演着各自的角色，发挥着各自的作用。创智农园以社会组织为纽带，链接社区自治组织、志愿组织、企业团体的力量，形成与政府职能部门的合作伙伴关系，充分发挥政府、企业和民众的积极力量，农园已经成为社区活力之源与和谐社会建设的重要支点。如何更好地调动社区民众的积极性，共同参与存量绿地空间的设计、营造、维护和管理，已然成为当前都市区生态修复、城市修补的重要方向（图11）。

社区花园作为社区民众以共建共享的方式进行园艺活动的场地，为社区提供了共同进行园艺和共享交流的空间，并赋予其丰富的社会意义，以促进跨越世代、阶层、经济和社会障碍的社区交往，体现多元化城市环境中的市民价值，是社区发展的重要手段。同时它的实现技术简单易行，投入成本较低，且具有长期社区空间营造的特点，不失为一种社区生态修复与社区融合的有力途径。

高密度中心城区社区花园实践——以百草园为例

刘悦来[1]

1 社区花园概况

百草园（图1）占地200 m²，位于杨浦区四平路街道鞍山四村第三小区（以下简称鞍四三）内，建于20世纪60年代，属密集型居住区，是作为同济大学景观学系和杨浦区四平街道联合建设景观提升与社区营造基地来进行合作的，以街道牵头出资，由同济大学景观学系设计，社会公益组织提供运营管理支持，居民建共享的形式完成。

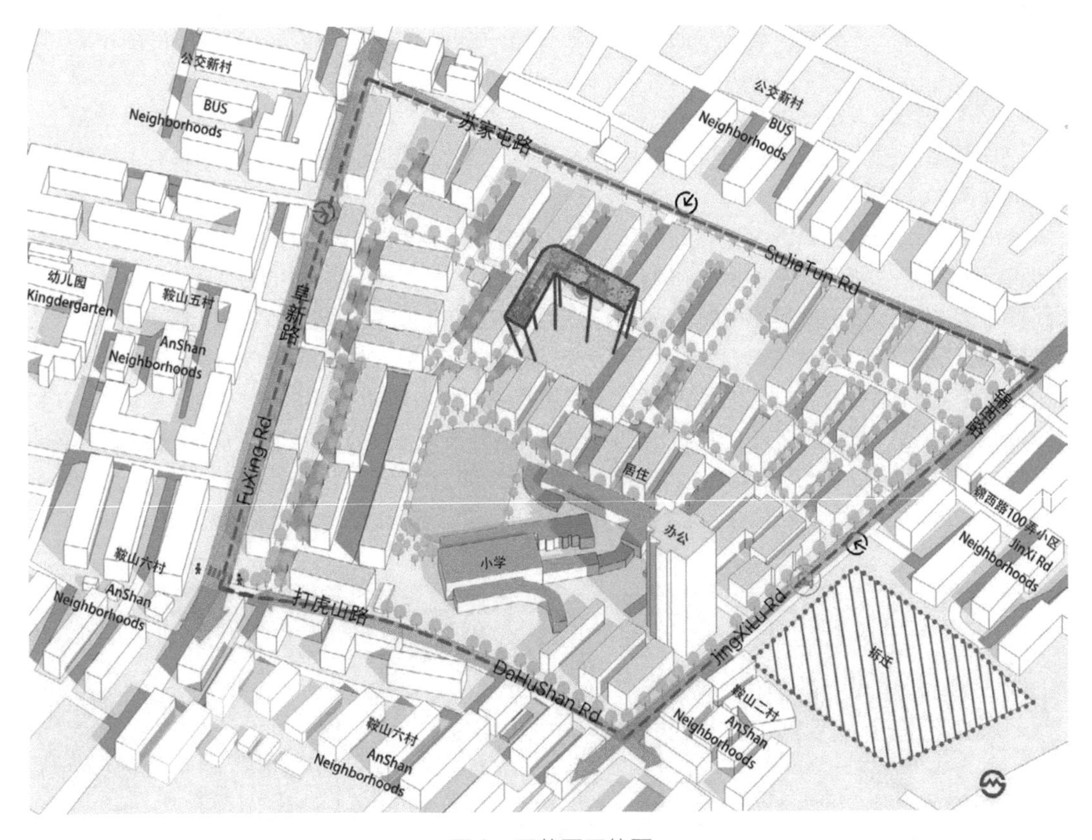

图1　百草园区位图

1　同济大学景观建筑与城市规划学院景观学系学者，同济大学社区花园与社区营造实验中心主任，四叶草堂联合发起人、理事长。

2 存在问题分析

百草园为居住区附属绿地（图2），为小区业主共有产权。选址在此主要有如下几点考虑。

图2 百草园旧况图

① 公共活动空间缺乏且质量较差。鞍四三的人均公共绿地面积为2.23 m^2，中心广场缺少活动空间组织，造成绿地踩踏损坏，维护状态差。

② 小区老龄人口比例高。鞍四三总人口6 800人，其中60岁以上老龄人占比23.5%，多数为20世纪单位分配的小户型住户。虽然有不少租房居民，但人口关系较为稳定，邻里关系长期和谐。

③ 小区自治基础较好，居委会组织能力较强。社区内已经存在园艺自治社团组织，小区园艺爱好者较多，传统农业文化和家庭园艺的兴趣习惯在小区里的阳台、入户绿地中能看到不少痕迹。

3 前期调研

项目启动之初寻求专业社会组织四叶草堂参与提供助力。四叶草堂与居委会共同建立内部议事平台，打通居民之间、居民与决策者之间的沟通屏障，现场进行访谈，以民意为本，听取大量居民的意见。

4 方案制定

四叶草堂基于广泛的调研基础和专业技能，不断深入社区与居委会干部和社区积极分子沟通并调整方案（图3）。

首先是设计中出现的木地板遭到居民反对，因为楼间距小，木地板产生的噪声对周边居民的生活影响会增大；其次是螺旋花园旁的生态水缸会带来安全隐患，也被要求调整。在反复的沟通中设计团队逐渐理解花园走进社区的基础是不增加居民的生活压力。高密度的人居环境给居民心理上带来高负荷，景观改造需从小处着手，空间改造应生活化、人性化，留给居民更多自主的空间和未来可以有更多变化的空间。高密度老旧小区的内部结构网络复杂，公共空间中居民的权利需求得以真实地强烈地呈现。在如此局促的空间里，现存的状态是各方矛盾相互妥协之后的结果，而空间改造伴随着众多社会问题，需要多从居民的角度思考，多与居民沟通。方案制定过程中四叶草堂组织了“小小景观设计师”活动（图4），给予儿童表达他们诉求的权利，让小朋友们对百草园中能有属于自己的天地寄予了很大期望。

图3 百草园项目启动会

图4 “小小景观设计师”参与设计

在与社区多方利益相关者反复交流沟通，完成初稿后，设计团队又走进社区征询居民意见，最终确定营造方案，将百草园主要功能定位于满足居民休闲活动、亲子互动和自然教育。

5 花园营造

鞍四三原本有一个以长者为主的花友会，花友会在百草园营造中发挥了关键作用。会长梳理了花友会名单，统计每个人的空闲时间，结合他们各自的特长以及各个施工阶段所需要的主要能力，制作出施工排班表，组成了浇水施肥组、捡拾垃圾组、整理花园组等。营造过程中四叶草堂通过培力支持，在整形、培土、撒种、扦插、覆盖等环节中注重社区参与。花园的开放动工以及花友会的号召带动了更多小朋友和成年人共同参与。整个过程中，没有施工经验的居民共计超过300人次参加营造活动，历时30天建成了百草园（图5～图8）。

图5 小小志愿者参与厚土栽培

图6 同济大学志愿者参与螺旋花园

图7 小朋友们在铺草皮

图8 社区居民参与百草园种植

6 日常管护

除原有的花友会之外，百草园在多次的活动中形成了小小志愿者团队，并成立了公共微信群讨论花园的值班问题、关于和老年人活动空间矛盾的问题、社区养狗的问题等。这些超越了花园空间的讨论，加深了孩子们对社区及社会的责任。小小志愿者团队有40余位成员，能独立完成给蔬菜搭架子、浇水、施肥等日常运维技术活动（图9、图10）。老年花友会则每周四固定对花园植物进行日常维护，

图9　小小志愿者参与花园日常管护

图10　百草园日常

确保百草园呈现出最好的状态。

7　花园的激活和运营

目前，由老年花友会成员组成的自治兴趣小组在社区中分享养护管理心得，并组织相关的主题活动；小小志愿者团队则组织过中秋灯谜等社区活动；2017年百草园借助四叶草堂的力量开展了关于二十四节气的活动，以及每两周一次的自然观察与笔记记录，种植养护活动；百草园还和附近的打虎山路小学合作，将百草园作为学校的自然教育基地，并与附近的社区实现了活动资源共享，拉近了邻里的互动关系。活动组织过程中，小志愿者们可以学习基本的园艺技能，期间已逐渐形成小志愿者和家长主动发起与积极参与的空间管理机制。以长者为主的花友会和以幼童为主的小小志愿者团队两个自治组织正在逐渐形成规范化的制度体系，但在建立社区协商议事机制、监督执行和制定评价效果标准等方面还需要更长时间的实践探索。

8　总结思考

社区边界越清晰，社区花园内容越简单，居民参与度越高。已经拥有熟人社区环境的群体可以在专业的指导咨询下从一开始便参与到社区花园的营造中。社区花园作为公众参与进行园艺活动的场地，基于空间设计学，连接了社会学、教育学等多学科研究成果来处理人与人、人与自然的关系。社区花园是为了在城市中实现能源可持续、社区睦邻友好、自然教育普及而进行的尝试。去除学术的外壳，空间本质上的核心就是人，社区花园是现代风景园林转变为以社会服务为导向，平民化和大众化的历程中重要的一环。站在使用人群的角度上关注他们所关注的话题，通过满足并引领他们的社区生活方式来实现人与人之间的相互连接，使社区民众对空间产生情感并有内在的参与动力，这才是社区花园背后可持续生命力的关键所在。

广佛城乡社区花园营造实例两则

李自若[1]　余文想[2]　何婉仪[3]

1　项目背景

本文介绍的两个社区花园案例分别是广州华南农业大学38号楼屋顶可食用花园以及佛山顺德霞石村社区花园。38号楼屋顶花园位于广州市天河区华南农业大学原林学院园林专业和木工专业的系楼（4层楼，高13 m）屋顶，花园总面积约442 m^2（图1、图2）。自2016年开始建设，既是高校科研场地，也是高校社区师生共建的屋顶花园。该场地的种植营造过程中举办了工作坊、讲座20余次，有超过百名在校师生及校外种植爱好者参与。霞石村社区花园位于广东省顺德中心城区北部的伦教街道，面积约2 600 m^2（图3）。2018年由政府、伦教星光社工、本地感兴趣的村民及华南农业大学秾·可食地景研究组共同组织开展相应的社区种植及花园营造活动。至2019年初社区花园已完成北部区域的初步建设，组织社区活动10余次。

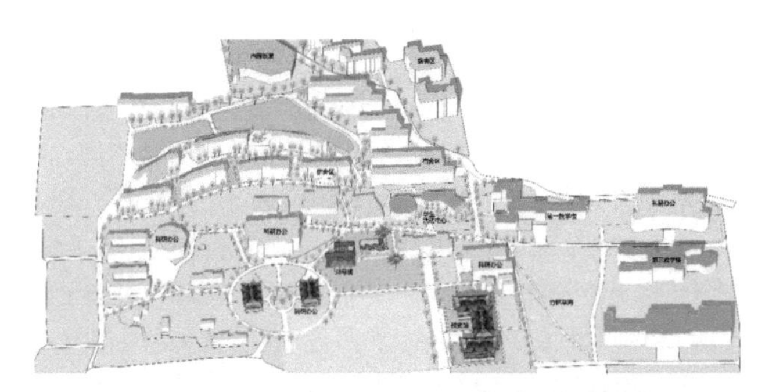

图1　38号楼屋顶花园在校园中的位置与周边环境

图2　38号楼顶旧况

图3　霞石社区花园的位置与周边环境

1　华南农业大学林学与风景园林学院学者，秾·可食地景项目组发起人。
2　华南农业大学林学与风景园林学院研究生。
3　广东省佛山伦教星光社工。

社区花园的建设组织工作中存在着不同的难点与需求。两个社区花园的建设与组织过程也有着自己的特点。首先，两个社区花园原先都是社区中的闲置空间。前者是校园建筑屋顶，后者是村民的闲置农地。第二，两者的建设组织工作都有着较大的人力与物资需求。第三，两个社区居民不仅对种植有着较高兴趣，且都在种植技术方面有着较多积累。前者基于华南农业院校的背景，社区居民以院校教职工及学生为主，具有较多的专业支持；后者则基于乡村社区特点，大部分居民具有常年的本地种植经验与技术。第四，两地属于珠江三角洲地区，经济发展与城镇化起步较早，人口流动性大。社区人口间的联结与互动既是社区花园建设的目标，亦是可持续经营的最大挑战。

两个社区花园的营造过程中，华南农业大学秾·可食地景研究组都有参与。但由于社区资源及参与者的差异，社区花园中各方的角色关系及组织过程有着不同的思路。

2 前期调研

两个社区花园的前期工作，主要包括对居民、场地的调研走访。由于社区属性、调研者专业背景的差异，两个项目的前期工作思路有所不同。

图4 秾·可食地景研究组拜访校内自发种植的老师

华南农业大学38号楼的屋顶花园由秾·可食地景研究组主要负责。小组成员由风景园林及园艺专业的师生组成，前期调研工作的逻辑多是基于专业特点进行组织。2015年是场地及其周边环境的基础资料整理、微环境气象信息的测量记录；2016年设置“种植达人”项目，对校园教工居住区进行了自发种植情况的调研，收集整理住户的种植经验（图4）；2017年开启“可食用校园”计划，对全校不同人群（教职工及其家属、在校学生、外围社区居民等）的特点、专业技术与物料资源进行系统调研。该过程结合师生团队的科研及学习需求进行设置，成果不仅作为项目方案的前期，亦通过系统整理用以经验交流与传播。

霞石社区的前期调研工作由星光社工负责组织。整体工作安排结合社会工作的基本思路展开，包括对社区基础信息的收集、本地居民情况的摸底，尤其是针对社区中潜在领导者的调研。项目进入设计阶段前，霞石社工已经开展有社区公共空间自治及霞石小学花园共建活动，热心于社区种植的居民已形成小组。2018年初社工组织寻找到村中闲置的农地作为社区花园的合适场地。之后由华南农业大学秾·可食地景研究组成员进行场地调研及基础数据收集。与此同时，社工组织进行多次居民走访与线上问卷调研，华南农业大学团队对收集的信息进行整理与分析，了解居民的社区印象、期待的社区花园成效等（图5）。由于社工和华南农业大学团队成员并不都是社区居民，因此前期工作集中在了解居民间的联结与其潜力上。

3 方案制定

由于整个过程是大家共同参与完成的，因而社区花园的方案制定关键还是要让大家尽可能充分地参与到场地创意及问题解决的过程中。方案的设计与图纸固然对营造执行较为关键，但是广佛的两个社区花园方案制定过程却比较机动。它与营造同步，并由于参与者不同的专业背景与关系，更多是现场设计与调整。

其中，由于大部分的参与者是风景园林、园艺专业的师生，因此华南农业大学38号楼屋顶花园的设计结合专业技术学习及个人兴趣的培养展开。每次设计活动会首先进行场地特点及问题的标注提

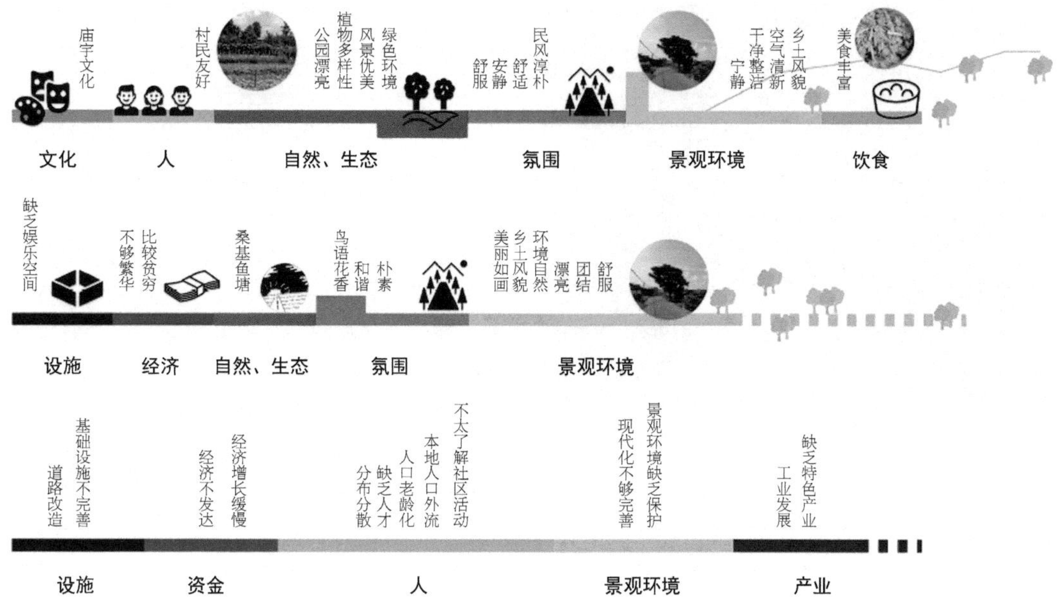

图5　霞石村社区调研中反馈的社区特色及问题

出相应的设计想法或解决方案（图6）。一般会通过头脑风暴的方式，在有限的时间内大家对设计问题、设计想法、改造建议进行整合及分类（如功能、空间格局、材料设施等），确定基本的屋顶布局、组织营造策略。但这一阶段的设计构想还不够深入，参与成员会结合自己的兴趣进行深入研究及设计探讨，设计深化工作多通过实验或实践的方式开展。各兴趣小组给出初步方案后便开始进行营造或种植实验。由于早期屋顶种植选择了质量较轻的成品组装种植池模块，因此大家会共同结合模块进行现场布置与设计调整。每学年的小组成员会对场地进行再评估，并重新对花园方案进行调整（图7）。这部分调整会结合可食用植物的季节性种植与收获、种植模块的拆卸重组进行展开。具体工作主要包括结合屋顶使用的跟踪，对屋顶使用的便捷舒适度进行提高；结合小组成员的种植偏好进行季节性植物的重新安排；结合一定的科研需求对花园本身的设施性能、屋顶植物生长状况进行相应的设施更新设计与种植调整。实际上屋顶可食用花园的设计过程也是所有成员组学习设计、实践积累、分享交流的过程。

霞石社区的项目启动前多方商讨并共同确定了设计过程中居民期待学习了解的花园信息，开展设计的周期及形式。设计阶段初期，社工组织、居民

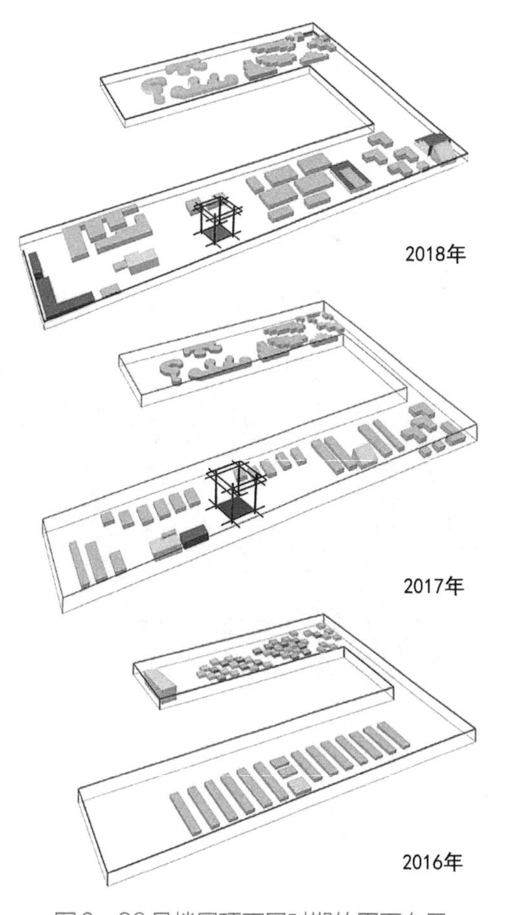

图6　38号楼屋顶不同时期的平面布局

图7　2018年38号楼屋顶花园新一轮的花园植物种植设计创意讨论

花园筹备组、秾·可食地景研究组一起进行讨论。霞石社区居民对过往社区公共空间自治及霞石小学花园共建的经验感想进行总结；社工及高校团队对霞石社区花园项目实施的缘由及收集到的居民期待进行分享。这一阶段大家共同了解及商讨社区花园营造目标与多方合作的原则。“集思会”是霞石社区开展社区花园设计讨论的具体形式，而场地的方案制定由秾·可食地景研究组负责统筹，设计过程与前一项目的思路相近。但与38号楼不同，霞石社区居民由于较早地开展社区自治工作，积极性较强。在方案制定阶段，大家都以文字、绘图等不同的方式表达自己的想法，部分有经验的村民更是提供了比较完整的想法（图8）。这使得设计团队的工作更多的是帮助普通村民充分表达自己的想法，整合与平衡大家不同的需求。过程中霞石社区设计方案协调的重要内容集中于三方面：一是由于场地是社工组织租用，社工站希望更多地服务不同人群。而参与设计讨论的居民，主要结合个人经验进行设计需求建议的提出。因此需结合原初的共同目标及原则，帮助各方协调使用及分配相应的空间。二是由于社工组织及政府在该场地的建设投入较为有限，且多方都希望社区花园能实现经济上的可持续，因而社工和居民都积极引入周边资源，并通过与村镇企业合作共建，弥补资金投入的不足。方案的制定上便结合投资建设及管养负责方的差异进行了具体的分区安排（图9）。三是乡村居民更重视实干，因而设计方案主要是确定了初步的布局及内容。对于有分歧的设计节点或问题，大家理清思路、主动与相关邻居、管理部门进行沟通，最终落实细节，反馈到设计方案里。对于很大一部分细节设计或施工过程，设计团队主要以平面布局及意向图为村民后续建设提供指引，社工组织及居民则结合设计意象、本村资源进行具体的营造及设施配置。

图8　霞石社区居民一起讨论花园场地系统的组织与设计

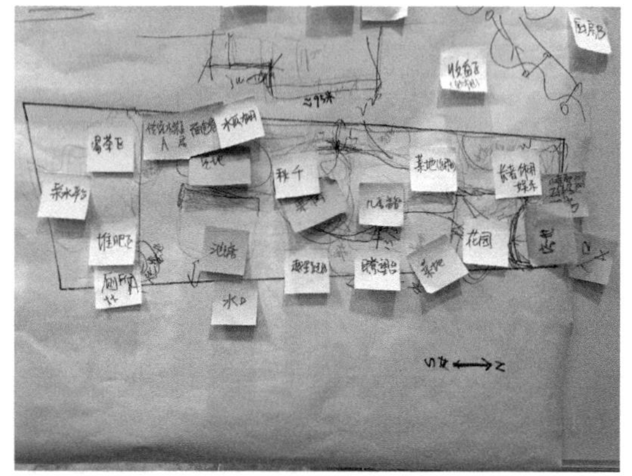

图9　讨论后整理出的霞石社区花园功能分区及设施布置

4　花园营造

虽然两个项目场地不同，但建设过程都是以分阶段的方式开展的，由各自形成的兴趣组参与建设。2016年秾·可食地景研究组建立，由华南农业大学不同专业师生共同参与，并开始以38号楼楼顶空间作为协作场地，每学期开展相应的培训、种植营造等活动（图10、图11）。结合师生们的能力和节奏，整合校园内外的物质及种植技术资源，社区花园的营造是逐步分期完成的（图12）。霞石社区设有花园筹委会，其营造亦是低成本进行的，居民决定与企业合作进行分区块的营造（图13）。具体的营造时间，则是居民根据自己的空余时间进行不定期的场地开垦（图14）。

图10　2017年回收学校宿舍二手家具及木材

图11　2017年校内外师生共同学习锁孔花园并进行营建

图12　2018年38号楼屋顶花园木亭营建

图13　亲子家庭与引入的企业团队一同营造霞石社区花园

图14　霞石社区居民利用闲暇时间到场地内进行开垦

参与社区花园营造的师生或乡村居民，都非常关注社区营造资源的收集与分享。线上建立有讨论小组，居民在发现到相关资源后联动大家共同收集、分享，不仅大大降低了社区花园的营造成本，更促进了社区资源与人际关系的优化。

5 日常管护

图15 村中居民与企业共建霞石社区花园的活动

由于两个项目的全部或大部分种植都是可食用植物，因而其管养工作相对繁重。每个项目都有固定的日常维护管理者，38号楼屋顶花园主要由教师及研究生团队长期关注；霞石社区花园则主要由空余时间较多的居民管理。

日常管养主要结合成员组的能力、兴趣、时间进行管养事务的安排。其中38号楼屋顶花园的整体养护管理周期以“学期”结合广州地区蔬果种植的“两季周期”进行安排。大家在学期初制定好计划表，学期末对工作进行总结。现屋顶可食用花园每个学期超过150人次参加营造，已持续3年。工作坊或活动会涵盖不同的技术培训，如育苗、移栽、修剪、牵引、堆肥、酵素制作等。霞石社区花园则将部分场地划分给居民进行分区管理，各居民根据自己的时间进行日常维护（图15）。同时社工站亦会定期组织活动，以播种、采摘、创意手工等内容进行安排。

6 花园的激活和运营

花园的建设与营造是一个持续的过程。它们并不孤立于花园运营之外，其相关的活动亦是激活和运营社区花园的一个方面。目前两个社区花园还在建设中。为了更有效地推进花园营造，大家从社区尺度组织不同主题的活动，对社区资源及种植社群进行联动。在38号楼屋顶花园的建设过程中，大家意识到社区资源的整合是关键。因而2017年开启了“可食用校园”计划，大家对整个校园内的资源进行了盘整，力图带动校园中不同人群及资源的互动（图16）。过程中大家重新肯定了共建花园的意义，

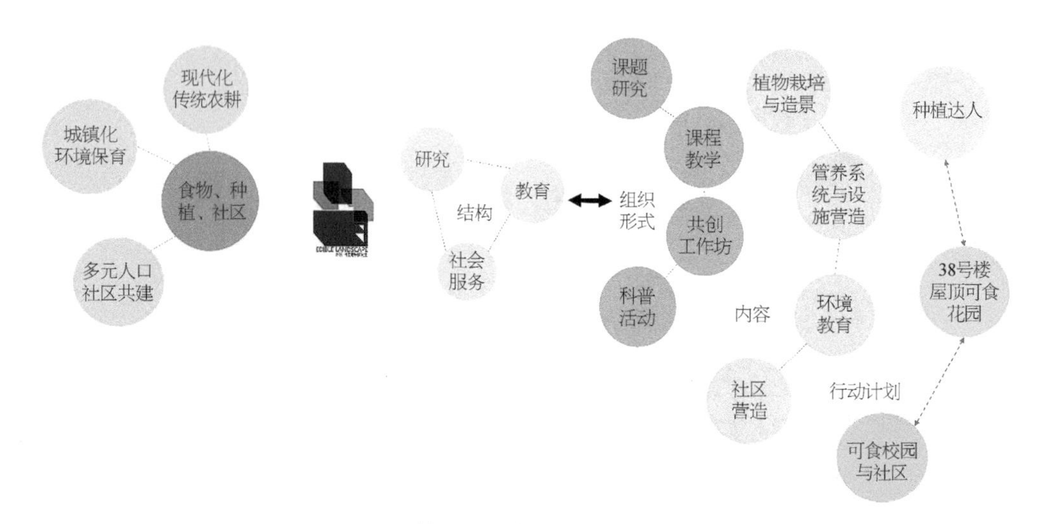

图16 38号楼屋顶可食花园的背景及组织方式

同时亦发现高校食物系统优化潜力及在校居民间互助交流的必要性。而霞石社区花园一开始便被定义为社区公共空间的节点，因而活动组织是与其他公共空间营造活动进行联动的（图17）。2019年霞石社区开展居民门前户外空间的自主改造，霞石社区花园则为居民居家空间改造提供植物（图18）。在社区花园与社区的联动中，居民既丰富了集体休闲生活，亦借由集体资源优化了各自的居家环境。大家逐渐消除隔阂，共同了解到互助分享的意义。

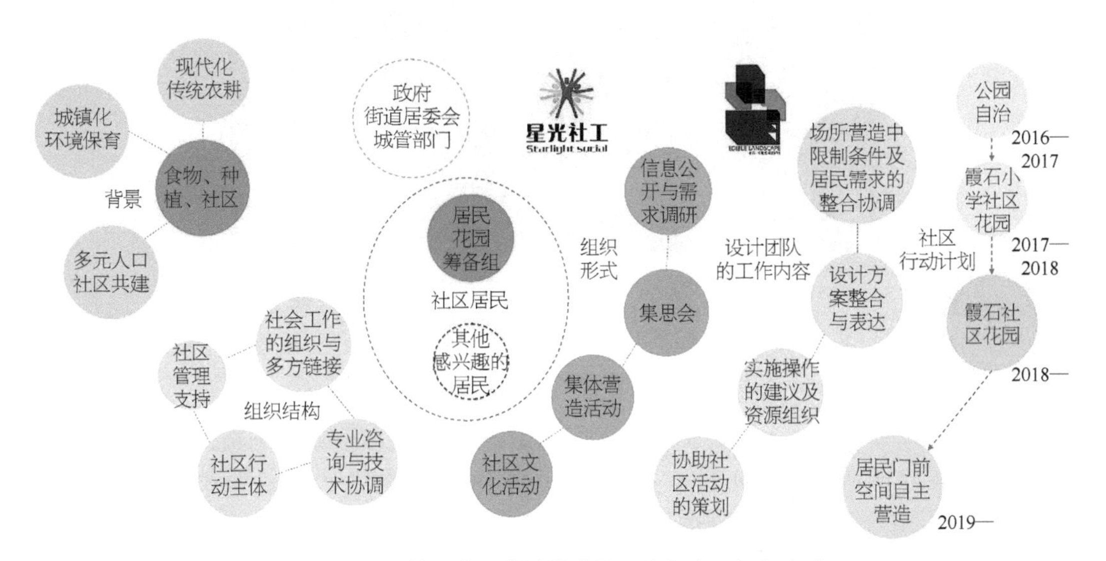

图17　霞石社区花园营造的背景、参与者及组织方式

图18　2019年夏，小朋友参与村中居民门前空间自主改造

此外，由于38号楼屋顶可食用花园属于高校空间，因此它的激活与运营兼顾科研及教学，包括每学期会对种植经验进行总结，结合“种植达人”项目、花园种植观测，将种植的经验与技术进行整理，在线上线下进行传播。同时课题组也关注校内外社群的交流。花园面向校外社群开放，并不定期参与或组织环境教育活动，如植物科普节（图19）、植物导赏、展览策划。过程中花园的成员们更好地凝聚在一起，并为之自豪，同时更多志同道合的朋友联系到了一起。

图19　秋·可食地景研究组参与植物科普节进行宣传与推广

7　总结思考

社区花园既是社区生活的载体，亦是其过程中的产物。社区花园的建设、种植、维护是大家共同探讨、共同解决问题的过程。花园营造与社群培养是同步的，参与者们和花园共同成长。其中种植社群的建立是社区花园营造的关键。不同社区的种植社群需要结合社区居民工作生活的特点，整合居民对自我及社区发展的需求，建立共同的目标及群体协作原则。社区花园的建设与组织工作可以与社区整体进行联动，甚至与外部资源进行整合。两个社区花园的建设都存在资源限制，低成本的建设与维护、可持续地运营管理机制的建立是其中的关键工作。有幸的是，两个社区在技术上都有着较好的基础与支持，居民参与相对积极，有效地支持了花园营造。

但其中仍存在很多问题，如华南农业大学38号楼的屋顶空间虽然是城市中比较广泛的潜在种植空间，但也存在可达性的缺陷。屋顶花园的营造需要与整体建筑一起探讨，但现阶段校内公共建筑使用的对外开放仍然存在管理问题，未来校园社区空间的使用还有待进行深入探讨。与此同时，社区营造的过程尤为重要，如何评价与整理营造过程中的经验，在一开始的时候比较缺乏。随着对营造问题的逐渐认识，2018年霞石社区花园营造开始定期收集各方反馈建议。其中乡村居民喜欢实干，不太喜欢开会或培训的形式。他们有自己的主见，但是得在熟络后，在劳动中才会慢慢跟其他人透露。这对于后续活动组织方式的调整有着较大的帮助。因此，未来社区花园的营造工作更应细致地对组织过程、居民经验与反馈进行记录存档，促进社区工作经验的积累，提高社区工作的有效性。

广州首个环保可持续生态园实践——共建共享天河区长兴社区生态园

刘冬梅[1]

1　项目背景

长兴社区生态园占地300 m^2，位于天河区长兴街长湴中路长兴街党群服务中心内，属居住区内的附属用地（图1），党群服务中心旁有社工服务站、工疗站、文化站、幼儿园等多个机构，是作为天河区长兴街道、街道党群服务中心、广东省岭南教育慈善基金会、广东岭南至诚社会工作服务中心和华南农业大学联合建设可食地景与社区营造示范基地来进行合作的，以政府牵头，社会企业和爱心人士出资，由华南农业大学及社区营造与自然教育团队设计，社会公益组织提供运营管理支持，居民共建共享的形式完成。

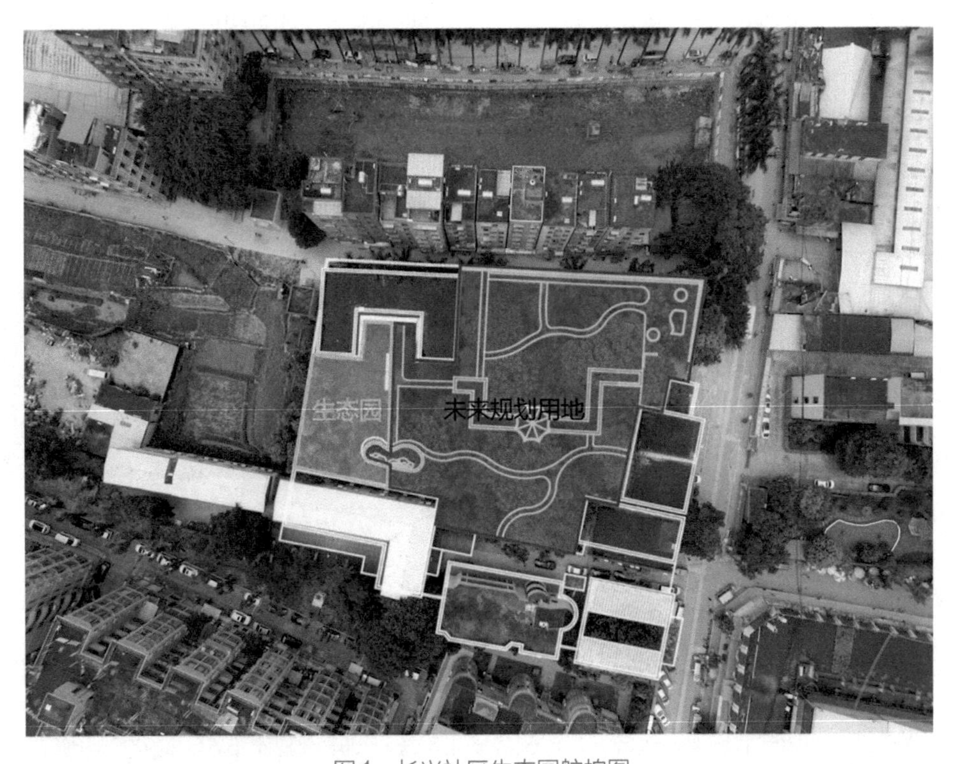

图1　长兴社区生态园航拍图

1　广东省岭南教育慈善基金会食农教育项目经理。

图2　长兴社区生态园旧况图

长兴社区生态园地处广州核心区域，为居住区附属绿地（图2），产权为天河区长兴街长湴股份合作经济联社所有。选址在此主要有如下几点考虑。

① 作为长兴街道社区居民日常休闲场所，综合利用率并不高，公共活动空间闲置浪费，质量较差。中心广场缺少活动空间组织，造成绿地被踩踏损坏，维护状态差。

② 小区老龄人口比例高。长兴街道总人口15万人，其中60岁以上老龄人占比20%，多数为来穗务工人员租用的小户型住户。虽然有不少租房居民，但人口关系较为稳定，邻里关系长期和谐。

③ 小区自治基础较好。居委会组织能力较强，社区内已经存在园艺自治社团组织、工疗站等。小区园艺爱好者较多，附近有不少从事传统农业的居民，家庭园艺的兴趣习惯在小区里的阳台、入户绿地中也有不少好的示范，环保意识也较强。

2　前期调研

项目启动之初寻求专业团队基金会、华南农业大学绘社坊设计团队参与提供助力。基金会、绘社坊与至诚社会工作服务中心共同建立内部议事平台，打通居民之间、居民与决策者之间的沟通屏障，实地勘查，共商共议，以民意为本，听取大量居民的意见（图3、图4）。

图3　社区生态园首次调研

图4　社区居民参与讨论

3　方案制定

基于广泛的调研基础和专业技能，项目运营团队和设计师不断深入社区，与社区服务中心负责人和社区居民沟通并调整方案（图5、图6）。

首先是设计中遇到的场地排水问题，广州的排水系统一到雨天积水难排，对整个场地的影响很大；其次是螺旋花园内水生系统的积水带来蚊虫隐患，也经多次思考调整。在反复的沟通中，设计团队逐渐理解花园走进社区的前提是要充分考虑居民的需求，以及对空间的有效利用。高密度人居环境中的居民容易忽略公共空间的作用，景观改造需从活化空间、建立联系开始，空间改造应生活化、人

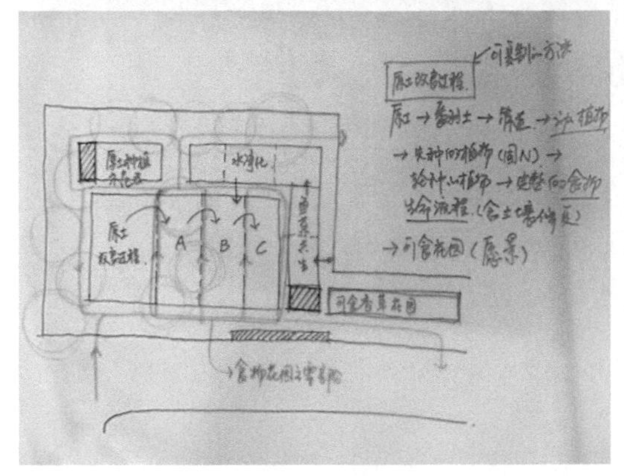

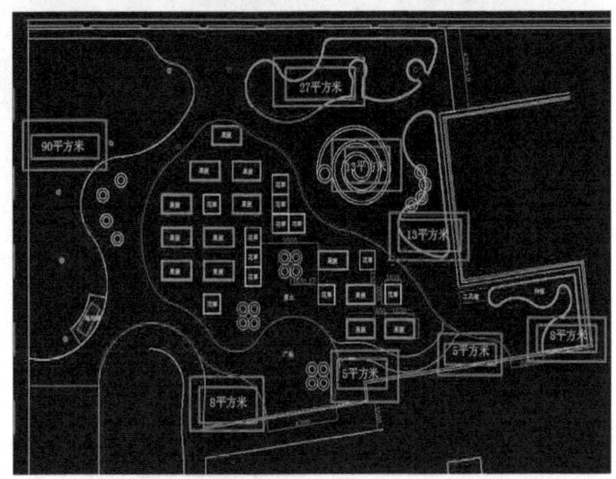

图5　居民和设计师共同参与调研、讨论和放线

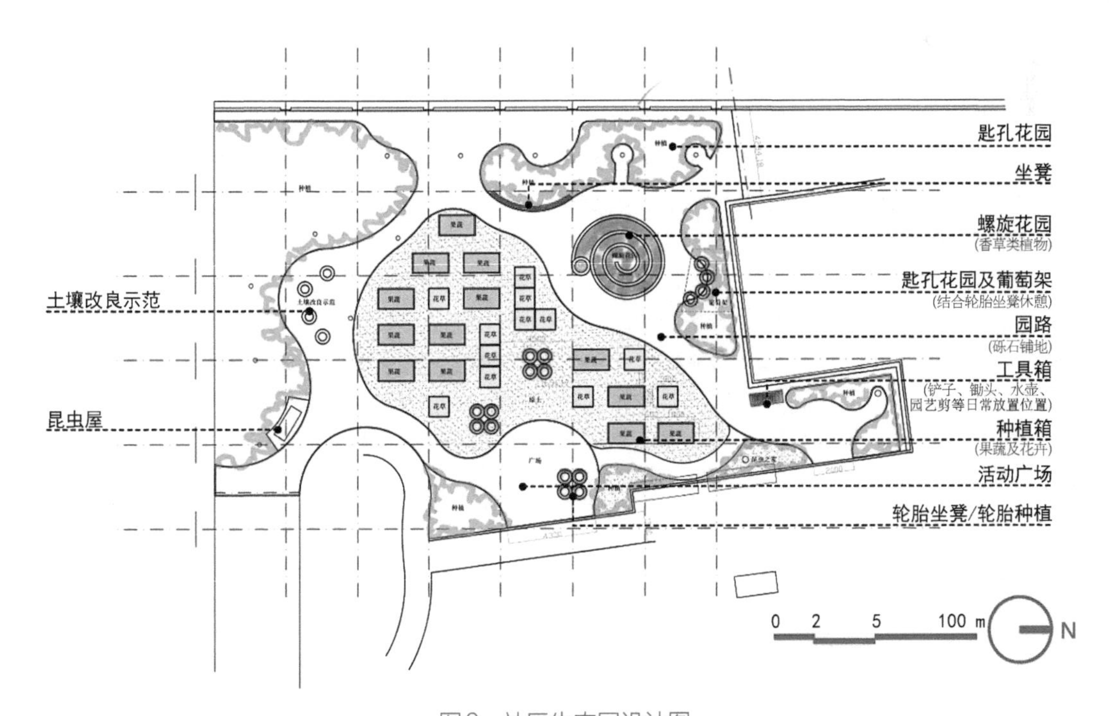

图6　社区生态园设计图

性化，留给居民更多自主的空间和未来有更多变化的空间。

城市中高密度老旧小区内部结构网络复杂，公共空间中居民的权利需要得以真实地、强烈地呈现。而空间改造伴随着众多社会问题，需要多从居民的角度思考，多与居民沟通。

方案制定过程中，基金会项目团队组织了多次走访、调研活动，结合附近居民诉求，通过“亲子种植”活动让小朋友们对社区生态园中能有属于自己的天地寄予了很大期望（图7）。

图7　居民、志愿者、社工和亲子家共同参与

在与社区多方利益相关方反复交流沟通，完成初稿后，项目团队和设计团队又走进社区征询居民意见，最终确定营造方案，社区生态园建设的初衷是建立环保可持续的共建共享空间，使得生态园成为交流、学习和活动平台，融入种植、环保、自然、食育教育课程，“从土地到餐桌”，深入社区践行食农教育。

4　花园营造

长兴街道内有一个社工站和工疗站，社工和学员们在社区生态园营造中发挥了关键作用。社工站结合“一顿饭的陪伴”——长者关怀行动、“一棵菜的成长记”——亲子农田体验等项目，组织居民、志愿者和亲子家庭以小组的形式参与营造。统计每个人的空闲时间，结合各自的兴趣特长以及各个施工阶段所需要的主要能力，制作出流程表和分工表，组成了园路组、堆肥组、木工组、捡树叶组、种植组等。营造过程中以集中开展工作坊的形式，在整理、培土、种植、堆肥、铺设园路等环节中注重社区参与。废旧轮胎变花盆、旧木板做栅栏、废弃果皮和树叶“摇身一变”成为土壤肥料，昔日里的垃圾都成了生态园里的“主角”，变成一个会呼吸的自然场地……社区生态园的启动带动了更多小朋友和成年人共同参与。整个过程中，没有施工经验的居民共计超过100人次参加营造活动，所用到的废旧轮胎和木板、果苗均由爱心人士捐赠，前后历时10天建成了社区生态园（图8～图11）。

5　日常管护

除原有的社工站、工疗站之外，社区生态园在多次的活动中形成了自发的志愿者团队，并建立了公共微信群，讨论生态园的日常管理维护、轮流值班、社区活动等问题。目前志愿者团队有60余位成员，能独立完成浇水、施肥、播种、搭架子等日常运维技术活动。社工站则每日早晚对花园植物进行日常维护，确保社区生态园呈现出最好的状态（图12）。

图8　设计师教导孩子们改造废旧轮胎

图9　小朋友一起来做厚土栽培

图10　老师和居民在种植

图11　绘社坊团队成员亲手搭建栅栏

6　花园的激活和运营

目前，由居民组成的自治兴趣小组在社工站的带领下，在社区中分享养护管理经验，并组织开展相关的主题活动。基金会项目管理老师则指导组织读书会、音乐会、市集等社区活动。

图12　居民自觉管理维护

2019年7月社区生态园第一批收获的辣椒、秋葵、苦麦菜等用于支持“一顿饭的陪伴”——长者关怀行动项目，邀请社区长者亲自采摘并由社工陪他们做一顿饭；附近的居民则自发进行每天早晚各一次的种植养护；同时社区生态园还和附近小学达成初步合作意向，将社区生态园作为学校的自然教育基地，并与附近社区实现了活动资源共享，拉近了邻里的互动关系。在活动组织过程中居民和小朋友可以学习基本的园艺技能，小志愿者和家长主动积极参与生态园管理和美化工作（图13）。

7　总结思考

社区生态园是广东省岭南教育慈善基金会食农教育项目下的延伸版块，通过生态园的搭建和活动的开展，项目团队发现活动内容越简单，居民参与度越高。环保可持续的理念需从小灌输，并通过与自身相关的环境和事物去引导，社区环境的改变和社群的搭建需在专业的指导咨询下从一开始便参与

图13　居民共同参与搭建的螺旋花园

并融入社区花园的营造中。社区生态园作为公众参与进行休闲、园艺活动的场地，基于空间设计学建立人与自然、人与土地、人与人的和谐关系。社区生态园是在城市中实现环保可持续、社区睦邻友好、自然教育普及的载体，核心是人。社区生态园是以社会服务为导向，将风景园林和空间美学融入平常生活的一种尝试。社区生态园可持续运作和发展的生命力在于使用人群的参与度，共同探讨、共同营造，形成愉快而自成一体的新型生活模式，使人们重新认识环境、自然与生命的关系（图14）。

图14　社区生态园已成为居民快乐的家园

社区中的农园　身边的自然——以湖南农业大学娃娃农园为例

周　晨[1]

当今日益扩大的城市规模和高密度的城市规划方式正切断着人与自然的联系，儿童与自然的疏离已成为普遍现象。建造社区花园，将自然引到儿童身边，让儿童在其中嬉戏、观察、学习、劳动并参与管理，是联结儿童与自然、儿童与儿童、儿童与社会的有效途径。

1　项目背景

党的十八大以来，生态文明已成为我国发展的核心内涵，习近平总书记在十九大会议上尤其强调："坚持人与自然和谐共生，建设生态文明是中华民族永续发展的千年大计。"生态文明对人口素质提出了新的要求，需要拥有生态知识和生态素养的建设者。儿童是国家的未来，是担负永续发展大业的一代，但从我国儿童现阶段的成长环境来看，存在着与儿童成长、社会发展相背离的严重问题：一是课内外学习压力大，缺少游戏时间，儿童成长逆其自然规律发展现象严重；二是儿童的学习、生活环境与自然隔离，大多数儿童对自然和生态的认知来自影视书本而缺少真实体验，自然知识仅仅停留于抽象而陌生的概念；三是我国城市绿地重欣赏轻参与、重教化轻体验，无法吸引儿童进行户外活动并与自然产生积极互动，对帮助儿童建立与自然良好的关系极为不利。

娃娃农园位于湖南农业大学逸苑小区内（图1），占地3 500 m²。为增加校园景观的丰富性，改善

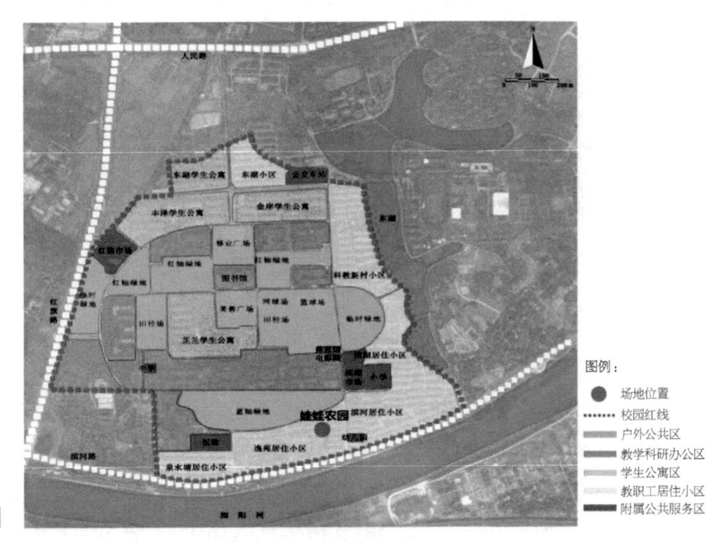

图1　娃娃农园区位图

1　湖南农业大学风景园林与艺术设计学院教授。

匮乏的儿童自然教育，2017年湘农沐晨团队向湖南农业大学提出申请，将该场地批准为风景园林专业的教学与基于自然教育的社区农园研究基地。娃娃农园设计、施工和运维管理全部由风景园林系师生完成。

2 方案设计

2.1 前期调研

逸苑小区位于湖南农业大学最南端，小区南临浏阳河风光带，东临滨河小区、滨湖小区、金山度假村和湖南农业大学附属子弟小学，北面是湖南农业大学校区和东湖小区。小区建于20世纪70年代，主要是给学校教职工居住，建筑均为6层楼高，坐北朝南。逸苑小区与其周边小区都缺少儿童活动场地，各住宅小区内居民自发在自家附近开垦种植地来种植蔬菜，大多数人都希望有种植区域。

场地建设总面积约3 500 m^2，基地地势总体中间高四周低，东面有2 m高的墙体。场地内原有女贞、梧桐、泡桐、桑树、香樟等8棵长势很好的大乔木以及以桂花和杜英树为主的多棵小乔木；场地北面和中部表层土壤板结，且含有大量的沙石，东西两部沙石含量较少，土壤15～100 cm深处有大量建筑垃圾，再往下是良好的土壤，局部区域被居民开垦用来种菜、种花。总体来说有较好的大乔木资源，但植物种植杂乱，设施缺乏，景观效果差，居民使用率低，缺乏社区活力，没有可供儿童学习、玩乐的空间（图2）。

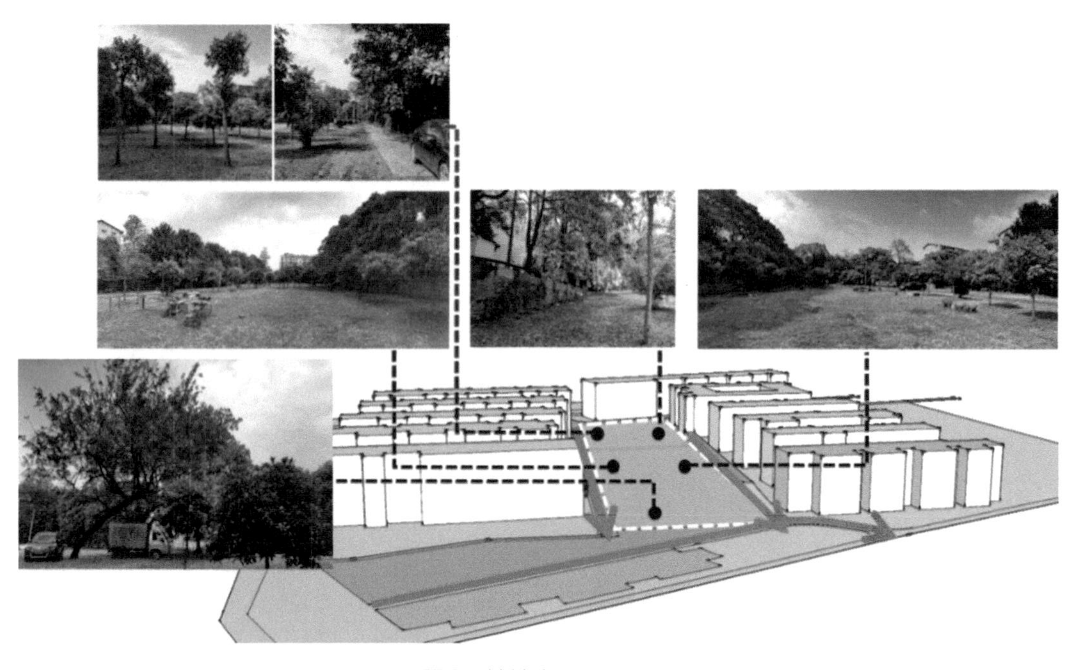

图2　娃娃农园旧况图

设计前期发放了100份问卷，回收有效问卷80份，调查的主要目的在于了解居民对建设社区农园、加强儿童自然教育、参与建设和管理的态度。数据表明社区的人口年龄结构主要是中年和老年人口居多，约66.8%的中老年人有过种花种菜的习惯，并且对于居住附近建一个既有休闲游赏功能，又可以参与劳作、收获果实的社区农园的支持率高达86.4%；居民一致认为是儿童教育必不可缺的，对于社区中建一块能够让儿童参与农作过程、了解生命和食物健康知识、可玩可赏的公共园林式农园，93.2%的居民表示支持；对于共建、共享、共治的建设理念，超过50%的家庭表示支持并愿意带孩子来观光，以及参加亲自种植物的亲子活动。

2.2 设计理念

娃娃农园是以社区儿童为主要服务对象，以自然教育为目的，以作物栽培为主要活动，通过儿童联结社区居民开展农业体验、休闲交流等一系列活动的一种社区农园，是城市绿色空间、户外自然教育课堂、儿童活动场地的集合体（图3）。它以“呵护儿童、永葆童心、同心共建”为理念，引导儿童并带动其家庭成员从体验作物的栽培、生长及玩耍、休闲中学习自然知识，增强自然认知，同时通过对食物和健康的关注促进生态环保意识的增强，并在儿童交流、居民交往、社区共建中推动和谐社区的建设和发展。

2.3 功能定位

由于娃娃农园是一块处于校园之中的社区绿地，因此在设计时充分考虑其特殊性，其中的六大功能（图4）兼顾居民的参与和科普功能，对儿童的自然教育功能，考虑了学生的教学实践，使之成为学生与居民沟通的平台，让学生们感受设计者与使用者之间的联系。

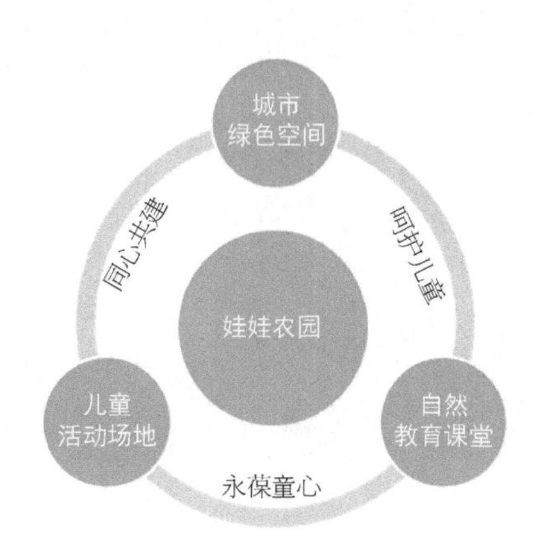

图3 娃娃农园设计理念

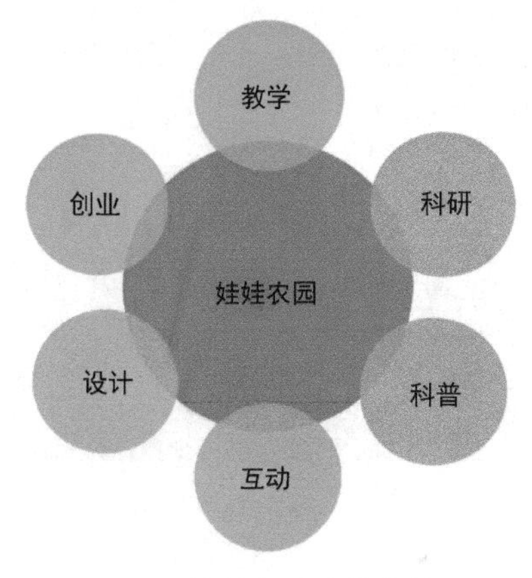

图4 娃娃农园功能定位

寓教学于园。娃娃农园针对风景园林专业学生的实践能力、专业精神、社会服务精神的培养，以连接校园与社区为目标，组织学生参与农园建设和维护管理，并专门划出课程实践区，以一系列专业教学带动理论与实践、课堂与社会的结合（图5）。

寓科研于园。农园中规划了花菜果共生种植实验区、雨水花园生态系统研究区、稻鳝鱼共生种养区、朴门农业实践区、阴生作物种植区、林下种植区、堆肥区等功能区域，展开了适合城市社区农园的植物、土壤、水、生态系统以及生物多样性等方面的研究（图6）。

寓科普于园。农园立足于给社区儿童提供户外学习课堂，传播环境保护的理念。通过科普设施、科普牌等将研究成果贯穿农园，并将自然体验、生态导赏纳入农园的各个部分，规划家庭种植认养区，帮助孩子建立认识自然的新视角，学习物种生态知识，从而产生价值感、成就感等（图7）。

寓互动于园。专门的入口活动区和草地活动区提供居民尤其是儿童聚集、奔跑、嬉戏的场所（图8）。各种互动活动如农夫集市、花园展览、植物和图书漂流、周末电影、音乐之夜等都可以在这两个区域开展。同时草地两侧的种植区均设有便捷的园路进入，以便儿童及其家长参与农事，体验农作乐趣。

寓设计于园。鉴于城市居民对于社区农园的景观偏好整体低于非生产性景观，娃娃农园将作为城市社区农园实验点，一方面探索政府管理部门和市民都能接受并喜爱的城市社区农园景观化设计方法，

图5　大学生进行课程实践

图6　研究生进行科学研究

图7　小学生科普活动

图8　学生与社区居民互动

包括农园布局、雨水收集系统、环境艺术装置等；另一方面，娃娃农园也将重点面向儿童，研究儿童喜闻乐见的户外活动设施和植物配置方式。

寓创业于园。以娃娃农园为媒介，学生可以利用课余时间承接社区农园设计和施工，向社区推介本校优质农产品，积累市场经验、锻炼创业能力，为毕业后的创业之路准备必要的精神和技术条件。

2.4　总体布局

娃娃农园采取农业与城市绿地相结合的设计手法，根据场地现状整体划为六个分区（图9、图10），即阳光草地区、科研种植区、入口公共区、自然保育区、堆肥区、生态停车区。

2.4.1　阳光草地区

阳光草地区位于娃娃农园中央，一方面为儿童提供野餐、奔跑、追逐、游戏、攀爬、自由组织游戏场地，让其自由的天性得以释放；另一方面以其开敞明亮来打破小区因年代久远、大树参天所带来的整体沉闷感，营造开放共享的社区氛围（图11）。

2.4.2　科研种植区

科研种植区位于草地东西两侧，种植池采用木料加工厂的边角废料制作而成并整齐布置，避免了一般农园的杂乱无序感，有效解决了生产性农园与城市居民审美相冲突的矛盾，平衡了社区农园与人工环境之间的差异（图12）。

2.4.3　入口公共区

入口公共区位于场地北面，与小区主干道相接，由艺术巴士（图13）、碎石广场、树屋（图14）、

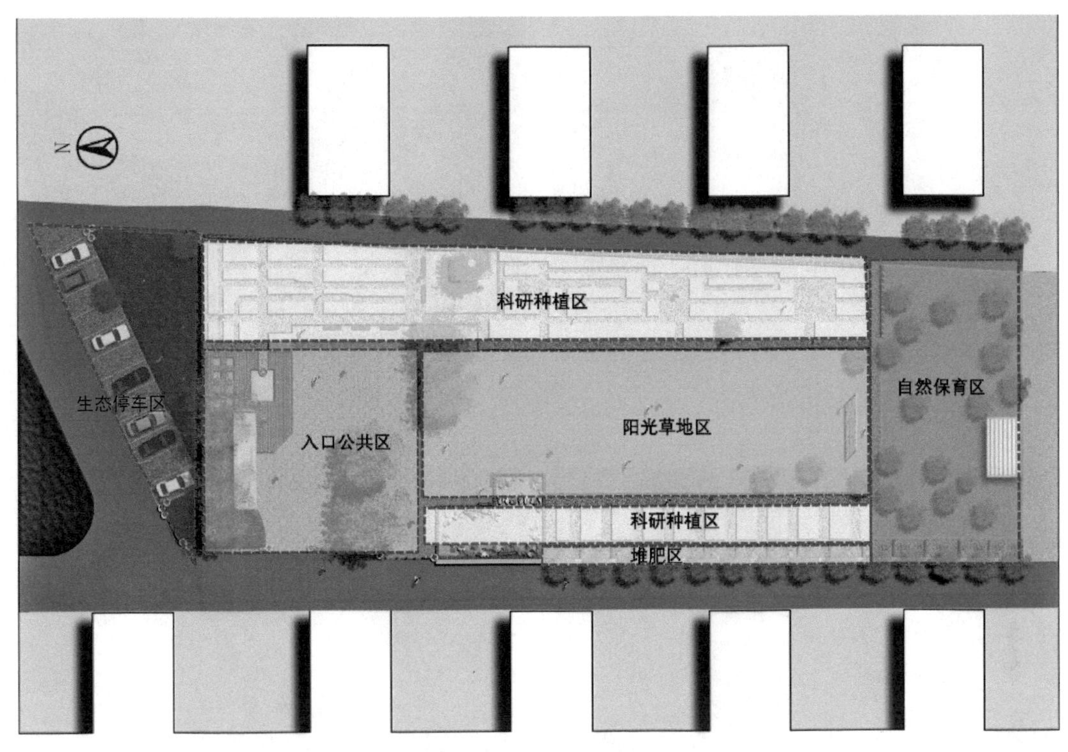

图9　娃娃农园分区图

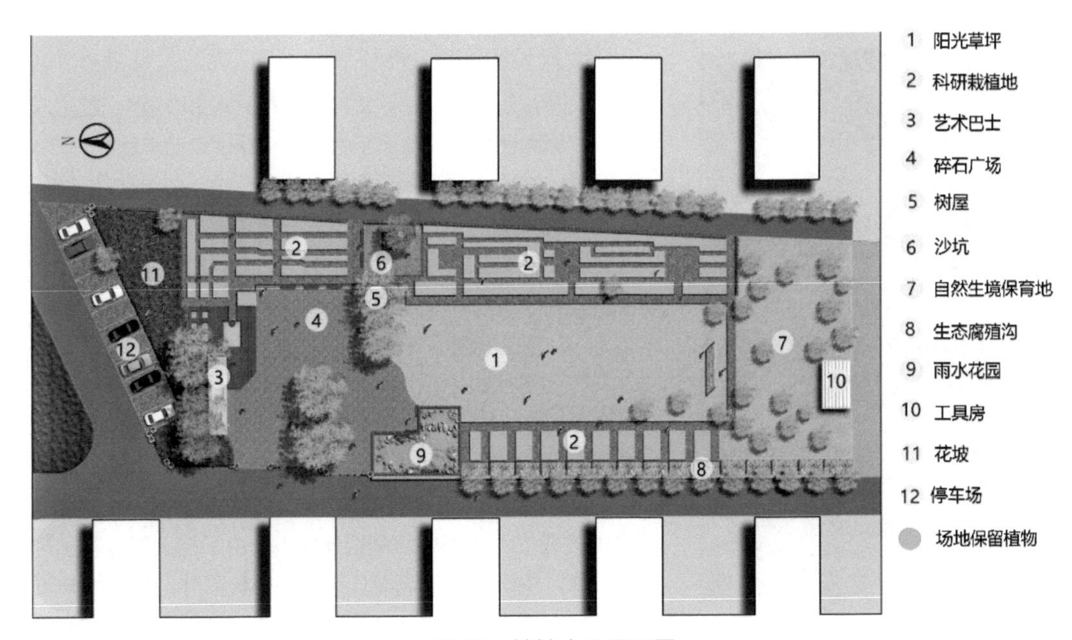

图10　娃娃农园平面图

图11 阳光草地

图12 规整的种植池

图13 艺术巴士

图14 树屋

图15 沙坑

沙坑（图15）等组成。艺术巴士由报废公交车改装而成，既充当了农园管理室的作用，又与入口的3株法国梧桐一起形成农园入口标志性景观，增加了农园的趣味性和艺术性。另外5株保留的大树巧妙地分隔了入口广场和草地，树上建造树屋，构成场地的视觉焦点，同时也是孩子们与树木亲密接触的欢乐之处。大树下布置沙坑、木平台，为社区幼龄儿童提供游戏场地。

2.4.4 自然保育区

林下保育区位于场地南端，保留了原场地的小片桂花林和自然生长的植物，作为自然生境的观察地，其野态的呈现与中央草地的规整形成了鲜明对比（图16）。

2.4.5 堆肥区

堆肥区位于场地最西侧挡土墙下，由于挡土墙边有一排高大香樟，使该处阴暗潮湿，经年的香樟落叶已在此堆积形成了自然腐殖沟，因此设计利用该条件将此处布局为堆肥区（图17）。

2.4.6 生态停车区

生态停车区位于场地最北端，采用碎石铺地，保持雨水自然渗透。停车场与农园之间为一栽满柳

图16　林下自然生境

图17　堆肥区

叶马鞭草的花坡，既装点了入口景观，又将农园与外界无形之间隔离开来。

3　农园建设

娃娃农园是由风景园林专业教师设计、研究生团队绘制施工图、专业施工队伍和学生共同完成。建造过程始终坚持多方参与、环保节能的原则。

除土方和园建工程是由专业队伍进行施工、学生观摩之外，其余过程均由学生全部或部分参与。作为风景园林校内实践基地，在专业教师的指导下，学生在此参与铺设园路、堆砌石笼、搭建木制平台及小木屋、栽种植物等实践过程，亲历从图纸到现实的转化，见证每一处景观的实现（图18）。

图18　学生参与农园建设

娃娃农园建园过程中，材料大部分来源于废弃物的再利用，如石材和木材加工厂的边角废料、旧集装箱、报废汽车和轮胎等；工程技术上采用碎石铺地以渗水，建立雨水收集系统来收集场地自然降水用于灌溉；种植土采用菌渣、茶渣发酵。资源节约的可持续发展观也引入农园的后期维护管理中，如采用蚯蚓堆肥塔处理厨余垃圾，以培养儿童环保意识；堆肥沟收集枯枝、落叶、青草等园林垃圾制作有机肥。把生态农业的知识贯穿于农园运维中，也传播到建园参与者之中。

4　日常管护

娃娃农园打破了传统教学实践基地由工人管理的模式，全程由学生进行运营维护管理。从建成投入使用至今2年时间内，有300多名研究生和本科生参与课程实践、科学研究和社区服务，学生在持续管理中实践了社会学、生态学、植物学、工程学、环境行为学等多方面知识，并磨炼了意志。

4.1　运行管理机制

娃娃农园的管理采取系主任负责制，下设一个都市农园研究团队和若干课程研究团队。都市农园研究团队由青年教师、研究生及本科生志愿者组成，负责农园的日常维护和科学研究。课程研究团队由课程组长负责，带领课程组老师将实践教学与农园建设相结合，开展课程实践与教学研究。

4.2　日常运营维护

日常运营维护包括日常维护、常规服务，以及组织管理居民参与农园活动等，这项工作由研究团队及学生志愿者、公益社团共同完成。主要活动有农园卫生打扫、农园安全管理、除草、堆肥、浇水、改良土壤、组织居民科普活动、接待参观人员等。

4.3　科学研究

主要开展基于自然教育的社区农园设计研究，探讨城市不同生境条件下植物品种选育及配置模式、自然农法的景观化处理方法、农园艺术装置设计、科普展示设计以及社区居民环境行为特征等研究。先后有4位研究生及1位本科生完成了社区农园花菜共生模式的植物配置研究、低成本材料应用研究、朴门农业的社区花园模式研究、长沙市社区农园推广的可行性研究、基于儿童友好城市的社区农园研究等论文，同时相关研究成果已向长沙市育才三小、万科魅力小学、原陆小学等学校推广。

4.4　教学研究

开展风景园林专业的造型基础、园林工程、园林花卉学、园林植物配置、环境行为学、生态学，园艺专业的蔬菜栽培学等课程实践。经过两年多的教学研究，学生同时将社区营造向校园营造转变，积极投入校园景观微更新的行动中，由开始的被动参与变成主动参与，实现教学改革与运营维护双赢（图19～图24）。

图19　大学生课程实践

图20　研究生科学研究

图21　小学生科普活动

图22　学生与居民互动

图23　开展社区科普活动

图24　农园成为打卡网红地

5　总结思考

娃娃农园于2017年10月初步建成并投入使用，得到了学生和社会各界人士的一致认同。该园在建设和运营维护初期面临着资金紧张、学生动手能力不强、社区居民不理解等困难，但团队经过近两年的实践，探索出一条高校反哺社会、实践与教学双赢的高校支撑型社区农园的营建途径，期望以此为经验，推动教学改革，推广社区农园模式，使学生走出课堂服务社会，为构建和谐社会添砖加瓦。

社区花园实践——以农心园为例

沈　瑶[1]　赵苗萱[2]

1　项目背景

八字墙社区位于长沙市岳麓区天马路、阜埠河路、潇湘中路三条道路交接围合的地块内部，临近湘江、国家五A级风景区岳麓山、橘子洲头和岳麓大学城（图1）。该社区建于2000年4月，占地168 667 m^2，内部建筑均为6层的多层住宅，并配套建设一所小学和幼儿园，现有住户1 776户，初期住户70%以上为高校教职员工，现有一半以上住户是外来务工人员和在校大学生租住于此。社区中心公园面积约为6 988 m^2，但公园的空间设计与维护一般，缺乏观赏性和娱乐性，绿地与居民的生活联系薄弱，因维护一般，裸土部分也较多。2018年为加强对居民，尤其是儿童的环境教育、美化公园环境、丰富居民生活，在岳麓区各级党委的引领下，八字墙社区与湖南大学建筑学院儿童友好城市研究室（简称CFC研究室）结成由党建引领的“校社合作”对子，选取了一块位于社区公园交叉路口的小小绿地，开始了农心园项目的共建实验。

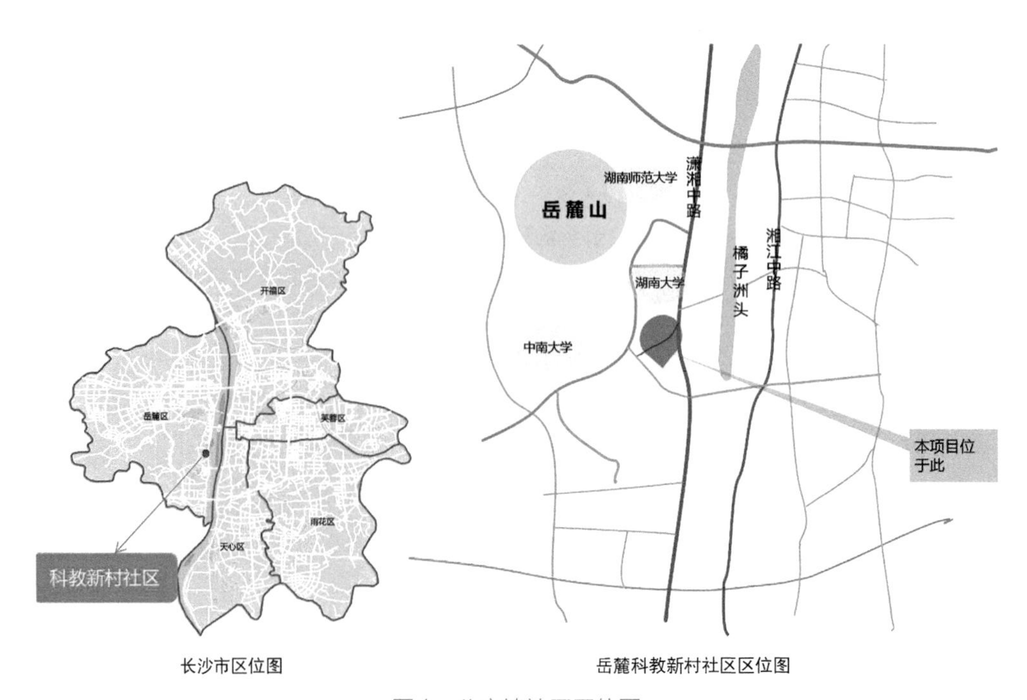

图1　八字墙社区区位图

1　湖南大学建筑学院规划系副主任，副教授，儿童友好城市研究室发起人。
2　湖南大学建筑学院硕士研究生。

农心园共建的初衷是以附近居住的高校师生和社区儿童为主体，对社区内部公园地块进行可持续性微改造，打造集农业种植、自然生态教育、社区特色活动于一体的社区公共空间。希望经过一段时间的“校社合作”活动，能够带动社区居民参与公共空间管理和运营，开展农耕体验、种植互助、自然教育等活动，促进社区内部代际交流，提高孩子动手能力，丰富居民业余活动。

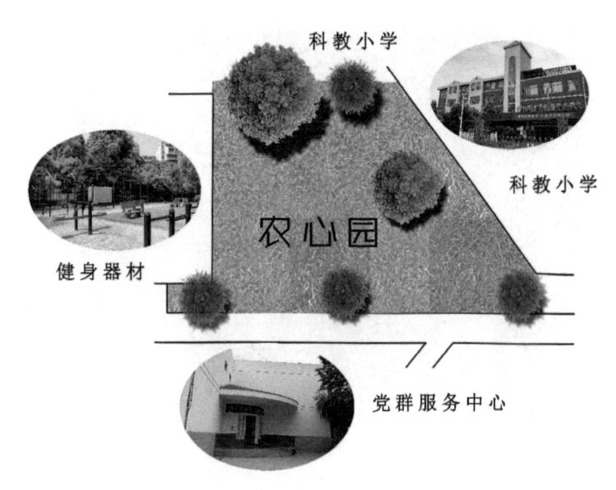

图2 农心园区位图

农心园选址于社区中心花园主入口50 m处，占地面积约240 m^2，临近科教小学，康乐宝贝幼儿园、党群服务中心、社区健身器材（图2）。基地每日幼儿园小学下课后儿童穿行量大，党群服务中心日常也有较多党员及居民出入，有居民参与可能性大、日常维护相对便利等优势。但该块地附近5 m处有一建筑垃圾堆放场，日常堆放租户搬迁后遗留的废弃家具及物品，环境相对杂乱。这个垃圾场激发了儿童友好城市研究室团队从朴门设计学的视角出发，尽量变废为宝，低成本、纯自然打造农心园的活动思路。

2 项目进程

计划用2年时间完成农心园的建设，目前仍然处于中期搭建过程。

2.1 前期调研

从2018年5月开始湖南大学儿童友好城市研究室与社区居委会共同建立社区内部工作小组，为儿童、居民参加活动提供更加便捷的平台。通过绘制儿童认知地图、现场进行访谈等形式，听取超过100位居民、儿童的意见。并且通过多次儿童参画活动和“校社合作”工作坊了解儿童的诉求，让社区儿童对农心园有初步的认识，同时也一定程度上增加了社区居民对社区内公共绿地的关注（图3、图4）。

图3 农心园设计实地征求儿童意见

图4 活动进程图

图5 “欢乐蹦蹦跳”工作坊现场照片

2.2 中期活动

在前期收集的意见反馈中，有居民和儿童反映社区内部缺少休息和娱乐的场地，于是团队策划了一次“欢乐蹦蹦跳”工作坊（图5），这也是农心园最有意思但也是教训最为惨痛的一次活动。有意思的是CFC研究室从社区的建材垃圾站内回收废弃床垫，招募了部分感兴趣的大学生志愿者，在床垫上铺设干净的防雨布，引导儿童在社区邻里借工具对床垫进行固定，改造成两个可跳跃的蹦蹦床。活动过程中，挖土、安装、切割等步骤都有很多儿童（包括路过的儿童）参与，志愿者负责辅助和监护，蹦床建好后马上成了社区儿童的超级人气游具。但惨痛的教训是蹦床在建成后的第三天就因工作坊活动在社区的宣传力度不足，物业部分工作人员不能理解农心园工作坊的意义，以侵占绿地为由对蹦床进行了拆除。

“欢乐蹦蹦跳”工作坊之后，CFC研究室还在周末晴好日举办了数次利用公园植物、建材废材进行的微改造活动（图6），如昆虫屋、标志牌、装饰画等，吸引了不少路过儿童的参与，并收获了一批活动小粉丝。

昆虫屋（已建成）：
利用废弃的枯树枝、落叶打造一个适合昆虫居住、繁衍的场所，丰富场地内的生物多样性

标志牌（已建成）：
小朋友们将社区内废弃的床板重新涂鸦，制作成农心园独一无二的标志牌

装饰画（已建成）：
利用社区内废弃的木板，小朋友们在木板上画画，将废弃的木板“变废为宝”，摇身一变成为农心园独一无二的装饰画

精灵之路（未建成）：
农心园的汀步路面图案是社区小朋友自己设计，汀步砖由小朋友、家长、志愿者一起制作完成，还未将其置入花园内部

图6 农心园微改造

3 项目特色

3.1 从“无”到“有”，变废为宝

农心园的建设没有固定的设计方案，通过初期收集儿童和居民的意愿来确定农园的内部元素，例如小朋友十分关心农心园中是否可有放置书包的书包架，驱赶蚊虫的驱蚊草等。搭建材料都是志愿者和儿童在社区内部的建材废弃场中回收后改造的，搭建工具也是在社区内部租借的。CFC研究室和社区达成共识，通过朴门设计手法和儿童参与、公众参与的共建活动来实现社区空地的农园“变身”，培养居民、儿童、大学生的一颗都市“农”心和环保意识。

3.2 儿童参与，多方合作

农心园通过工作营等多种活动方式引导城市社区中的儿童参与进来，将儿童友好理论运用于社区空间改造及社会管理、社会服务的发展。并且采用“校社合作”的方式整合高校资源和社区优势，确保农心园建设的科学性和高效性。

4 面临的问题

4.1 日常维护问题

由于地块的开放性和管理方式等原因，实践过程中还是出现了边建设边破坏的现象。比如取得显著活动效果的“蹦蹦跳”工作坊由于活动团队、社区党委疏忽了与物业的沟通，导致蹦床被拆除，社区工作人员发现后及时与研究室联系，找回了已被拆卸的蹦床架子，但其固定及日常维护方式却成为一个让社区和CFC研究室头疼的课题，最终放弃了日常固定在场地的方案，选择了活动时临时摆放的方案。

由儿童与志愿者一起制作的“昆虫屋”吊挂在农园的树枝上，无须日常维护，但时间久了也遭到了来自孩子们的小“破坏”（内部树枝部件丢失），虽然在场地放置了解说标志牌和警示标志，但效果不明显。后期通过调查得知，部分儿童“破坏”昆虫屋里的部件仅是好奇心驱使，想查看“昆虫屋”内是否真的有昆虫。可见给儿童普及相关的自然知识十分重要，后期团队计划增加附近小学校内的自然知识科普活动。

4.2 运营问题

在社区开展活动期间，社区党委和居委会虽然提供了一定的支持，对CFC研究室的活动理念有理解与包容，但由于基层公务繁忙，主动参与活动的时间较少。且由于业主与物业仍有矛盾对立，面临物业换届危机，社区与物业的沟通有限，并未就校社共建农心园活动进行充分对接，导致新入驻的物业公司将CFC研究室存放在党群服务中心的共建材料全部清理收走。如何处理好社区、小学、物业等多方参与的共建形式，让居民和儿童更加有效地参加农园的建设，以及在建立农心园协商议事机制、监督执行和制定评价效果标准等方面还需要更长时间的实践探索。

4.3 宣传的问题

虽然农心园位于大学城附近，但社区内部人员结构复杂，外来租客较多，农心园此类“共享农园”理念的广泛接受程度还有待提高。这和宣传的程度以及频率有很大关系。虽然农心园以社区儿童为切入点开展一系列的活动，通过儿童链接家长参与农心园的建设之中，但是有相当一部分居民没有参加过活动，对于活动的开展，以及农心园柎门建设手法表示不理解。如何扩大活动宣传，让更多居民参与到农心园的建设之中，仍需要进一步探索。

5 总结与思考

针对前文提到的农心园当前所面临的问题，后续将重点加强以下几个方面的工作。

为防止收集到的共建材料及器械丢失，请社区提供带锁的储藏间临时存放。虽然目前还未形成独立的社区志愿者团队，农心园的运营和维护还是靠社区和CFC研究室团队，但多次的活动已经收获了一批儿童“粉丝”，下一步将继续通过活动观察，发掘主动维护农心园、修缮“昆虫屋”的小志愿者，并通过与小学的联动将这些小志愿者们联合起来，形成农心园自主守护者团队，可以独立自主对农心园进行日常维护和后期管理，确保农心园的日常稳定状态。

线上线下联合宣传。通过设置标志牌说明活动意图，利用微信公众号以及社区微信群等多种途径对农心园的活动进行宣传，并且及时收集居民意见；与物业公司直接交流与宣传，确保物业基层工作人员了解活动内容和目的；借助社区内部小学的力量，利用课余时间或者劳动课程在小学内部进行“共享农园”知识宣传，借助儿童力量将共享农园理念传递给家长，提高家庭的参与度。

对现有已被破坏的设施及时进行修复，并且告知参与建设的居民设施破坏的时间、原因以及程度，相信居民能够相互影响，逐渐培育其共建共识意识，促使其共行。

成都社区花园及老旧院落微更新实践——以玉林东路社区为例

杨金惠[1]　徐梦一[2]　王倩娜[3]

1　项目背景

2018年3月，成都市民政局、成都市委组织部、成都市委社治委联合发布《关于进一步深入开展城乡社区可持续总体营造行动的实施意见》（简称《实施意见》），推进城乡社区发展治理的部署。《实施意见》提出，此次行动将以示范项目带动社区可持续总体营造全面实施，2018年不低于60%、2019年不低于80%、2020年不低于90%的城乡社区开展可持续总体营造行动。基本原则包含居民主体原则、共同参与原则、过程导向原则、自下而上原则、权责对等原则。

为实现营造目标，玉林东路社区（简称玉东社区）以社区营造为载体，从前期泛化的自组织培育聚焦到社区空间微更新上来，尝试以参与式规划激发和培育社区居民自组织以改善空间环境，促进居民主体性的提升、引导自组织转化为社区公益组织、培育社区公共意识教育、寻找支点撬动社区可持续总体营造、搭建平台深化社区协商、建立社区基金（会）、发展社区社会企业、建立协同推进机制等9个方面，完成社区总体营造。

2　社区概况

图1　玉林东路社区区位及社区肌理

玉林社区位于成都市武侯区玉林街道，始建于20世纪80年代，区域面积0.45 km^2（图1）。现有居民院落及物管小区45个，常住户6 000余户，常住人口11 000余人，流动人口5 000余人。在单位福利房制度的背景下，大多数居民为单位职工，在后来几十年里各个年代建设的微型小区由小街巷串联，新老建筑的混合，逐渐形成了今天的玉林社区（图2）。

玉东社区在玉林街道“花开玉林”的街巷治理大背景下，提出“花漫玉东”社区微空间更新计划。以社区内唯一较大面积公共活动空间——玉东园（图3）作为依托，以院落小尺度空间为载体，开展社区营造活动，组建“社区规划师”团队，以政府主导，居民、社工、设计师协同参与的方式，进行老旧社区院落和社区花园微更新。

1　四川省成都市玉林东路社区书记、中级社工师。
2　西南民族大学讲师。
3　四川大学副研究员。

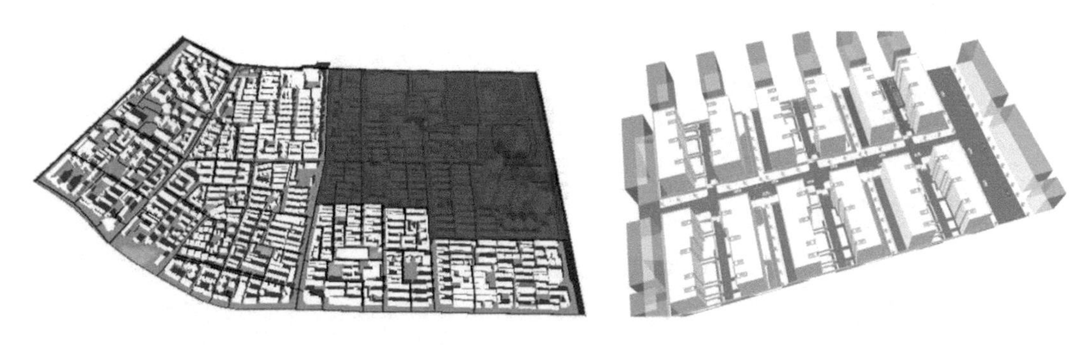

图2　玉林东路社区范围及院落空间示意图

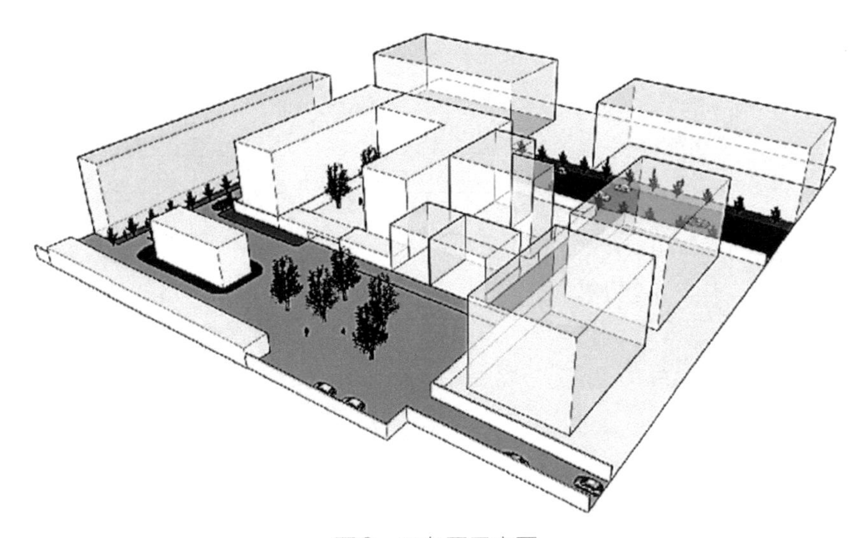

图3　玉东园示意图

3　前期调研

居民、社工、设计师以及社区工作人员协作，以访谈、问卷、文献查找、组织社群活动、实地测量等方式从社区居民及物理空间两方面开展前期调研。

3.1　居民特征

调研结果显示如下。

① 居民职业类型以单位离退休人员为主，约占41.1%，在此居住长达20年以上，邻里感情基础浓厚，形成典型的熟人社群（表1）；

② 老龄人口比重大，60岁以上约占51%，为公共空间场地的主要使用者，而儿童利用少（图4）；

③ 租住户等外来人口多达48%，超过常住户（44%），两群体间缺乏交流（图4）。

表1　社区居民类型统计

职业类型	人数	比重
公务员	20	15%
企事业单位人员	32	20.1%

（续表）

职 业 类 型	人 数	比 重
专业文教技术人员	23	36.6%
服务销售商贸人员	6	3.5%
农 民	2	0.1%
离退休人员	85	41.1%
学 生	10	5.1%
总 计	170	100%

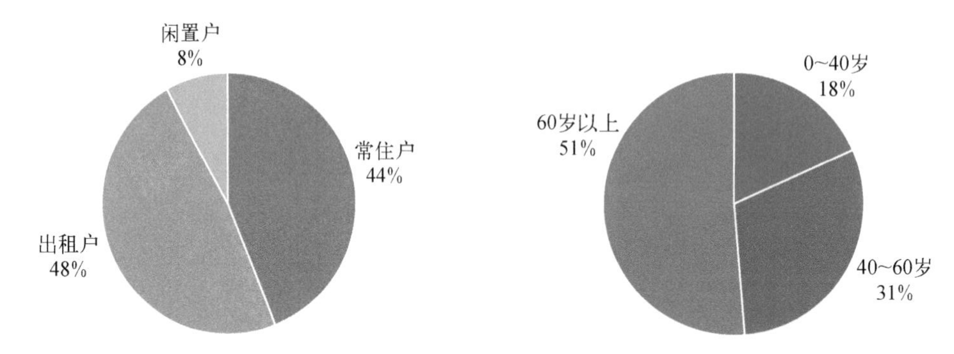

图4 居民类型比例及年龄构成比例

3.2 院落及公共空间布局

玉东社区于20世纪80年代开始修建，为单位职工住宅聚集地，是联排式住宅。80%的建筑为东西走向，朝南或朝北。街巷院空间组合肌理极具成都市井生活气息。新老建筑混合而生，各个年代建设的微型院落由小街巷串联成片，逐渐形成了今天的玉东社区。玉东社区辖区内45个院落空间形态各具特点（图5）。

除此之外，有别于现代大型封闭式小区内的单一空间，玉东社区内空间复合而多元。街巷 、院落等微空间多，但缺乏完整的配套设施，空间设计老旧，人均绿化率低。

社区公共空间——玉东园空间布局是：玉东园处于玉林三巷的中央位置，周围有近十个老旧居民院落；占地约840 m^2，紧邻社区居委会办公大楼、老年食堂、图书馆等公共设施，其间有零星绿化、景观小品等。

4 方案制定

“花漫玉东”更新计划分别以玉东园公共空间营造和院落微空间更新两个子项目同步开展。两个项目以竞争性项目申报的方式分别获得成都市民政局、武侯区民政局社区营造项目立项支持，解决了近十万元的经费支持。同时玉林东路社区从公服资金中分别给予了近五万元的配套资金。

玉东园公共空间营造项目是在景观园林及建筑设计专业教师的指导下，由玉林东路社区“两委（玉东社区共产党员支部委员会和玉东社区居民委员会）”、心航社工中心和居民骨干共同参与讨论发起的，项目主要围绕社区规划师训练营、玉东园可食地景营造、社区公益微创投、社区微基金募捐发动四个版块展开。设想通过组建“三师（专业建筑和景观规划师、专业社工师、居民规划师）同行”的

图5 社区院落空间现状

社区规划师队伍、参与式“可食地景”营造、社区公益微创投、微基金投入四个方面，对玉东园进行持续的空间微更新。

院落微更新项目是在玉东园公共空间营造的基础上，在培训社区规划师的过程中与院落居民骨干和自治管理小组共同讨论确定的。设想结合玉林东路、玉林东街、玉林街三大街巷片区的文化特点，通过居民院落自治小组的自主申报，引导居民院落及小区进行微空间更新，通过促进院落环境改变、居民阳台景观化，“一院一景”，与“花开玉林”玉林东路片区核心街区的打造形成互动式风景。

2017年4月，在玉林东路社区支持下心航社工中心正式开始实施“花漫玉东”玉东园公共空间营造项目。项目先以会议的方式进行意见征求，但效果不佳，第二次改成了园子里的开放空间会议（图6）。社区将“一村（社）一大”景观园林设计专业毕业的大学生手绘的玉东园比例图挂在玉东园里，由相关专业教师亲自给大家讲解社区花园设计与规划。社区书记把老师的专业语言“翻译”了下：“玉东园这个塔塔（地方）天天在这里耍（玩儿），不要等到人家弄了才来说这个不对那个不对，大家一起来说下想怎么弄，弄了以后大家坐在这里耍安逸些。是要多晒点太阳呢还是想阴凉点呢？是要想宽敞点好跳舞呢还是多几个板凳好坐呢？”这么一说居民才有了反应，开始热闹起来了，有的要凉亭，有的要座椅，有的要搭葡萄架。说着说着大家就开始激动起来了，看不懂比例图的就直接拉起老师在园子里比画。

由于开放空间会议提供了大家面对面讨论交流和与专业设计师沟通的机会，似乎很成功，收集了很多更为具体和深入的意见和建议。但是相关专业教师一针见血地指出，这些意见里缺少儿童和青年人视角，社区公共空间应该是个“全人友好”的地方。尽管如此，项目组还是尊重大家的意见，在专

图6　多方参与讨论社区公共空间微改造设计

业人士的设计下做了第一稿方案，将它变成一个真实的设计让大家看见自己的视角。

根据第一稿方案项目组在玉东园里召开了第二次开放空间会议，这一次多了儿童和青年人。大家分角色扮演老人组、儿童组、青年组、中年组，并基于自己的角色提出自己的意见和建议。这一次的讨论异常热烈，甚至出现了老年组与青年组的对决。原因是青年人提出了希望园子里有可以滑滑轮的通道，有可以唱摇滚的舞台。老年组的老人马上表示反对，觉得太吵且不安全。后来才知道这个青年组里“混”进来了留日回来的青年设计师。

青年组有了自己的想法，儿童组也提出了自己的想法，他们想要有个种菜的地方：“学校经常让我们在家里种菜做观察笔记，可是我们家里没有土，园子里这么多土，正好可以种点菜。”这个想法居然得到了老年组、青年组、中年组的共同认可。这个时候社工就登场了，引导大家在公共空间的规划设计中不但要考虑自己的视角还要看到他人的视角，大家有不同的想法很正常，找到一个折衷点达成共识就可以了。当然，还要看到各种限制条件比如成本投入的限制，技术与安全的限制等。

热闹的争与吵完全脱离了设计师熟悉的大学课堂，虽然他的第一版设计方案被现场居民推翻了，但他不仅没有生气，最后反而乐呵呵地与居民一起享受地讨论起来了。在大家热闹讨论的时候，外围还悄悄地坐了另一位设计师。他听了大家的讨论，回家花了三个晚上自己做了一个设计稿。这个设计稿最让玉东居民惊艳的是设计了一个既中式又时尚的多功能舞台来满足青年、老年不同年龄段的居民使用。同时这个设计还给了大家一个启示，不但社区花园是一个共享生活空间，连同社区三层楼的党群服务中心都可以规划进整个园子，变成一个共享生活空间。

玉东园的规划与设计从三月进行到了七月。七月迎来了玉林社区规划师国际训练营体验周活动（图7）。这个训练营原本是四川大学与日本千叶大学、英国谢菲尔德大学景观与园林设计专业的学术互访。以前都是在大学里举办，这次却把训练营搬进了玉林东路社区。3所大学的师生共计30余人，连续10天在社区里走访居民，观察社区。谢菲尔德大学带队老师是海伦·伍利（Helen Woolley）老师，日本千叶大学带队老师是著名的木下勇老师，他同时还是联合国儿童基金会的受聘专家，在推动儿童友好社区规划与设计方面经验丰富。这次训练营中，玉东社区的公益规划志愿者和居民骨干也分别进入训练营的四个小组，通过图纸绘制和四川大学师生的义务翻译参与到设计中去，并对四个小组的设计方案进行鲜花投票，评选出他们满意的设计。最后居民们还以家庭为单位，每个家庭出一个菜，为三个国家的设计师生们举办了一次国际美食派对以表达谢意。

5　花园营造

玉东园的规划前后共出了7稿设计方案。着急的人肯定会问，到底实施了没有？可以肯定地回答大家，都没有被完整地实施。因为截至目前没有一稿是大家完全满意的。当然，更重要的是没有足够

图7　玉林社区规划师国际训练营体验周

的资金可以实施一个完整的方案。但是，这并不影响大家快乐地共同规划与设计。

把玉东园的规划设计进行了拆分，分期分批进行。

第一期，基于大家对菜园的热爱与共识，玉东社区通过社区议事会正式进行立项，在花园的向阳地带开辟了近100 m^2的地用于可食性地景规划与打造，还开辟了众筹亲子菜园（图8）、亲子厨房、厨余垃圾再利用、社区基金募集、《玉林路上》社区生活报等多个子项目平行运行。同时玉东社区把院落空间微更新纳入社区公益创投支持项目，鼓励并支持了玉林东路8号院、玉林北街5号院、玉林东街44号院3个院落居民在社工与专业规划师的支持下，对自己的院落进行空间规划与更新，对自家的阳台进行美化。

图8　亲子菜园的营造

第二期，玉东社区将设计与需求进行拆分，将儿童种子博物馆（图9）、社区生活博物馆、残疾人共享空间单列出来，分别获得了武侯区科技局、区组织部、区残联的项目资金支持，得到了落地实施。

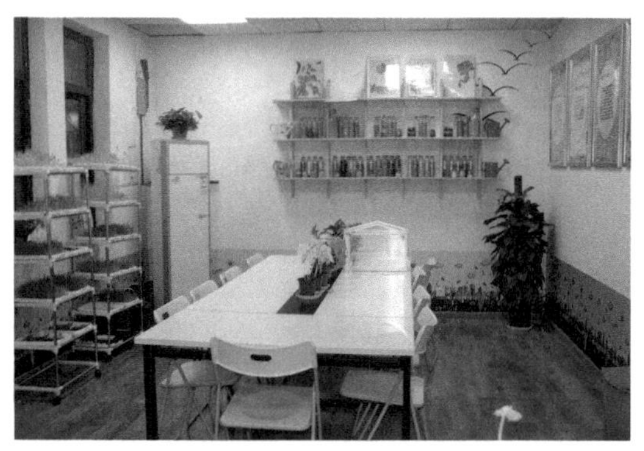

图9　种子博物馆

第三期，计划在争取政府部门支持的情况下，同步以社区保障金专项资金为撬动点，开放空间的共享使用权，获取社区居民和社会的进一步支持，用“政府+社区+社会”的力量来解决社区规划的问题与需求（图10）。目前，社区已经通过资源链接获得上海立邦漆“为爱上色”项目支持，由阿根廷的艺术家在玉林东街48号立面绘制了“花开玉林，携手绽放”大型公益主题墙绘。

图10　用“政府+社区+社会”的力量来解决社区需求

6　日常管护

玉东园的可食地景目前已经作为亲子菜园分别由17个家庭进行日常维护。四周墙面先后出现了轮胎花墙、雨水灌溉花墙、玉东记忆墙、四季花卉墙。分别由来自少年派儿童社团、院落党支部、长者互助社、善明书塾的志愿者进行维护（图11）。

玉东社区居委会对社区公益微创投进行了制度固化，每年用保障资金和社区微基金募捐方式，分别投入不少于3万元的经费，鼓励社区居民、社团和院落自治小组围绕社区花园和院落微更新内容和公益活动进行创新性项目申报，以维持社区花园和院落微空间的持续再更新。

图11　志愿者及居民的共同维护

7　花园的激活和运营

社区花园的营造以及可持续良好发展依赖于包含居民骨干、社工、专业设计师、游学团共同组成的“社区规划师”团队的协力激活和运营。

居民。作为公共空间的使用者，居民对空间具有一定的话语权。很多人没有意识到大家的空间就是自己的空间，而用冷漠的态度对待公共空间，其意识与行动的激活非常重要，同时居民也是后期主动运营的主要力量。

图12　社工引导促进居民间交流

社工。其价值在于引导创造人与人之间联系，推动人们从意识到行动上的改变，强调居民的空间主体性，贯穿到整个社区花园营造过程（图12）。

专业设计师。空间规划缺少不了设计师的存在，能引导居民发散思维，将最终方案成果落到实地。

游学团。多方参与、综合组建的游学团广泛学习国内外相关理论与实践案例，将社区花园落地在玉东，是居民、社工、专业设计师之间的桥梁，是社区花园激活、实施、运营等各个环节中的智囊团。

玉东社区花园的实践在社区规划师团队共同努力下实现了以下成效，而这些成效又是激活下一个社区花园的要素。

可持续的景观。在多方打造出社区花园的基础设施后，居民对土地有了归属感和认同感，自己认领的地块需要持续经营，需要对于土地劳动力的投入。这使得居民与公共空间产生了联系。

共享共治花园的概念。共享花园是大家的花园，泥土由花店老板捐赠，菜箱由居民点赞筹集，菜地由家庭认养经营，在城市喧嚣中沉淀对土地的热爱。这个过程是人与人之间建立感情联系的过程（图13）。

图13　共享共治概念的社区花园

环保理念支撑。酵素、堆肥、废物利用，环保的提倡不只是喊口号，而是实打实地在“社区规划师”团队的手中又成为一道亮丽的风景线，社区花园成为灌注了无数人手笔的地方（图14）。

人与自然的和谐。参与式的社区花园打造没有竣工期，大家既是参与建设者又是使用者、受益者，景观的轮作更替与自然相和谐，人与人的交流增多，故事不止于花园（图15）。

图14　环保理念的社区花园

图15　社区花园促进人与自然、人与人的和谐

8　总结思考

社区规划是一个叠加的过程，而不是一个完善的设计方案。社区的公共空间在使用中会发生很多变化，再完美的设计都有漏洞，都可以被修改，关键是要培养社区居民的空间再生产能力，把空间规划好，把人请进来。

玉林东路社区通过社区花园微更新开展的社区营造，可以作为川西地区老旧院落治理的一种探索方式。通过社区规划师团队的建立，从构建营造的理念开始，通过社工的带领，调动居民共同对建设更美好家园的积极性，把公共空间改造当成自己的事情，形成自下而上的积极改造方案。

老旧小区有着在高档楼盘难以形成的统一价值观，这与玉林片区的社区形成有很大的关系。单位的凝聚力使得居住在此的居民有着天然的归属感，这种归属感就是社区命运共同体的基础，在此基础上进行空间营造，不仅改善了空间环境，也使人的距离不断缩小，形成共享共治的景观。

成都浦江溪鹭耕夫·可食地景营造

罗俊沙[1]

1 项目背景

溪鹭耕夫·可食地景占地约6 660 m^2，位于四川省成都市蒲江县鹤山街道齐心社区白鹭洲小区内（图1）。齐心社区白鹭洲小区是拆迁安置小区，始建于2008年，有住户412户，共1 452人。溪鹭耕夫·可食地景项目是由齐心社区居委会牵头，征集居民意见，与居民共同商议打造集农耕文化、田园实景、人文风貌为一体的社区营造可持续项目。2018年9月，齐心社区与民生社会服务中心以“可食地景·齐心社区发展治理项目”申报成都市慈善总会社会组织专项发展基金获得成功，为齐心社区的社区营造再添助力。通过社区，政、企单位党支部，社区规划师，社会组织，居民们共同携手解决白鹭洲小区6 666.7 m^{2}闲置空地脏乱差的环境问题，从而活化白鹭洲小区闲置空地，通过系列创变过程，最终建设成一个可参与、可进入、可观赏的社区公共空间。

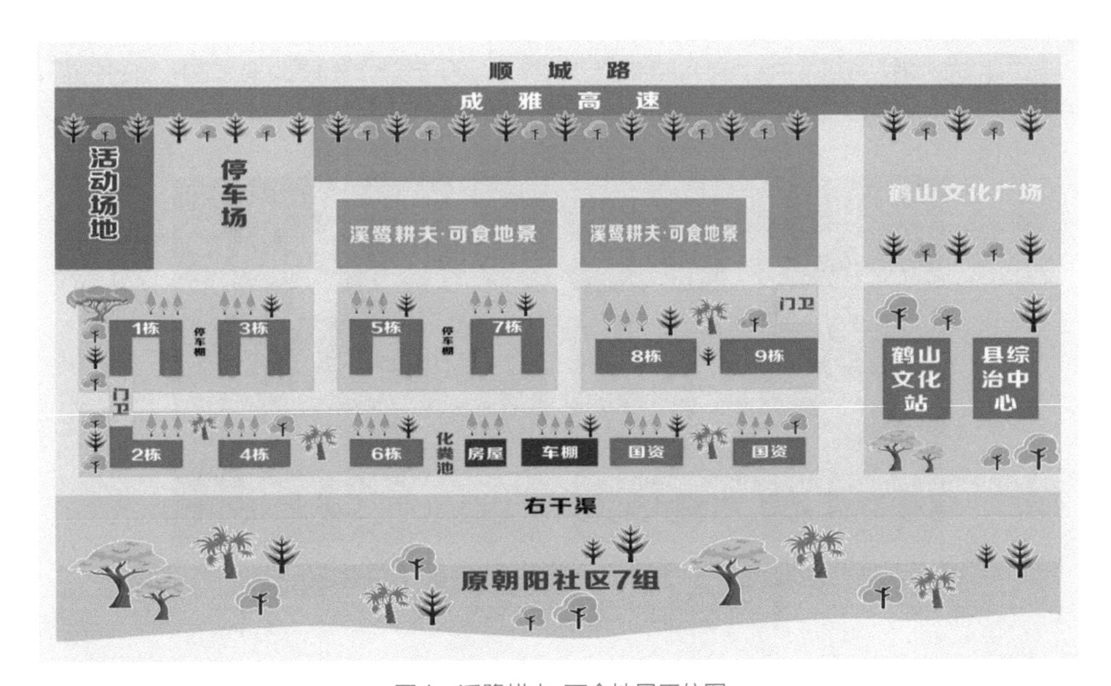

图1 溪鹭耕夫·可食地景区位图

齐心社区白鹭洲小区居民几乎都是由跨乡镇、跨村落，从农村转移到城市的拆迁安置的村民组成，从农村转入城市以后无地可种，农耕情结严重。由于跨乡镇、跨村落，各自地方文化不同，居民之间

1 四川省成都市蒲江县鹤山街道齐心社区居委委员、社工。

沟通较少。白鹭洲小区内的闲置空地杂草丛生、无人管理、环境脏乱差（图2）。居民的农耕种植需求和环境美观需求的产生使大家对这块土地的整治呼声高昂。

图2　白鹭洲小区闲置土地旧况图

2　前期调研

2018年6月初，齐心社区居委会就变闲置空地为公共空间设计了访问式调查，以楼栋为单位，社区干部和网格员分区包片入户，对改造闲置空地进行了居民意向调查（图3）。社区居委会根据前期对居民意向的调查收集，综合考虑居民意见和社区实际情况，提出开展溪鹭耕夫社区营造项目。而后经过多次会议的开展，与居民共同协商公共空间未来的样子，形成改造白鹭洲小区闲置空地为公共空间，用于解决公共问题的初步方案（图4）。

图3　前期做居民意向调查

图4　召开居民代表会

3　方案制定

通过前期居民意见搜集，形成初步方案后，2019年1月召开5次居民楼栋会议就前期拟定的初步方案内容进行商讨，讨论的主要内容是改造方案中的步道、沟渠建设，地块划分方案，租金金额，社区基金池筹建及使用方向（图5）。社区居委会综合5次会议讨论结果形成了溪鹭耕夫·可食地景最终方案（图6）：由城乡社区发展治理专项保障资金按流程对改造方案中步道建设进行支持；以每个地块30 m^2大小进行划分，确定租金金额，并以抓阄形式来确定地块位置且一年一租签订协议（图7）；居民和单位认领地块的租金全部用于社区公共事务及社区公益事务。

4　溪鹭耕夫·可食地景营造过程

按照方案共划分地块126个，2019年2月由社会组织发布认领招募令，招募溪鹭耕夫·可食地景的“地主”。2019年3月开展了溪鹭耕夫抓阄暨认领协议签订活动。截至目前共吸引了118名居民、6个党支部对地块进行了认领，共有资金12 115元。同时为增强社区的造血功能，助推社区发展治理的可持续发展，积极探索、筹划建立社区基金（图8～图10）。

图5　召开居民楼栋会议

图6　在居民楼栋会议讲解溪鹭耕夫·可食地景的概念

图7　与社会组织讨论抓阄活动细节

图8　溪鹭耕夫抓阄活动现场

图9　签订认租协议

溪鹭耕夫·可食地景营造过程中，蒲江民生社会服务中心与社区居委会以溪鹭耕夫·可食地景项目为依托，开展了多场以社区居民为主的亲子科普教育活动、农耕培训活动（图11、图12）。将自然有机种植培训带给社区居民，把科普亲子游戏带给亲子家庭，把互动带回邻里间，以自下而上的方式将

图10　政、企单位党支部认领地块

图11　亲子农耕教育

对公共空间创变的主动权交回给居民。目前通过前期营造共挖掘居民骨干36人，成立备案了溪鹭志愿服务队、溪鹭开心文艺队、公益服务中心志愿队等6支居民自组织队伍。蒲江民生社会服务中心针对居民骨干和自组织队伍提供培力支持，邀请专家对自组织队伍进行能力提升培训2次、外出参访学习1次，让居民骨干和自组织队伍不断提高认识，不断自我完善，明白社区的发展治理是社区与居民携手共同建设和共同创造的结果，居民的参与才是根本。通过培育提升，溪鹭耕夫志愿服务队在端午节组织社区居民开展了齐心白鹭“艾香端午邻里和”活动（图13）。

图12　有机种植培训

图13　由自组织队伍溪鹭耕夫志愿服务队承办的端午节活动

目前，单位党支部将固定党日活动完全融入溪鹭耕夫·可食地景，不仅完成前期耕种种植，也将丰收的蔬菜及爱心粮油物资分享给齐心社区高龄老人、残疾人，与社区实现了多元化共建、活动资源共享（图14～图17）。

5　总结思考

溪鹭耕夫·可食地景作为一个面对大多数社区居民使用的公共场所，每一个人的需求不一样，所以可食地景呈现的状态也会有所不同，层次也有高低。只有以居民需求为根本，从居民的角度考虑，居民才会有动力参与这个空间，才能达到活化这个公共空间并进行创变的目的，才能有后面的增强居民主体意识和参与意识，促进自治管理长效机制的建立。

通过搭建居民互动平台增强联系，农耕劳作找回乡愁，亲子互动游戏促进亲子家庭关系的和谐、

图14　单位党支部完成前期耕种种植

图15　单位党支部将丰收的蔬菜分享给齐心社区的高龄老人

图16　溪鹭耕夫蔬菜义集活动现场

图17　参与蔬菜义集的居民、孩子们

邻里关系的融洽，呈现老带小，小牵老共同栽种、收获及分享的美好画面。单位、社区居民的多元化参与，从改变环境开始到友善的人与人之间的连接再到友善的分享，溪鹭耕夫·可食地景是集合了众人的智慧、参与、共建、共治、共享的产物，不是单一的存在，是丰富多彩的存在。从前期调研、方案确定到在地落实历时1年，也许目前它还不够完善，但在未来的发展中它是可以实现共建理想社区的设计，是人们通过自我赋能成为社区主人的设计，是充分连接人与人之间关系的设计，正如山崎亮所言："因为比设计空间更重要的是连接人与人的关系。"不是设计只让100万人来访1次的可食地景花园，而是规划能让1万人重访100次的可食地景花园。

半亩方塘——校园里的生态农园实践故事

席东亮[1]　罗伟汉[2]　牛皖川[2]　顾洲权[2]　陆浩文[2]　檀　鑫[2]

1　项目背景

安徽建筑大学城市建设学院地处巢湖半岛，在环巢湖湿地保护1 km范围内，巢湖生态环境的保护和治理为安徽省生态文明建设重中之重的任务，政府划定了严格的环巢湖生态湿地保护圈。这对于安徽建筑大学城市建设学院的发展既是限制也是机遇，限制是校内的开发备用地暂时不能再做新的建筑物，机遇是可以依靠巢湖生态环境保护治理和地理优势，与专业教学相结合，向生态循环校园转型提供了难得的机遇。

学校在2018年申请了关于“以校园生态农业为基础建设环巢湖生态圈内的生态校园的研究与实践”质量工程项目。此项目的第一步就是在学校的荒地利用适用技术建设生态循环的农场。农场是实践生态校园的第一步，可以进行垃圾分类和回收利用、堆肥、污水处理、生态厕所、现代农业、分布式太阳能发电、被动式建筑、装配式建筑的试验，结合专业课程为学生提供一个室外试验和实践基地。

2　前期调研

图1　项目位置

前期对生态校园和生态农场做了大量文献调研。带领5位风景园林专业的学生，利用寒假时间对国内外社区农场和生态校园案例进行查阅和总结。参与2019年4月在同济大学举办的社区花园与社区设计国际研讨会，学习相关理论基础与实践经验。

在查阅大量文献资料的基础上团队对选址地点开展了实地调研。学校不缺少荒地，关于地块选择咨询了院领导和风景园林专业的老师，实践地最终确定为安徽建筑大学黄麓校区城市建设学院（图1），地块属于学校（集体）所有，在学生食堂北边，其东北侧有一道围墙，有一条道路连接学校的干道。项目地地势高，光照充足，原有构树、野蔷薇、桂花、野豌豆、艾草、芦苇等植物，但土壤裸露、板结、透水性差、肥力差、黏性大。选取其中200 m^{2}空地作为试验区，试验区东南端有一个400～500 m^{2}的水塘可作为后期灌溉水源。

1　安徽建筑大学城市建设学院助教。
2　安徽建筑大学城市建设学院建筑与艺术系本科生。

质量工程项目立项之后找到5位对农业感兴趣的风景园林学生，他们都来自农村，对于农业种植还有一些记忆，也具备一些种植技能，为后来项目的推进做了很大的贡献。

3 方案制定

有了想法之后一直在犹豫，不知如何下手，毕竟团队对农业种植知之甚少。之前关注过朴门农法、可持续设计相关知识，机缘巧合下看到了四叶草堂刘悦来老师在上海共建的社区农场，备受鼓舞。刘悦来老师和魏闽老师编写的《共建美丽家园——社区花园实践手册》也为建设生态农场的前期营造提供了指导意见。

项目刚开始一点一点摸索，每周团队会到项目地进行讨论和劳动，学生们贡献自己对项目的想法，然后开始行动。因为农场是生态校园的实践，所以一开始就明确了reuse、reduce、recycle的理念。此外，我们要营造的是一个无化肥、无农药、无公害的生态农场。关于如何驱虫、施肥，通过前期调研决定通过酵素和堆肥等方式来解决，对环境不会造成伤害，堆肥也是最好的处理和吸收有机垃圾的方法。

4 花园营造

校园生态农场是自然生长状态（没有刻意做图纸设计），学生们在参与营造的过程中想法不断地涌现，这是参与式设计方法的探索。每次行动之前都会在学校寻找可以回收利用的材料。没有经费，正好“逼”着我们发挥创造力，回收利用一些材料，所以学校的一些垃圾都成为潜在的原材料。过程中学生们积极参与，创造力也得到了激发。首先是种植箱，一开始打算在网上购买材料或者现成的种植箱，正巧当时学校在做改造，有很多装修垃圾，很多都还是很好的材料，例如拆下来的厕所挡板，和施工人员交流后，施工师傅帮忙把挡板裁成需要的尺寸。制作种植箱需要的钉子和固定用的工具是向后勤借的，固定用的L型连接件是学生们在垃圾堆里捡来的，学生们花了一下午时间做成了5个1 m×1 m的种植箱（图2）。种植土壤最开始团队想用学校附近树林中的腐殖质，但是当时没有合适的运输工具和人员，于是在萌芽计划群里咨询各位老师和学员。来自苏州的曹芳华老师建议可以在网上购买种植土，因此团队就在网上购买了10袋种植土，然后将种植土和项目地周围挖出的土混在一起，挖出的小土坑被做成了小的生态池，一切都是那么地水到渠成。

图2 利用废弃材料制作种植箱

图3　回收砖块做成的螺旋花园

团队用学校里捡来的各种废弃物进行创造，例如用轮胎改造成种植箱、砖块堆砌成螺旋花园（图3）和田间小径（图4）、铁丝网制成堆肥箱等（图5～图8）。当时没有过多地改变项目地周边的原生植物，野生蔷薇和金银花被保护起来，团队也尝试扦插野生蔷薇。农场种植所需的种子一部分购买于网络，一部分借自于附近村民的自留种（图9、图10）。旁边的小水塘里长满了水生植物，以及生长着小龙虾和小鱼等，每次在湖边取水灌溉都会发现小鱼和小虾，然后将其放生，践行共生理念。

图4　回收砖块做成的田间小径

图5　回收材料做成的旗子

图6　回收材料做成的工具箱和种子库

图7　包装箱制成的蚯蚓堆肥箱

图8　回收材料做的五角星花池

图9 播种

图10 农场的第一颗小苗

营造的过程中深刻体会到了什么叫做得道者多助。学校的老师们得知团队需要回收利用垃圾，都主动提供线索。刚开始建设农场时的工具都是向土木系混凝土实验室借用的，运输工具也是向后勤借来的，机电系的老师将实验室的仪器包装都送给了团队。学校的宿管阿姨为团队作种植指导，被团队聘请为种植顾问。学生们做酵素时到学校水果店询问老板能否提供水果皮，老板都很乐意和学生沟通。学校的团委老师写了一篇报道在学校官方公众号进行推广。建设过程中很多师生提供了无私的帮助，logo就是一个对项目感兴趣的工业设计学生花了一晚上的时间帮忙设计的。搬运回收材料时也经常会受到一些学生的帮助（图11）。

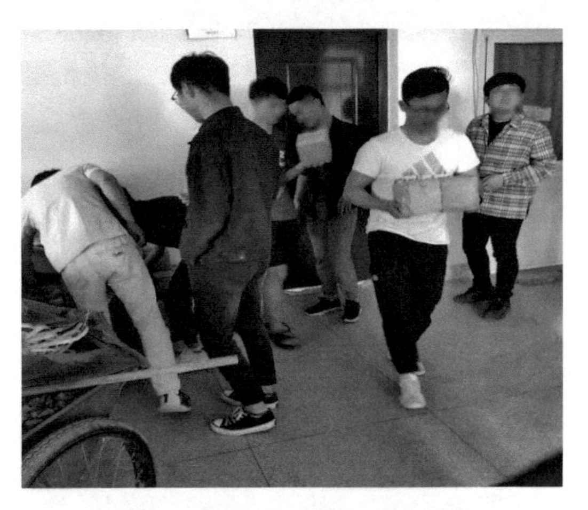

图11 志愿者帮忙搬运回收材料

5 日常管护

日常的维护工作包括灌溉与除草，学生们利用课余时间会到小菜园志愿劳动。刚开始由于幼苗需要精心呵护，会在群里发“今日任务（比如浇水、除草等任务）”，学生们每周至少会到菜园2次，蔬菜成熟后，大家大概一个星期去一次（图12～图14）。日常维护采用轮班制。平时把自己的垃圾做分类，将可堆肥的垃圾收集起来放进堆肥箱。学校有一位老师喜欢喝咖啡，她会把积攒的咖啡渣贡献给小菜园作堆肥材料，大家则用小菜园收获的黄瓜来酬谢她。

园丁阿姨会把学校里园艺维护产生的绿色垃圾交给团队来制作堆肥。学校食堂的鸡蛋壳、学生们寄收快递的包装纸盒也被回收用来堆肥。在

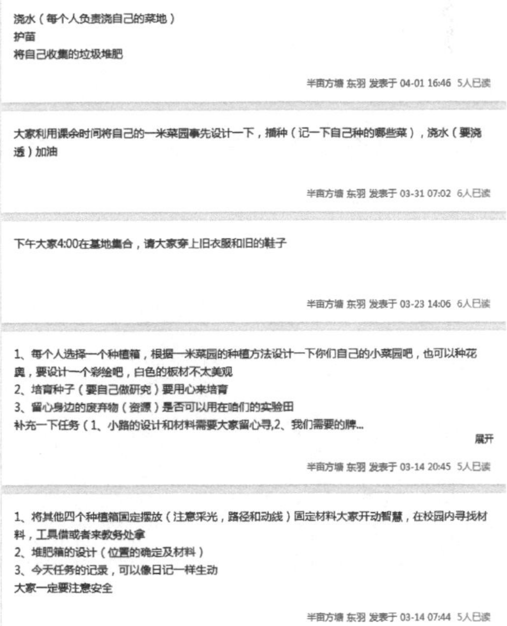

浇水（每个人负责浇自己的菜地）
护苗
将自己收集的垃圾堆肥

半亩方塘 东羽 发表于 04-01 16:46 5人已读

大家利用课余时间将自己的一米菜园事先设计一下，播种（记一下自己种的哪些菜），浇水（要浇透）加油

半亩方塘 东羽 发表于 03-31 07:02 6人已读

下午大家4:00在基地集合，请大家穿上旧衣服和旧的鞋子

半亩方塘 东羽 发表于 03-23 14:06 6人已读

1、每个人选择一个种植箱，根据一米菜园的种植方法设计一下你们自己的小菜园吧，也可以种花奥，要设计一个彩绘吧，白色的板材不太美观
2、培育种子（要自己做研究）要用心来培育
3、留心身边的废弃物（资源）是否可以用在咱们的实验田
补充一下任务（1、小路的设计和材料需要大家留心寻,2、我们需要的牌...
展开

半亩方塘 东羽 发表于 03-14 20:45 5人已读

1、将其他四个种植箱固定摆放（注意采光，路径和动线）固定材料大家开动智慧，在校园内寻找材料，工具借或者来教务处拿
2、堆肥箱的设计（位置的确定及材料）
3、今天任务的记录，可以像日记一样生动
大家一定要注意安全

半亩方塘 东羽 发表于 03-14 07:44 5人已读

图12 小菜园QQ群里面每天的活动任务

图13　学生冒雨除草

图14　自制洒水壶浇水

维护小菜园的过程中也会做一些小试验，比如用模具来塑性葫芦和丝瓜，通过不同酵素使用比例检测其肥效和驱虫效果。

6　花园的激活和运营

花园营造前期就开始鼓励学校师生共同来参与营造。营造过程中会公布每天的营造工作任务，有学生感兴趣的会加入团队。

组织5位2017级园林的学生给2018级园林的学生宣讲理念和营造故事（图15），很多2018级学生对项目表现出极大的兴趣，经常去农场参观学习（图16、图17）。在宣讲的过程中介绍了酵素的做法和用途，带上丰收的萝卜分享给大家。宣讲会后有许多学生对项目感兴趣，大家建了一个QQ群，在群里分享小菜园的点点滴滴，分享社区农场和可食地景的文章和知识点。现在已经有将近40位志愿者加入，后期小菜园如果有活动会发通知到QQ群中，号召感兴趣的志愿者加入。学校一些老师在闲暇时也会光顾小菜

图15　向大一新生宣讲

图16　志愿者们参观半亩方塘

图17　小农场成了室外课堂

园，捐赠一些可堆肥的“垃圾”，作为回报也会给他们一些小菜园长出的黄瓜、番茄等，践行共享理念。整个营造过程中，小小的农场像一个网将学校各个部门连接到了一起。

7 总结思考

农场营造过程中有许多令人印象深刻的场景，这些场景是激励大家继续前行的动力。

大家一起搬砖铺好农场的第一条路，那种状态感到学生们真给力；学生们主动拿一米菜园收获的食物分享给学弟学妹们的场景；和会种菜的宿管阿姨交流种菜经验的时候，感觉小小的农场就是沟通的桥梁；学校师生提供有用的回收材料；学生们冒雨给菜园除草的场景；学生们去校外收集水果垃圾时旁边有小女孩在观看，我想学生们回收垃圾变废为宝的行为会对她产生一定的影响。

小而美，用这句话来夸奖小农场再恰当不过了。希望通过持续践行理念，用我们对环境友好的行动去影响更多人参与进来。

自然教育理念下的幼儿园种植园地设计实践探索——以西安吉的堡南湖幼儿园为例

李　戈[1]

苏霍姆林斯基曾说过："让孩子在没打开书本去按音节读第一个词之前，先读几页世界上最美妙的书——大自然这本书。" 2009年《林间最后的小孩》出版，儿童因疏远自然而产生感觉迟钝、注意力不集中、生理和心理疾病高发等症状引人深思。

在城市化日趋成熟的今天，很多儿童都出生在"钢筋混凝土的丛林"里，缺少在自然中成长感悟的机会，部分住进"钢筋混凝土森林"的儿童逐渐显现出"自然缺失症"，因此对儿童的自然教育变得被重视起来。幼儿园也被明确规定需要设置种植园地作为户外教室，引导儿童亲近自然。本文通过对西安幼儿园种植园地的设计改造实践，从空间布局、建设过程、后续维护、绿色课程等几个方面，介绍自然教育在幼儿园种植园地中的体现和应用。为儿童自然教育活动的开展以及种植园地的设计提供借鉴。

1　项目概况

西安吉的堡南湖幼儿园是一所位于陕西省西安市雁塔区的社区幼儿园。幼儿园中的种植园地是后期加建的一个面积约30 m^2的长方形场地，位于园区西南角。该项目由园方发起，与西安欧亚学院环境设计系合作，由园方出资，欧亚学院环境系设计，学院师生与园方教职工、小朋友家长共同参与建设完成。

场地存在的问题如下。

原先场地使用率差。由于园所管理者、教师们的园艺知识有限，种植区仅以蔬菜为主，景观效果及自然体验过于单一，缺乏美感，时间一久新鲜感一过，种植区就失去吸引力，逐渐荒废，杂草丛生，无法发挥其教育价值（图1）。

图1　幼儿园种植园地改造前

幼儿园对于自然教育户外课堂需求较高。2016年3月1日国家教育委员会颁布的《幼儿园工作规程》第三十五条中明确规定幼儿园中应配备与其规模相适应的种植园地，对种植园地的强调说明户外课堂自然教育对儿童成长有着重要意义。

后期维护力量单一。后期维护目前仅仅依靠幼儿园内部的后勤部门，力量单一，花园的持续参与感低。

1　西安欧亚学院讲师。

2 前期调研

在设计这个小花园之初，为了更好地了解小朋友心目中的花园形象，欧亚环境系师生与幼儿园教师一起组织小朋友用绘画的方式描述自己心中的小花园（图2）。从儿童画中观察孩子们对花园的需求，以便更好地完成设计方案。

图2 绘制心目中的小花园

3 方案制定

欧亚环境系师生在查阅了儿童景观空间设计相关资料后，结合小朋友与幼儿园教职工的意愿，决定在小花园中加入更多具游戏性、体验性和观赏性的元素，激发小朋友对小花园的探索欲。设计中秉持生态环保的理念，将幼儿园废旧物品收集起来，重新改造利用到景观营造中，园中设置蚯蚓堆肥塔，回收利用餐余残渣实现土壤堆肥。

于是原本狭长的种植池被划分出6个主题：多感体验园、岩石园、水生园、阴生植物园、波点艺术园、果蔬种植园。多感体验园选择具有特殊触觉、嗅觉、味觉的植物品种，例如含羞草、碰碰香、柠檬、葡萄、石榴等，触发儿童身体的多种感知；岩石园以白石铺底、耐旱植物点缀，种植了各种可爱的多肉，他们形态各异、憨态可掬，小朋友可以观察到丰富的形状；水生园设计了利用废旧陶瓷缸改造的小鱼缸，搭配喜湿的蕨类植物，鱼缸里的小鱼和乌龟能让小朋友观察到小动物的生活，水缸和蕨类植物改善了花园的微气候；阴生植物园由于受到建筑物遮挡，光照不足，种植阴生植物帮助小朋友学习不同植物的生活习性；波点艺术花园利用废旧轮胎，重新涂色，营造卡通形象种植池，利用废弃玩具结合微地形设计，营造赛车探险的场景，种植有一定高度的观花植物，在有限的场地上营造丰富的高差体验，激发小朋友探索欲望；果蔬种植园观赏性与实用性兼具，而且蔬菜的生长速度快，季节更替性高，便于小朋友观察植物的生长变化（图3）。

4 花园营造

花园营造注重多方参与。花园营造中以欧亚学院师生为主力，幼儿园教职工主动参与其中，并由幼儿园方组织邀请小朋友和家长志愿者一起参与小花园的建造，大家齐心协力共花了3天时间完成了小花园建造。虽然大多数参与者之前都没有过施工经验，但凭借着热情和认真，一起完成了这个挑战，看到改造后焕然一新的小花园，大家内心都有满满的成就感（图4～图6）。

花园营造注重废物利用。由欧亚学生志愿者与幼儿园教师一起收集幼儿园的废旧物品，并改造成景观装置，例如将废旧的水盆改造成水生园的鱼缸，轮胎改造成种植池，废旧玩具改造成景观微场景。整个花园设计充分利用园区自身的废旧物品改造，形成独特的景观效果（图7～图9）。

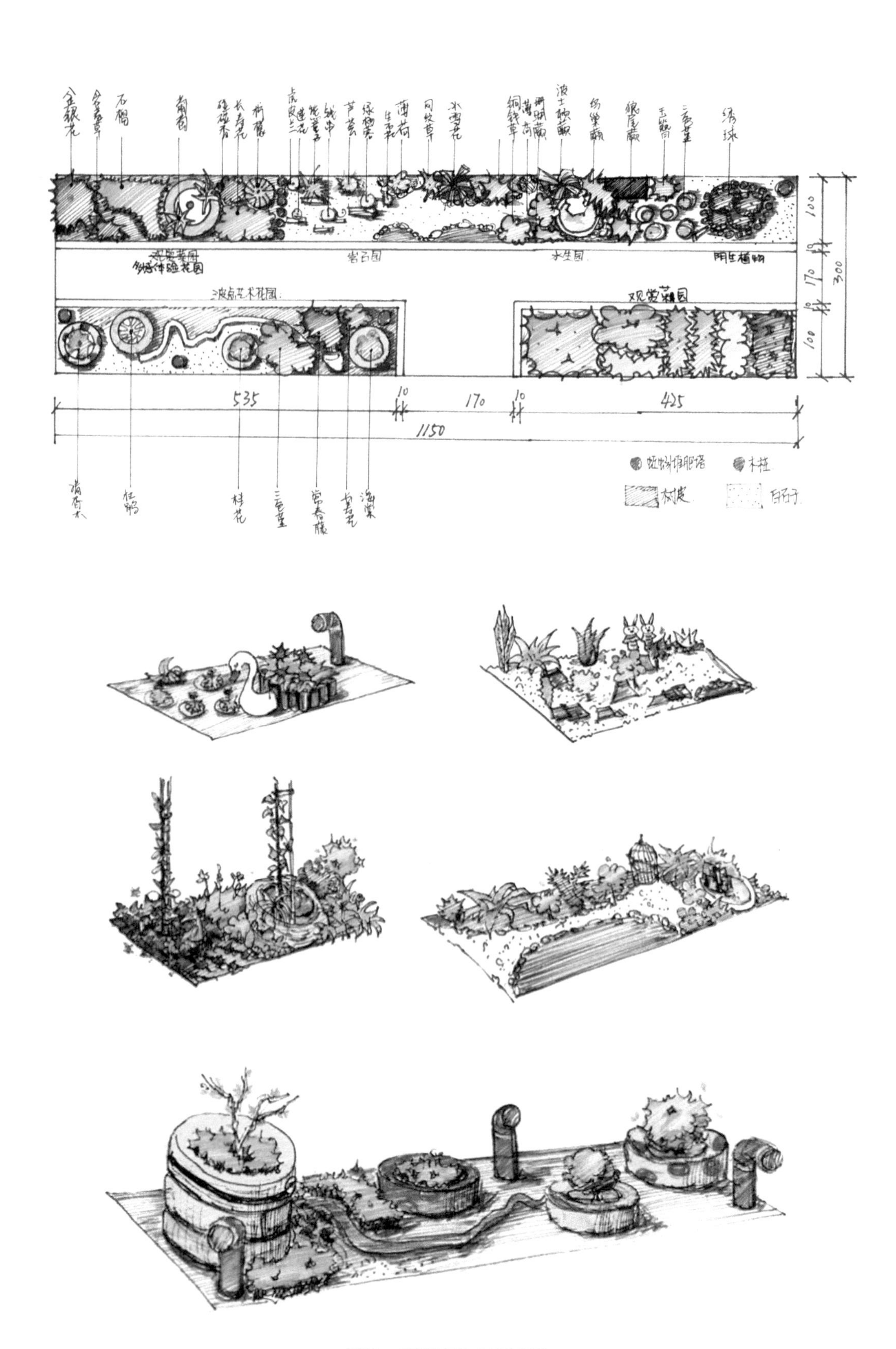
多感体验花园
岩石园
水生园
阴生植物
波点艺术花园
观赏菜园
535
10
170
10
425
1150
100
170
100
300
桂花
海棠
木桩
树皮
白石子

图3　花园设计方案图纸

图4　欧亚师生参与花园松土

图5　幼儿园教职工与小朋友参与植物种植

图6　改造后的小花园

图7　幼儿园废旧的水盆改造成水生园的鱼缸

图8　幼儿园废旧轮胎改造成种植池

图9　幼儿园废旧玩具改造的景观微场景

5　日常管护

种植园地改造完成后，幼儿园教师与欧亚师生一起为小朋友策划了一系列自然认知游戏，通过让小朋友为花园的植物插标牌、给蚯蚓堆肥塔投放果蔬、制作照片绘本，帮助孩子们更好地在这个户外课堂中学习成长（图10～图14）。而日常的管护工作目前由园方后勤人员负责，幼儿园教师组织小朋友按班级划分区域辅助管护人员管理花园，定期为花园除草，制作植物成长笔记。

6　总结思考

在举行了一系列自然教育活动后邀请小朋友重新绘制心目中的小花园，与最开始的绘画做了对比，

图10　欧亚教师讲解花园植物

图11　小朋友触摸含羞草

图12　小朋友为蚯蚓堆肥塔投食　　图13　欧亚学生志愿者制作的植物标牌

图14　认知花园的照片绘本

惊奇地发现，在进行自然教育之前，小朋友对小花园的认知就停留在蓝天、白云、苹果树、蜜蜂、蝴蝶这种标准化又空洞的认知上；进行自然教育之后，小朋友的画中出现了不同形态的植物、天气、小动物、小鸟偷食器、老师的动作等（图15）。可见自然教育对儿童认知有着重要意义。

调研发现很多城区幼儿园都建在住宅小区中，种植花园不仅是校区的一部分，也是小区景观环境的一部分，而很多家长就是小区居民。希望后期尝试家校互动模式，同时将维护工作与自然教育课程相结合，让家长与孩子参与花园维护的同时共同感受参与自然的体验。将自然教育渗透到儿童、家长、教师、居民的日常生活中，扩展自然教育的边界，更好地为教化育人服务。

在西安这样的北方城市，受季节气候的影响，社区花园的种植和自然教育活动的开展都会比较受限，因此如何让社区花园自然教育在北方更加可持续是接下来要探索思考的问题。

图15　自然教育后小朋友绘画作品

城市老旧社区花园实践——以宝鸡市新渭路汽修厂小区为例

吴　焱[1]　曹娇娇[2]　刘舒怡[2]　詹　琼[2]

1　项目背景

宝鸡市新渭路汽修厂小区院落更新区域占地420 m²，位于陕西省宝鸡市渭滨区，为宝鸡市原市中心所在区域，修建于20世纪80—90年代之间，属城市中心的老旧社区。该项目由长安大学建筑学院环境设计系、陕西普辉青年社会发展中心和渭滨区经二路街道联合建设景观提升与社区营造试点来进行合作的，以渭滨区民政局和社区居民共同出资，由长安大学建筑学院环境设计系师生提供技术及实践支持，陕西普辉青年社会发展中心提供在地式服务与运营指导，居民共建共享共治的形式完成（图1、图2）。

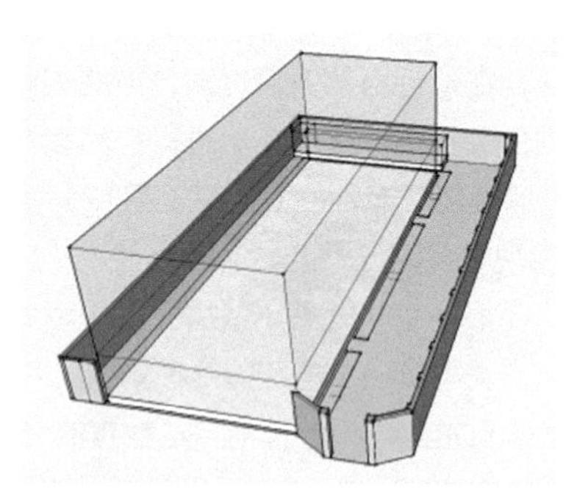

图1　汽修厂小区区位图

图2　汽修厂小区旧况

1　长安大学建筑学院副教授。
2　长安大学建筑学院研究生。

宝鸡市新渭路汽修厂小区原为单位制住房，后因单位解体，汽修厂成为无人问津的“三无”小区。该小区同时也是宝鸡市中心老旧小区的典型，这类小区主要存在以下问题。

①“三无”小区。即无物业管理、无主管部门、无人防物防的院落、楼栋。经费短缺，难于管理。

② 公共活动空间缺乏且质量较差。住区将活动、休憩、交通等功能混合在一起，简单来说就是同一空间承载着小区居民所有生活所需的功能。但这些空间并不能为小区居民提供很好的服务，无法为居民生活提供有品质的空间。

③ 小区老龄人口比例高，居民结构简单。小区共18户，约45人，其中60岁以上老龄人占比56%，多数为原单位职工。

但初次走访汽修厂发现这里的邻里关系相对较好，居民配合度高，小区热心居民多，有热爱种植的居民，在小区院内可见简单搭建的种植池。

2 前期调研

项目启动之初，由普辉青年社会发展中心的工作人员和长安大学建筑学院的师生共同对小院进行走访调研，一方面与居民面对面沟通，了解居民诉求与意见，同时找寻发现小区的热心人和能人；另一方面对社区治理的目标进行讲解与宣传。通过多次居民协商会议，楼院内涌现7位热心肠居民组成了自管小组和院落党小组，在社会组织的引导下明确了各小组的不同工作职责，充分发挥带头作用。同时与街道办社区工作人员共同建立小区议事平台，使得居民、社会组织、高校与政府之间的沟通更加开放，打通了参与各方的关系壁垒，针对性地讨论了小区目前切实存在的问题和困难，商榷解决方案，确定改造项目，高效地解决了各种问题（图3 ～图6）。

图3　设计团队实地考察

图4　设计师与街区领导进行沟通

图5　社会组织及设计师上门访谈调研

图6　自管小组成员和社区工作人员参加友邻课堂

3 方案制定

在成立了自管小组、明确了改造项目后，街道办与社会组织、高校一起合作组织了各项友邻学院培训，引导提升自管小组的各项能力，并共同探讨楼院治理。

经过小区居民、高校和自管小组开展实地考察，组织社区参与式设计工作坊等讨论沟通后，小区初步以低影响开发（LID）为设计理念，进行雨水收集利用、废弃物再生利用、自种可食地景等方法来改造院落公共空间，由长安大学建筑学院的师生以图示及动画视频的形式在小区内呈现共同讨论的设计方案，由高校师生、自管小组、社区工作人员、所有参与过讨论的小区居民进一步提出意见并进行现场沟通和调整，最终达成共识。同时将改造项目资金分为两类，即居民自筹资金和社区扶持资金。居民自筹资金主要用于改造后院内公共设施的维护及开展全院公益活动的经费，同时所收取的费用由自管小组进行使用公示（图7～图10）。

图7　居民议事会

图8　参与式设计工作坊

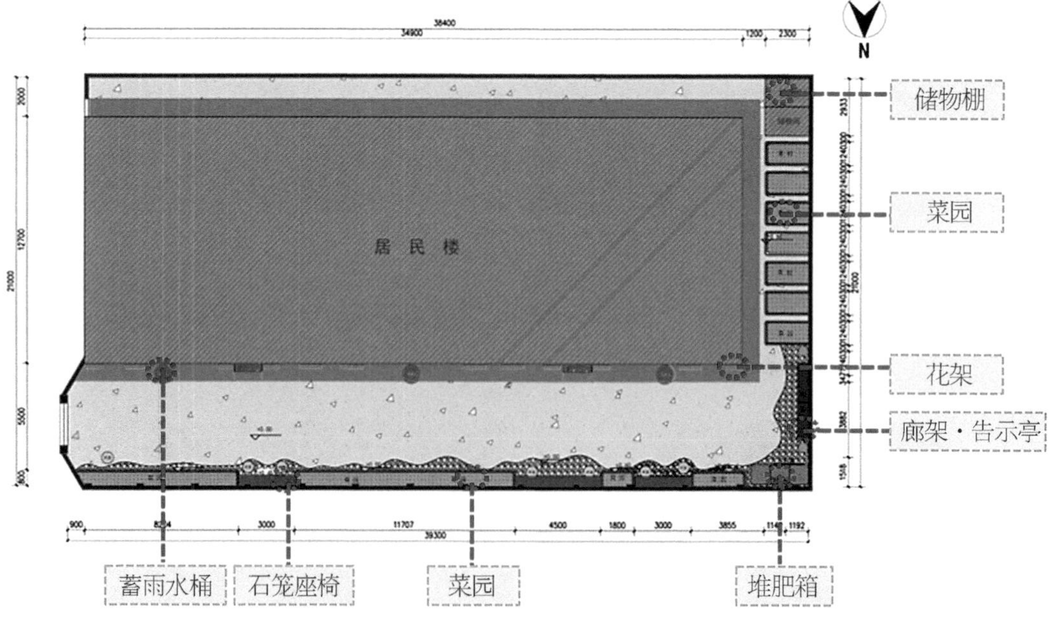

图9　花园改造平面图

在经费的预算讨论中，居民对庭院内设计座椅提出质疑，部分居民提出可以把自家不用的座椅改装，来减少这部分花费；另外一部分居民对拆除后的小区大门表示可惜，虽然换了新门，但锈迹斑斑的大门却成了老小区居民的回忆，因此提出大门能否另有用途，最后经过讨论，一致同意将旧大门改成有公示牌的座椅。在这样的反复沟通和协商过程中，设计团队发现并不是好看的设计最能够受到居民的认同，而是要设身处地为居民考虑，并引导居民参与到设计中，让居民在参与的过程中体会到对

图10　自管小组管理信息公示

图11　旧门改造的座椅

于小区应有的责任感和归属感（图11）。

4　花园营造

方案确定后，由自管小组带头，小区党员作表率，调动所有居民协力完成，设计团队和社会组织提供相关技术支持。期间居民自发组织讨论，联系施工队和销售大门门禁的商家，在设计团队引导下寻找小区内会电焊的居民，联合工人一起把旧大门改造成休闲座椅和花架，把从旧煤棚拆下的砖瓦重新应用在花池的搭建中。整个社区花园的营造包括搬砖、砌花池、选土、买种子、设计菜园认领牌等各个环节，居民逐渐参与进来，出谋划策，从施工到花园基本完工历时两个来月（图12～图14）。

图12　居民参与施工过程中

图13　社区能人进行旧门改造

图14　社区居民自发参与种植

5　日常管护

在小区更新完成后，由自管小组组织小区居民进行讨论，包括种植池维护和菜园的认领。大家自

图15　居民公约及自治信息栏展示

愿轮流对小区环境卫生进行打扫，热爱种植的居民自发教大家种植蔬菜的技巧和方法。自管小组使用自筹经费购买了雨水收集桶，保证植物日常灌溉用水。由设计团队和社会组织共同引导居民讨论和建立小区居民公约。经历社区花园一系列营造活动后，居民潜意识中自觉地彼此督促维护住区的更新成果，为后续社区花园维护奠定了良好基础和建立了人员储备（图15～图17）。

图16　居民自发打扫庭院卫生

图17　小区新门

6　花园的激活和运营

小区完成更新半年后设计团队对其进行回访，了解汽修厂小区更新后的社区花园使用情况，听取居民的反馈意见。令人惊喜的是汽修厂小区更新后的维护状态很好，而且在原有基础上居民自己增加了一些设施，例如小区的公示牌，居民自己做的堆肥罐和雨水收集桶，以及为美化墙体而悬挂的废弃轮胎，并在轮胎内种植花卉装饰，还有居民主动将自家的花架和盆栽拿到院落中展示和养护，供大家一起欣赏。居民访谈过程中得到的都是居民的良好反馈，表示很喜欢现在的住区空间，比以往更愿意停留在院内，因为在种菜的过程中大家可以相互交流经验，彼此交换果实，邻里之间的感情也越来越好。小区的自管小组也把大家在种植过程中遇到的问题积极反馈给设计团队，进行咨询和讨论。作为宝鸡市渭滨区社区微治理示范点，小区居民自发组织起小区义务讲解员，为前来参观的周边社区居民进行讲解和宣传（图18～图21）。

7　总结思考

汽修厂小区花园改造是以公共空间参与式营造为切入点，公众参与的模式是从引导示范→陪伴建设→自主参与，形成阶梯式引导过程，来逐渐培养居民对社区共建、共享、共治理念的认知。其中设计者和社会组织的角色是引导者、技术专家、沟通者、协调员和陪伴者，除了给予相关支持，最关键的是把决定权交给居民自己；政府则以开放的态度主动与多方寻求协作治理、共同决策。在这个过程中我们深刻体会到社区营造不可能一步到位，尤其是城市中的老旧住区，而这个过程恰好和建造一个花园的过程吻合，因为建造一座花园并没有理想的“完结”，而是一个持续进行的过程，在这个过程中它可能变得更好，也可能变得更糟，需要做的是接纳变化、寻求方法、随机应变。

社区花园实践是联结社区中人与人关系的一种可行方式，但同时也需要明白，它不是万金油，更不是一场运动，它需要以居民自己的意愿为基础，逐渐培养起居民的参与意识。居民愿意主动而非形式化、持续地参与到院落治理中来，这才是社区花园实践的最终目的。

图18　居民自己购买的雨水收集桶

图19　居民打理自己认领的菜园

图20　居民交流种菜经验

图21　经讨论制作的菜园认领牌

给孩子们最好的礼物——大连金地艺境艺米菜园

赵　晶[1]

“感谢这个小女孩的到来，她让我学会了担当、学会了静待花开、学会了爱与被爱、学会了陪伴、学会了……也让我感受到了成长的力量，心灵与心灵的对话。但是我又能为这个小家伙做些什么呢？大自然的无穷魅力和无限可能给予了我最好的答案。

自然是最好的老师，家庭是最好的学校，生活是最好的课本。”

——我的艺米菜园日记

我发起艺米菜园的契机源于孩子的降生。为了给孩子更好的教育、更好的生活，我开始思考社区，并把目光投向大自然所蕴藏的可能性。

我对当前孩子生活环境主要有两方面的发现与反思：

第一，自然缺失症。自然缺失症是《林间最后的小孩》一书中提出的一个术语，它不是一种需要医生诊断或需要服药治疗的病症，而是当今社会的一种危险现象，即儿童在大自然中度过的时间越来越少，从而导致了一系列行为和心理上的问题。造成自然缺失症的原因主要有：父母阻碍儿童在户外玩耍、可供玩耍的场地减少，以及电子产品日益盛行。金地艺境小区内共有三处可供儿童玩耍用地，但均为成品儿童游乐设施，孩子们很难寻找到和自然建立起联系的机会。

第二，对社会现状的反思。如今，城市里的孩子们已经不知道蜻蜓为何物，自由玩耍的绿草地早已消失在钢筋混凝土之间，期待已久的周末成了各类补习班的战场，洪水般吞噬童年的电子产品成了孩子们的最爱……这是我们想要的吗？很久很久后当孩子白发苍苍，回忆起现在的童年，他们还能剩下什么？

带着这样的反思与动力，我开始了艺米菜园的项目。

图1　艺米菜园旧况图

1　社区概况

艺米菜园项目位于大连市甘井子区金地艺境小区内，该小区建于2013年，共3 560户居民。我的家是这个小区中的一户（图1）。

1　大连艺术学院教师。

2　前期调研

最初开始计划与小区所在物业及社区合作，共同利用社区废弃地进行艺米菜园建设，但是由于种种原因未能如愿。但是菜园梦、自然梦越发浓郁，激励我前行。

为了能够更好地开展艺米菜园项目，对社区情况有更清晰的认识，同时寻找志同道合的社区同仁，举全家之力，利用社区废弃地建设了“娃娃沙坑”（图2～图4）。

图2　“娃娃沙坑”建设初期与孩子一起装扮沙坑

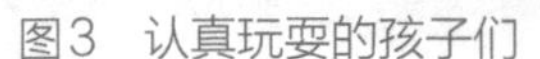

图3　认真玩耍的孩子们　　　　图4　带着孩子们一起测量、翻土

通过“娃娃沙坑”的互动，结识了一位志同道合的邻居，在邻居的引荐下，通过若干次的沟通，一位一楼的热心居民同意把自家花园地拿出来共享。通过邻里间共同协作完成了菜园的设计方案。

3　菜园营造

项目前期共招募四组家庭参与建设。根据设计方案进行了施工材料的采购（资金主要来源为提供菜地的一楼房主)、制作工具的租借、艺米菜园的制作、苗木及种子的采买工作等。经过半个月左右的建设菜园初具规模(图5)。

图5　艺米菜园初具规模

菜园基础建设完成后，建造了12个1 m×1 m的种植池。通过社区微信群及邻里相互告知，共招募15组家庭参与到菜园的种植及管理工作。孩子们利用自己的园艺工具在父母的陪同下一起种下种子，一起浇水，一起陪着小花晒太阳，一起静待花开。

在种植过程中教小朋友认识种子、颜色及组成。在种植池中拉起九宫格，让孩子们在不同的格子里进行不同品种的栽种，了解数的意义(图6)。

图6　呵护菜苗的孩子们

由于孩子们都居住在本小区内，每到放学归来，大家会不约而同地去看看自己的小种子是否发芽，自己的花是否需要浇水，对自己的小菜园十分疼惜。伴随着植物的不断成长，孩子们逐步了解了植物的生长知识，也渐渐有了责任意识。菜园不使用任何农药化肥等，所以各种小虫子也成了孩子们的玩伴。在静待花开的过程中组织了若干次活动，如轮胎涂鸦、家长交流会、抓虫虫等(图7)。

图7　菜园丰富多彩的活动（手绘轮胎、认识小虫虫、家长交流会）

第一波蔬菜成熟的季节到来了！组织小菜农们来到菜园里一起体验丰收的喜悦。孩子们亲手采摘自己栽种的蔬菜，采摘前孩子们要和蔬菜们聊一聊，谢谢小菜，告诉它可能会有些疼啊，你要离开大地妈妈了。采摘后孩子们独立清洗自己的蔬菜（图8）。

通过不同活动的开展，邻居们不再形同陌路，孩子们找到了适龄玩伴，宝妈们也通过分享学习了不少育儿经验，人与人之间的距离通过这小小的一米见方的菜园拉得越来越近（图9～图11）。

图8　我们的果实

图9　自己动手和面、擀皮、包饺子

图10　自己栽种的蔬菜包出的饺子真好吃

图11　多余的绿色蔬菜自己动手打包装，居民用物品可以交换蔬菜

4 个人感悟

小小的菜园被以汉字的谐音命名为艺米菜园，希望可以给予城市里孩子们接近自然的机会，同时也找到最快乐最本真的那个自己，用艺术的眼睛去善待这个世界。借助园艺操作的力量，让孩子们学会感恩、学会珍惜、学会勤劳；让父母们学会陪伴、学会接纳、学会等待；邻里间学会沟通、学会理解、学会给予（图12）。

时至今日，这个菜园还在主人家的花园里健康成长着，只不过由于是私人空间无法长期为公众进行服务。社区里依旧存在大量的废弃地，但是由于观念、制度、土地权属、安全等问题，想对其进行利用及改造还尚需时日。

但是通过这次项目实践，我爱上了孩子们好奇的眼神；爱上了他们满头大汗的泥土脸；爱上了他们丰收时深深的酒窝；爱上了初为人母安静陪伴的心灵；爱上了邻里间和谐友爱的画面。

期待在未来的东北大地上有更多的艺米菜园，更多的居民共建共享花园。用大自然的力量去温暖每一个心灵，这是给予孩子最好的礼物。

图12　专心照顾菜园的大人和小孩们

中学生的社区花园实践——徐汇玉兰园

吴伊轩[1]

社区的改变与改善需要每一个人的努力，只要用心观察，就会发现身边微小的改变正在不断发生。而正是这些琐碎不起眼的改变，将为社区自治提供绵薄而源源不断的力量。

1 项目背景

随着基础设施的陈旧化、居民需求的复杂化以及社区内人际关系的日渐松散，上海的许多老旧小区正在逐渐退化。面对这样的情况，我们设想，是不是社区公共空间与活动的数量越多、质量越好，居民参与社区治理的积极性越高、参与面越广？抱着这样的思考，我和7位同学共同组成了SOCIALers小队，开展了一个小项目。这个项目发生在玉兰园，就在世界外国语中学的对面，每天上下学我们都会经过。某天我跟同学穿过那个小区的时候，发现小区里土地泥泞，公共设施都比较破旧，与整个小区居民的气质非常不同，于是就想做进一步的调研。

2 前期调研

SOCIALers将研究范围限定于上海徐汇区玉兰园小区之内，主要原因是玉兰园作为20世纪80年代（改革开放初期）建立的新时代上海老式住宅区的典型，融合了本地与外地住户、业委会旧制度与住户新需求等重重矛盾因素。因此，在玉兰园中的调研成果将能够扩大并应用到绝大多数上海老小区中，实现可观的社会价值。

首先，我们研究了玉兰园的历史背景。30年前，上海进入快速城市化进程，在这个过程中很多不同的居民聚集并居住在一起，包括来自农村的农民、外迁的居民、在附近工作的租户，以及在上海外国语中学读书、工作，为了方便而租在这里的老师同学们。这些人聚集在一起有不同的生活方式，而其中最大的矛盾在于种菜上。

为什么会产生矛盾呢？这是因为原来的一些农民希望可以保留自己的生活习惯，他们看到荒废的绿地觉得“为什么不能种菜呢”？于是小区绿地就变成了他们种菜的地方，还搭了一个小棚子。但这遇到城市居民的反对，他们觉得还是物业公司种的绿化带好一些，那样更美观更整洁，而且不脏、没有异味。

在这样的背景下，我们开始走入社区，与居民沟通，并展开了一系列的研究和探索。最开始做调研时，我们以为，相对于成年人的提问，居民会对作为高中生的我们放下戒心，所以当时小队7位成员都很有信心，计划遇到老奶奶由女生问，遇到老爷爷由男生问。但是当我们真正和居民沟通的时候，还是出现很多问题。记得有一次，我到了一位老爷爷家门口，他是社区种菜群体中非常积极、重要的人。我敲门很久没有人回应，但是明显听到里面有电视机的声音，于是我敲了第二次，说“您好，我

[1] 上海世界外国语中学高二年级学生（2019年）。

是来自世外中学的学生，能问一下社区改造的问题吗？”20秒过去了还是没有人回应我。最后老爷爷终于开了门，他很凶地说：“我不接受采访，没有时间，再见再见！”这次拒绝令我印象深刻。

我们后来发现刘悦来老师的团队所探索的社区花园模式值得我们借鉴。于是我们针对这个模式进行了深入的采访、调查和学习，了解到社区花园作为一个扩大社区公共空间、提高活动数量与质量的媒介，理论上能够改善邻里关系，从而达到有效地提升社区共治程度。于是，我们决定将视角聚焦在社区花园这一新颖的平台上，并确定以“菜园改造”为议题来解决居民冷漠的问题。

3　意见收集

在居委会的帮助下我们开展了一系列活动，让不同想法的居民聚集在一起，最终我们迎来了两百多位或是激动、热情，或是冷漠、不理解的居民跟我们交流探讨。通过交流，我们收集到500多条意见，包含各种各样的矛盾和问题。但他们在圆桌上态度非常好，不再有很重的怨气，非常愿意倾听和交谈，也愿意妥协和协商。

接下来，一方面，在刘悦来老师的建议和支持下，我们前往玉兰园种菜区域进行了实际测量，按照分布的情况绘制了地形图，并且按照社区花园的理念，建立社区居民参与治理和减少矛盾的平台。另一方面，我们通过实地采访观察和咨询分析等，总结出了“社区治理36计”，用中国古代的智慧归纳出通用的方法，并配了插图（图1、图2）。在后期研究中，我们开展了圆桌会谈和专家采访，复旦大学于海老师和刘建斌老师帮忙解答了基层建设当中党支部建设的作用，以及如何从实践中解决党支部参与共治的问题，并从理论和实践层面分别给了我们方向性的意见，让我们后期的研究方向更加明确。

图1　社区治理36计（图片设计/陈熙　王若曦）

图2　社区治理36计——走为上（图片设计/陈熙　王若曦）

通过积极跟居民交流最终围绕美感和活动两个方面制定解决方案，提升居民对社区建设的参与。我们将计划改造的花园划分为景观区、休息区、草本植物区和木本植物区。通过一张植物地图、一张空间活动地图，以及景观布局和设计图，我们得到了居委会和绝大多数居民的支持与肯定，为社区花园营造计划做准备。

4 社区花园营造

半年后，在前期一年的研究基础之上，SOCIALers的第二期项目基于如何通过社区花园改善邻里关系达到社区共治的研究问题，提出了社区花园带来的社区认同感越高，社区共治程度越高这一研究假设。此假设建立于目标社区内不同群体间存在隔阂的现状及城市化大背景阻碍个体间日常交流的环境因素，在此社会背景下交流至关重要。社区花园能够帮助社会中的不同群体建立共识并且达到最基本的互相理解。

研究过程中，我们从广泛的渠道收集了信息与数据：关于老式城市社区共性问题的文献阅读帮助小队明确了研究目标，确立了研究的唯一假设，而已经存在的社区花园设计方案和功能报告向研究人员展示了城市社区花园的典范案例。实地考察的过程中，我们与社会组织、居委会及居民密切交流，采纳了社区内不同群体的建设性意见。针对社区居民的采访帮助研究人员了解了参与者在社区花园活动中的心情与经历；两份问卷对比了建设社区花园前后居民的态度，衡量了社区花园的存在对居民间的沟通及其参与社区建设积极性的影响。

在刘悦来老师团队的带领下，社区花园一步步开始启动。

4.1 组织现场活动

增进居民之间沟通的次数、质量，需要从组织有关于社区花园的活动开始。围绕玉兰园小花园的建成展开，我们历时11周，组织了8次共建活动（表1）。活动直观给予玉兰园居民社区正在改变的证明；让居民直接感受社区花园活动的趣味性；从社区共治的量化标准出发增加公共活动的次数。

表1 社区花园营建过程活动组织

周 期	工 作 内 容	细 化 内 容
第一周	项目开展	背景介绍、SOCIALers介绍、相关案例介绍
第二周	共建活动（一）	社区启动仪式、共建小组招募、现场踏勘和调研走访
第三周	阶段性总结	阶段总结复盘、下阶段设计策划
第四周	共建活动（二）	社区小旅行、阶段总结复盘
第五周	共建活动（三）	社区意见收集
第六周	共建活动（四）	社区自治公开会议
第七周	共建活动（五）	方案公示（一）调整、深化，方案公示（二）确定
第八周	共建活动（六）	施工方案制定
第九周	共建活动（七）	前期筹备、社区花园共建活动、专业施工
第十周	阶段性总结	复盘总结
第十一周	共建活动（八）	社区花园验收、兰亭市集

4.2 实地访谈

SOCIALers在玉兰园第一个小花园建成之后举办的兰亭市集展开了采访。除了在居委会帮助下定向采访社区中的积极分子外，还随机采访了路过的居民，目的是为了能够更好地收集玉兰园居民最真实的想法和诉求。SOCIALers一共采访了30位参与建设的核心居民、随机采访居民10位、5位居委会成员和5位社区志愿者。居委会成员和志愿者可以从第三方角度客观的帮助评判沟通是否更顺畅，社区共治程度是否提升。

实地采访能够直接得到被采访者最真实的答案。相比上一年在全网发问卷的形式进行调查，此次访谈最大限度地减少了无效回复。被采访的小区居民或多或少都对小花园有一些了解，使得可以收集到对小花园不同了解程度下更为全面的意见。

5 研究结论

从最开始确定项目，到前期调研、意见收集，到最终的社区花园营建，我们得出以下结论：

5.1 社区花园提供平台，居民认同感因共同话题的产生得到增进

社区花园的实体落成本身为居民们带来了大量沟通机会。玉兰园社工A是新进入这里工作的，就他的个人观察，他表示："刚来了一个月，发现玉兰园社区花园活动非常多，比如小花园里面新种了蚕豆，近期冒了十个嫩苗。每次居民们见了面，一起讨论蚕豆的问题，就有话可讲了。"居委会书记B女士也表示，社区花园建成之后，经常参与的居民组建了一个微信群，"每天在微信群里面，大家很积极地沟通，把在花园看到的东西拍下照片让大家一起参与讨论。"能带动居民在新时代运用新媒介彼此交流，不失为一次突破。

社区花园的交流平台打开为居民们提供了延伸交流其他内容的机会。在现代社区，陌生人之间不会轻易打开自己的话匣子，但一旦有一个共同的合适话题，交流就很容易继续，并由此创造出更多机会。社工A还补充道："邻里之间日常会开始讨论有猫有狗怎么办，怎么用捐款来进行维护等等。气氛十分融洽，大家都很关心社区事务。"话题显然从花园延伸到更多的社区事务层面。采访过程中对一位老居民话触动非常深，她说，没有花园之前，大家见了面不知道聊什么，只能讲讲生活中的那些杂事，现在大家开始有主题的出点子了，而且是为了整个玉兰园，整个社区，整个街道，想想心里面就很开心，因为自己的一言一行都在影响身边的人，改变身边的事。

社区花园这样一个有效的沟通平台让居民产生了社区认同感，他们与社区共同话题的增加可以体现这一点。

5.2 平和沟通取代争执，人际关系质量提高

在沟通机会有保证的基础上，沟通的质量也有了显著提升。

社区人们"平和交流"的增加起源于社区花园工作中大量的团队合作。居民D表示，种花时进行了分工与一系列的团队合作：墙绘、搬运、植入花株、铲土填土，在这个过程中彼此之间的交谈增进了大家的感情。"老一辈从柴米油盐的家常聊到各自的儿女，小孩子们也在劳作之余嬉戏打闹，将精力投入生命的美好里面。"团队工作中，人们有意识地开始有质量交流，而不是有一搭没一语。甚至有居民还表示，兰亭集市中摆摊的活动形式本身就是一种沟通，"老人和小孩在摊位前商量价格，这整个过程便是增进平和交流的机会。"

社区中关系融洽的重要契机是老人与小孩的积极投入参与。E阿姨说："老人和小朋友在后面的社区共建活动中特别积极，经常可以看到老人携带各自孙子孙女一起下地工作的场景。有小朋友互相抬东西，老人们相互分享养花技巧等。在一次社区花园活动中，小朋友们也被邀请到去写了小故事小作品以表达自己对花园的情感，他们还参与了一些了解各种花卉、解读花语的有趣工坊。"老居民F奶奶说道："花园建设那天，大家都聚在一起，小的，老的，带孩子的，都一起为小区社区花园出谋划策。这种场景是以前从来没有的。"

社区花园营造过程中，老年人和儿童的加入对于社区氛围的营建有着不可估量的意义。这体现在老年群体较好地带动了以家庭为单位的社区参与，从而使得参与人从单一的个体选择拓展到小单位之间的互相影响。在社区氛围层面上，在年轻人和中年人普遍忙于工作、生计的大背景下，他们构成了

社区活动的主心骨，他们的常态化“活跃”实际上是整个社区活力的体现。当然，在下一个阶段，也会着力于关注如何让例如上班族一类的忙碌群体常态化参与社区花园，真正做到人人参与，人人共治，人人认同。

参与社区花园建设、改变社区的样貌是社区花园为居民们自己参与后带来的认同感。

各种关系中，居民和居委的关系是玉兰园的老大难问题。随着花园建成后居民和居委之间沟通的增加，关系中的矛盾分别从双方的角度被化解。

居民眼中，居委从应接不暇的调停者变成了主动倾听的组织者。过去，在居民眼里，社区小冲突接连不断，居委忙于各种调停。“原来街道里活动没多少，大家也不太讲话，平时听到哪户跟哪户闹矛盾了，吵架了什么的鸡毛蒜皮的小事（居委也要管的）”。社区花园项目建成后，情况大有改观，居民们觉得居委真正做了他们希望做的事情，也听得进了他们发自肺腑的心声。这就是社区花园带来的沟通的力量。居民F说：“上次和居委会里的几个干部一起聊天，把我对社区花园的建议分享给他们，他们非常热情，后面经常请我到办公室喝茶，跟我们谈未来小区的规划等。以前我们居民对小区有意见，都不知道找谁去说，但是现在这些活动把居委会的工作人员和我们都聚在一起了，有什么意见很快就落实下来，居民沟通效率也提高了，心里还有一些成就感。”接下来，他们越来越觉得居委更多的是站在居民的角度考虑问题。

在我们看来，居委在整合资源，服务居民上有着他方无法比拟的优势。而社区花园，恰恰通过两方及时的意见交换，使居民们认识到这一点。并不是说社区居委之前没有在做努力，而是双方缺乏适当的沟通，缺乏适当的方式相理解，而社区花园，显然做到了激活这一点。

居委眼中，居民从“搞事情”变成了在花园“做事情”。居委人员坦诚地说，他们也没有想到这个项目有如此积极的效果。居委主任陈述了他们的心路历程：“其实，一开始我们也是抱着试一试的、质疑的心态去开始的。居民以前并不相信我们，他们也不愿意表达自己，但是试着试着，神奇的效果就出现了。项目没开始多久，大家就不来向我们抱怨了，后来想想是因为我们终于做了一件让居民们看得见的事情。我很开心，改变之后我们收获了特别多，矛盾迎刃而解。”

因为参与，因为认同，点滴正在改变。

通过以上3点结论，联系对认同感的定义，认同感的量化标准在社区花园的建设下也逐步清晰。这些结论的得出同样让我们对于社区花园可以带来的改变和力量有了颠覆式的认知。我们将这一路上的点点滴滴都做成了小册子，记录改变，记录美好（图3、图4）。

图3　社区手册封面和前言（吴伊轩设计）　　图4　社区手册部分内页（吴伊轩设计）

6　未来展望

这是我们作为中学生第一次介入社区建设，研究过程中得到了来自各方的帮助，也非常有动力继续发现、了解社区里的故事。因此会坚持把这个项目实践下去，也希望得到更多力量的支持。未来，我们会分以下三个阶段继续开展研究。

第一阶段：由小区居民们参与设计营造的社区花园落成后，这块公共空间在未来的维护保养中依然会发生矛盾和冲突，比如植物养护的方法和技巧。首批参与的志愿者群体如何处理解决？发生问题后，有没有建立平等参与民主协商的机制？这样的沟通能不能有序开展？沟通能否推动社区民主协商的平台和机制的建立？

第二阶段：在小区里，还有不少的违法搭建，一些居民根据自己不同的需求，占用公共绿地空间搭建暖棚，有的用来养花种草，有的成为小型聚会场所。这部分居民的需求如何被引导而不是生硬的拆除，导致部分居民情绪对立，成为社区永远的“反对派”？这样的需求如何与其他反对居民之间进行对话沟通，并从中寻找解决方案？

第三阶段：小区不同群体的沟通从最容易达成共识的问题——社区花园的营造开始。破冰之后，接下来如何面对带有尖锐矛盾的沟通，甚至是不同群体需要强硬的维护自己的利益，据理力争的沟通？这样充满矛盾的沟通将对社区邻里关系融合带来哪些挑战？“对立面”能否成为合作者？在解决问题时，社区共治如何吸引更多人的参与？

期待形成更加有深度的分析和思考。我们一同协力在蓝天白云下打造属于玉兰园的春天，让上海更多的社区有更好的未来。我们是SOCIALers——一群关心身边社区的高中生。我们，未来可期。

第三章

Chapter 03 专家访谈与对话

如何参与和推动社区花园的发展

曹书韵：您怎样理解“共治的景观”？

侯志仁：共治对我来说就是让群众各自的主体性可以展现出来。因为每个人都有他的主体性，所以也就必须要共治。而不是决定谁来负责管理，或者要依照哪个设计师或单位的规范去做。共治不是大家都谈好，发展出一套管理方法，然后就结束了。共治的核心是在其过程中每个人，包括设计师、管理单位和使用者都有其主体性。我觉得这就是共治的基本框架。设计不见得能关照到所有使用者不同的需求，这时共治就变成一种必然，而且是一种能够持续运作下去的制度。

曹书韵：要实现这种共治，您觉得对设计师或社区营造领域的主导者来说，最大的困难或者说限制是什么，最需要解决什么问题？

侯志仁：第一，可能需要去突破一般管理单位的本位主义，他们没办法接受开放让居民去自由使用场所，依然还是在管理上、美观上或者安全上依循过去的法则。要把固有的观念放在一边，突破已经运作非常久的游戏规则，这对于很多人来说比较困难，我觉得要去设法突破。另一个困难就是当每个人都有主体性的时候，大家就会有各种各样的意见，这也是很自然的事情。可是如果不熟悉这一种对话或工作方式就容易被这种纷争所困扰，或者因为感觉没有效率、不和谐而觉得这种方式不好。在我看来，认为这种方式不好可能是因为不知道怎样去面对这样的状态，若是有一种渠道让参与者可以彼此沟通、了解，去发掘不同理念之间的一些共通性，用比较包容的态度去接受差异，这样才可以真正达到共治的境界。

曹书韵：您认为在这个过程里专业者所谓的“专业”到底是体现在哪里？就像山崎亮老师所说，“只有专业者的位置越来越低、越来越弱的时候，居民的主体性才越来越强。”但那个“专业”在哪里，又应该怎样打造“专业性”？

侯志仁：处于一个相对平等的视角是可能比较容易接受别人的观点，但是当居民的主体性提升的同时，并不意味着专业者就没有所谓的“专业”。民众还是会期待专业者提供专业建议，特别是知识与技术层面的专业建议。参与式设计即意味着知识和能力不仅仅属于专业者，知识与专业有时候是来自民众，同时也要让民众在参与过程中可以学习。怎么让设计变成一种学习过程？这本身也是一门学问、一种专业。传统的设计过程仅仅是专业者的设计，但现在的设计更关乎互动的设计过程。如何去跟不同意见的人协商？如何凝聚共识？如何在一个共治的层面让少数人意见跟多数人意见可以取得平衡？这些也都是专业，也应该是专业训练里面的一部分。我们作为专业者其实每天都在处理这个事情，我们要比一般居民更具备这样的知识跟技能。过去的专业训练比较缺乏对这部分的关注，但它其实非常重要，特别是在当前强调包容性和多元性的社会中，更需要被提升。

曹书韵：当初为什么会出 *Greening Cities, Growing Communities* 那本书？社区花园有哪些特质吸引到您的关注，您认为它和其他的社区营造相比有什么不同？

侯志仁：社区花园有几个比较特别的面向：首先，花园的工作需要每个人动手参与，而不是像举办工作坊大家只是坐在一起开会，听别人讲话或是自己发表意见而已。其次，自然本身具有一种疗愈的功效，访谈过的花园参与者都会谈到种花种菜、看着植物成长让他们感觉到快乐。有些人可能平常生活很苦闷，或者生活上遭遇了很多挫折，他们都可以在社区花园里得到疗愈和慰藉，这个是一般的设计项目难以取代的特点。

另外，社区花园会让人跟人之间的互动在一个比较自然的情境里发生，不像那种刻意安排的工作坊，参加的人需要特地排出时间，可能还要请假或麻烦别人照顾小孩，而脱离了一般的生活情境。社区花园是人们每个周末可能固定会去的地方，可以带上小孩、宠物一起去。在社区花园里，人与人的互动可以非常自然地发生，比如日常问候、互相帮忙、一同搬重物，或者讨教种菜的技巧等。在社区花园里，劳动是一件很自然的事情，通过集体劳动就会自然而然产生一种共同情感，不是在工作坊里被刻意塑造出来的模式，这一点是我觉得社区花园最有吸引力的地方。此外，工作完后还可以一起共食，自己种的东西能够跟别人分享，这个分享的过程同时也拉近了人与人之间的关系。

曹书韵：您觉得创智农园应该在社区花园里面担当怎样一个角色，以及您对它的印象或期待是什么？比如于海老师会觉得创智农园应该是一所学校。

侯志仁：我觉得有几个层次可以谈。社区花园本身不一定是一种正式的学校，它可以是一种生活上学习的场所。有很多学习是潜移默化地发生，比如有人西红柿一直种不好就可以向一起栽种的同伴请教原因，这就是一个学习的过程。当然有时候是有必要有个空间、有个教室，有固定的场所让活动可以发生，有一些活动还是需要去做某种程度上的规划，包括固定的场所或空间上的配套。有了固定的场所，居民平常路过的时候可以跟他们聊天、交朋友，可能跟他们说："我们一个星期以后会有活动，要不要过来？"这样他们可能下次活动就会来参加。所以我觉得最好的环境其实就像创智农园目前这样，有正式的、也有非正式的活动与空间，正式跟非正式之间是一个流动的关系，因为每个人对学习的接受程度不一样，有些人倾向于通过正式上课去学习，有些人不太喜欢上课，所以如果能在一个地方提供这些不同可能性的话，就容易让更多人参与进来。

曹书韵：这次社区花园会议，您对哪位老师发表的演讲印象比较深刻、比较有感触？

侯志仁：很多演讲都蛮有趣的，当然何志森老师总是让人印象深刻，特别是他会用比较批判性的观点来看事情。他最后说到举办的活动有菜市场的人来，但附近居民都没有来，我倒觉得这并不表示这个行动是失败的，在社区内其实很多事情很难预料，同样一件事情今天可能办得气氛很好，另外一个时段在同样的地点效果却可能不佳，这其中有很多变数。而当一件事情没有想象中这么好的时候，它是让我们去反思的窗口，下次可以做得更好，或者说因为有这次的前车之鉴，下次会想用另外一种方式来进行。

在西雅图，有一次有另一所大学的教授团体来访，我展示了小组做的一些案例，都是看起来颇为成功的案例，有一位老师问我有没有一些比较失败的案例？我想了老半天，当然也不好意思说我从来没有失败过，这样讲就有点太高傲了，可是在我的理解里若是在一件事情的过程中能学到东西，我就不会认为是完全的失败。或者说一件事情还没有做完，就不必急着评判它的成败与否。换言之，一件事情可能没有成功，但若还没有完成就不算是失败，可以把暂时的不尽人意看作宝贵的学习机会，下一次可以再换一种方法，永远在过程中持续不断地尝试。我觉得批判很重要，但也不要太悲观，可能走两步退一步，或者走一步的时间需要很久，可是都还是在进步中，速度可能不一样，成就感可能会不一样，但都在慢慢探索不同的可能性。

曹书韵：您对于中国社区营造的现状或发展情况是什么感受？

侯志仁：于海老师常说我对中国不了解，我确实不是那么了解。根据在美国和我国台湾的经验，我觉得很多事情在起步的时候永远是最美好的，社造也是，过程可能困难重重，但所有事情都充满了可能性。目前在中国在做社造的朋友，十年之后再回来看这个时期可能会觉得它是一段很美好的时期，因为所有的事情都有可能性，虽然有很多障碍和困难，可是大家对这个事情都有一种在起点上的热情，多年之后再回来看，可能会怀念现在的这种热情和可能性。

曹书韵：是跟美国对比下来的感受吗？

侯志仁：对，在美国很多事情制度化之后，就像是在重复在做一件事情，没有太多创新，进入疲劳的、麻木的状态，没有新的刺激，所以我们要不断地想是否需要换一种方式才让社造有新的生命。我觉得我国台湾的社造也是一波一波的，当社造变成政府的政策，产生了一套运作方式之后，就需要去提计划、审查、交报告，花很多时间应付很多制度要求，社造渐渐被制度绑住，而不是处理社区真正的需求，会让人有挫折感。因此会怀念刚开始时打天下的壮志豪情，那时有很多可以开创的空间，这就是体制化的困境。这种事情一定会发生，问题在于怎么去设法维持一种批判的态度，或者说一边实践一边尽量不要重复犯过的错。在自主设计的时候，不要设定太多的规矩，或者说要留出实验性的空间让它生长。

曹书韵：感觉好难，又要形成制度去推动它的发展，又要保持开放度和实验性。

侯志仁：对，所以就永远需要何志森老师这样的人来不断提醒我们，需要有人扮演批判性的角色。

曹书韵：您觉得美国社造的大体氛围已经进入到比较平的阶段了，那您个人的动力所在是什么，您是怎样在其中保持热情，或者说继续想要探索这一块的动力？

侯志仁：可能我毕竟还是在学术圈，弹性空间比业界多一点。在指标上可以带学生，不用太考虑成本，可以花很多时间来做一些简单的事情，如果在业界就没办法，在考虑成本的情况下就没法做。我个人的研究比较着重于社会上的弱势族群，比如新移民、难民或是无家者。正式化的参与式设计制度面对的主要是一般老百姓，不太关注到各个社会族群之间的差异。参与式设计工作坊一般是为多数人而设计，在美国就是主流的白人或是听得懂英文的居民。但到了移民社区，一方面存在语言障碍，另一方面还有文化隔阂，很多新移民来自不同国家，不习惯这种正式的讨论。怎样让不同文化背景的居民融入规划与设计的过程呢？这就是我过去十几年在拓展参与式设计方法上最主要的研究议题，透过实践来反思规划与设计流程中的公平与正义，这就是我个人的动力。

社区营造的革命

曹书韵：李老师认为城市管理"一管就死，不管就乱"背后的深层原因是什么？

李迪华："一管就死，不管就乱"这在我国是一个非常普遍的现象，而背后首先其实是它的社会文化基础。从个人来说，我们现在还不是完全的公民，所以有人把中国叫作"巨婴之国"。即使是成年人可能依然没有意识到"我是一个公民，我是一个独立的个体，我应该对我所有的生命负责任"，这是第一个原因。第二个原因是所谓的现代性，今天的社会应该是一个契约社会。所有人都知道拥有自由的前提是要接受规则的约束，但是这两点我们基本上都不具备。那么在这样的社会文化背景之下，就导致对人和群体的管理都是"讲规矩"。那么谁来制定规矩？背后一定涉及利益。制定规矩的部门会把自己部门的利益最大化，这就出现了一个非常有趣的现象——它不仅仅在中国有，欧美也很严重，社会学家称之为"有组织的不负责任"。

因为我们跟园林部门关系是最密切的，所以"有组织的不负责任"背后有三个群体，第一是权力群体，第二是专家群体，第三是公众。那么这三者是怎么合作的呢？首先在权力的授意之下会出现一批专家，他们实际上本身也是利益群体里面的一部分，会刻意地去强调被权力授意的某个东西以及它的重要性，然后会把这个本来是错误的东西变成一个正确的东西科普给公众，最后这个共同体就形成了。比如说在城市园林绿化领域，专家们会以生态学、以各种美好的城市环境的名义强调城市绿地的重要性。当然，绿地率达到多少、建了多少超大尺度的公园，这个背后有官员们的政绩问题。最后，由于公众长期是在这样的舆论环境之下，他会想当然认为绿地越多越好。

今天的城市就是在"有组织的不负责任"的社会文化体系和权力体系之下建起来的。规范要求人行道最窄1.5 m，这个宽度的设计确确实实是动过脑筋、有理有据的。我作了很多观察，发现1.5 m的净宽可以刚刚好让人们比较舒服地双向走路。但要真正走起来很舒服需要达到4 m的宽度，这是我最近统计的数据。中国的城市人行道都是努力按照1.5 m的规范来做的，可是人行道又最少要有一排行道树，比如同济大学围墙外面的人行道。当然有些人行道的树种在靠近路边。但还有很多行道树种在人行道中间，树坑1 m宽，两边就只剩下25 cm了。

我每次在大学演讲前都要先在校园周围转一圈，发现中国的大学生太悲哀了，1.5 m宽的人行道中间种一棵行道树是什么意思呢？男生牵着女生的手是绝不可能正常在路上走的。此外还有其他各种各样的设施在人行道上，比如报刊亭。结果就是把人逼到去走机动车道和非机动车道。那么旁边为什么要有那么宽的绿地？因为地方法规规定，城市新城区的建设绿地率不得低于35%，老城区一般不得低于20%。今天大部分人的知识体系里都认为绿地率越高越好，但是高到了侵害人的利益，使人缺少能安安全全走的路。而仍然没有人提意见，大家都认为这是正常的，好像绿地比人的生命安全和生活便利更重要。

那么事实是什么呢？我每次批评行道树，有人马上就会在我的微博上评论：没有行道树太阳晒怎么办？但其实有足够的论据显示行道树对我们的生活不重要。大家可能说怎么不重要？夏天走路太阳晒死人了，可是我国的气候是大陆季风气候，一整年中真正需要行道树来遮阴的是每年的5月份到9月份，也就是5个月。而实际上每年10月份到第二年4月份甚至5月份，我们都拥抱太阳，随时准备要晒太阳。也就是说为了4到5个月不被太阳晒到，牺牲了7到8个月的阳光。你觉得哪个重要？而且即便是在那4到5个月也是雨热同季，也就是说在这期间挡雨比被太阳晒到更加重要。古人比我们优秀，早期广东和上海的建筑都有骑楼。所以本来是有更好的解决方案的，不只是种植行道树。但是因为过分强调绿地率之后，我们就变成了只有一种解决方案，所有设计的想象力全都没了。这是一个方面的知识，而我们基本上不会提起。

另外一方面的知识。城市绿地是什么？规划专业的都知道它的性质是建设用地。所谓的建设用地就是要政府用无比昂贵的价格征收真山真水的农田、湿地、林地，变成城市建设用地，然后再用人工的方式把它变成城市绿地，还要用高成本去维护它。我们所追求的城市高绿地率实际上是什么？基本上等同于生态破坏。也就是说如果要减少这样的生态破坏，其中一种方式就是减少征地，减少城市绿地，这样就可以避免将真山真水的农田、林地湿地、水田变成城市绿地。当然在建设过程中，大家知道它用的是公共财政资源，用的是税收财政的资金。那么又有另外一个问题，这些税收公共财政资金是用来建设城市绿地重要，还是用作社会保障，解决幼儿园、小学教育的问题重要？为什么很少有人质疑这些事情？之所以只有一种解决方案，是因为我们完全被整个知识体系给垄断了。而且他们还制定了标准——必须选用什么样的草种、树种，草地里面每平方米不能够出现多少株野草和杂草等，一一都规定好了。

最近有件事在北京引起很大争议，园林部门将圆柏（刺柏）作为一个绿化树种在北京的城市园林里推广。可最近几年大家发现，圆柏是北京过敏人群一个非常重要的过敏原。过敏原里还有另外一种植物叫做海州常山，过去应该是南方的一种植物，最近几年引进到北方以后长势特别好。海州常山也是一个花粉量特别大的植物。在园林部门推广的植物里除了圆柏和海州常山，还有到处种植的丁香、栾树、千头椿、杨树、柳树和法国梧桐，这些都是城市人群非常重要的过敏原植物。记者采访园林部门的专家、领导得到冷冰冰的回应——城市不能够因为有人过敏就不考虑绿化。这些会过敏的人应该加强锻炼身体、注意戴口罩、加强防护。这就是今天的城市，其背后并没有体现人跟城市环境之间的一种关系，它的眼里基本上没有人。

在做社区营造里面遇到的一个最大的障碍就是园林部门。前两天我们小区里边有老太太自己种了好多花草就被社区给清理掉了。后来询问为何要清理掉，她说另外一个居民投诉，说那个地方是公共绿地，私人不能种植。老太太是个老师，本来是一个非常有名的微电子学专家。退休以后她到外面散步，经常发现有些植物没看过，就挖回来种上。然后她在一个十几平方米的小地块上做了一个植物园，非常有意思。可惜被清理了。侯志仁教授、于海教授，还有谢菲尔德大学的Helen Woolley教授都在会议上谈论社区花园的价值，但是都有一点遗漏。于教授稍微提到，但是讲得还不够明确——在中国，社区花园首先是一场观念的革命和知识体系的革命，他们讲知识体系的革命讲得很好，但是更重要的是这是一场观念的革命、价值观的革命。

价值观的革命首先在于如何与城市的环境进行交流，如何对待城市中的植物，如何对待生命，所以要着重提出观念的革命的重要性。但这些观念的革命跟过去不同的地方在于它要用今天的知识体系去支撑，不能全凭观念和理念。今天的这套绿化体系的背后就是笼统的观念的支持，可是我们完全可以用知识体系去支持观点。

曹书韵：目前的标准规范、技术规范是偏向硬性的，那有没有比较柔性的一种可能，能与当地居民进行协商，有没有可能会实现这种方式？比如说地方居民期望社区里不栽种使人过敏的树种，即使已经规划了的树在和居民协商之后，可以选择就不用这些树，有没有可能以后会达到这样？

李迪华：一定会的。而且几乎所有目前的相关规范标准都要修改、修订。所以今天他们做的这些事是有理有据的。我在一席节目上讲过在我居住的小区遇到的一件事，一个小孩的眼睛被小区里的剑麻刺伤了，家属把小区的物业告上了法院，海淀区法院判物业赔偿十三万四千块钱。后来有一次我去交物业费的时候遇到物业工作人员，他就向我吐槽，小区的园林绿化是由专业设计公司设计和施工的，而且最重要的这个方案，包括种植的方案都是经过园林部门批准的，但是最后被判赔的只有物业。我问家属有没有同时把设计师、施工单位和园林局一起告上法院？他说法院表示物业可以再告他们。其实家属有权利同时把他们列为被告，但是家属没有，而物业其实有权利把设计师、施工单位和园林局都拉进来的。

正如前面所言，今天的中国还不是一个契约社会，我们不相信法律。所以在这种情况下，物业宁愿牺牲自己的利益也不去打官司。喜欢打官司的地方一定是完成现代性的地方，他们相信法律的作用，不相信人治，相信法治、相信规则、相信契约。但是我们要相信未来一定会改变。当我们的社会发展到遇到问题时，首先想到寻求法律援助的时候，大家知道法律唯一遵循的就是事实。责任的背后，一定是要有事实的。

这样责任就清楚明了了。在小孩能够碰触到的地方种植危险的剑麻，要明确从设计、种植到管理整个过程中各方的责任。也就是说如果设计师设计，审查方认可，施工方认可，管理方也认可，那么这个事件应该由这四方共同承担责任。责任的轻重可能会有区别，比如说管理方责任还是比较大的，因为日常能够看到，应该及时处理。如果设计方未设计，树是施工方擅自种上去的，那么施工方应该承担更大的责任。

但是今天还没有达到这样。在路上摔倒了很少有人会想到可以去告市政部门，路不平都是自己承担的。但是宁波就有人走路摔倒把膝盖摔坏了，他告了市政部门。法院判决赔了他几万块钱。另外一个官司，有一个人骑电动车撞到了汽车上，监控显示为了庆祝节日一盆花摆在人行道安全岛上，而这盆花的高度正好挡住了骑车人的视线。他因此把市政部门告上法院，最后法院判赔。如果所有人都采取这种方式，很快就能促进规范的改变。目前推动的力量太弱了，推动的人数不够。

曹书韵：请问李老师、何老师你们怎么理解“共治的景观”这里的“共治”？

何志森：我们在这次会议上听了很多的国外社区营造案例，尽管我回国尝试开展社区营造也就几年时间，但我觉得中国的社区营造好像没有国外的那么美好和浪漫。我带学生在社区做工作坊，很多时候还没开始跟社区居民交流他们就报警了。如果居民真的参与到工作坊，他们也不在乎我们做什么。他们关注的问题很实际：我们房子要出租了，你们做的东西能不能提高我们的租金？

我认为我们今天面对的是一个特别真实的都市环境，中国的社区营造更多的是营造冲突。所以社区营造的目的是在缓和冲突之前首先要拥抱冲突。这跟我们今天上午所听到的案例非常不一样，很多案例真的是在做一个花园。那些参与的人似乎都来自同一个白领阶层，至少不会是特别底层的人群。就我在的社区而言，菜市场的摊贩不认为自己是社区居民，做社区营造的时候，他们不认为自己应该变成其中的一部分，他们觉得自己是寄生在这个社区的。那怎么让他们对社区达成一种共识？我觉得共治应该是不同人群、不同阶层共同治理，这个“共”不只是有钱人的事情。而目前的共治还是在一个很美好的社区里找一些退休居民加入，摆拍几张照片，把这叫社区营造或社会设计。

共治应该是陪伴。要先倾听、甚至接纳和尊重普通百姓的粗俗和功利。我做社区营造4年之后才有一个人叫出我的名字，那一刻我觉得特别开心，虽然感觉什么都没做，但是社区居民至少开始接纳我了。我记得之前我带学生在社区做工作坊的时候居民经常打电话报警。每一次做社区营造工作坊根本就没人理睬。居民会说这应该是政府做的事你们来干嘛？是不是来破坏空间的？我一出现他们就报警，后来警察跟他们解释说何老师做这个是为了这个社区更美好。所以到处需要让别人帮我们去解释这种事情。这体现了共治特别重要的一点：你的出现给人带来怎样的影响？

从今天很多老师的案例来看，他们都是带领已经达成共识的一群人在做同样一件事情，太同质化了。同质化的一群人就太和谐了。各阶层和人群的矛盾及冲突我不觉得是不好的，反而这才是当今社会最真实的东西。但在中国社区营造真的太难了。土地所有权是政府的，我们就只有不到100年产权。人不断从农村迁徙到县城，从县城到市里，从市里到省里，从省里到北上广深，北上广深的人忙着出国移民。到头来，我们是一群没有根的人，没有任何家园意识，那我们怎么去谈社区营造，我觉得这是一个特别真实的问题。

所以对于今天的社区营造，我觉得还要思考如何让大众对公共空间达成一种共识，首先要告诉他们公共空间是什么。我觉得目前很多社区营造项目都是一群好玩的人聚在一起，几个有共识的居民参与，然后做一件看起来很美好的东西。我不觉得这些项目是在做社造，我觉得这就是一个高级的设计装修。当我看到刘悦来老师做的创智农园旁的睦邻门打开的时候，我认为那是一个胜利——你的花园影响到了不同人群，他们开始对话，最终导致了门的打开。那一刹那我觉得太宝贵了，但这样的案例特别少，社造做到最后真的是要让各种阶层的人群达成一种共识，对公共空间的共识。很遗憾，我们只有家的概念，没有家园和社群的概念。李老师，你可以批判我。

李迪华：我基本同意你的想法，跟我前面讲的其实是一致的，我们缺少很多基本概念。比如“社区”这个词本身在我们的语言里含义很模糊。我们的社区就等同居委会。刘悦来老师背后其实也有居委会和企业，或者政府对他的支持，但是这个都不是社区的概念。社区有两个基本属性，第一,一定要有一个空间范围；第二，有利益冲突的人群和有共同利益的人群在一起才构成社区，但当前这个其实是不存在的。比如我前面讨论的例子，没有人会认为租户就是社区里面的一分子，但实际上从社区的定义来看，租户其实就是这个社区里的一个利益相关人。这些概念其实不是很完善。

何志森：我们做社区营造有时还要贴钱给居民，而在我国台湾的黄瑞茂老师带着我们做社造时，每一个人看到他都说“阿茂老师什么时候帮我们空间设计一下”，是求着他过来的。而在我国大陆看到的都是冷漠的面孔，四年才有人叫我一句何老师，那个瞬间我太开心了。

李迪华：这些行为背后都涉及利益。希望你能带项目来、能帮我们出名、能帮我提高房价。

何志森：但这其实就是很残酷的生存，当你下顿饭都没有着落的时候，怎么可能参与到社区营造？最后就变成了一个富人游戏，所以这也解释了为什么社区营造在上海做得最好。

李迪华：因为有钱人多，尤其在同济大学周边社区。整体社会水平高、比较小资。

何志森：但我猜测成都的社造可能不只是有钱人的游戏，因为成都人的活动几乎都在室外，所以导致了居民对于公共空间和家园有一个共同的认知。我没在成都做过所以不确定，但是我猜成都的社区营造会很有意思。

李迪华：这种需求是非常草根的。中国人还是有农耕情结的，看到块地就想种点东西，这是中国人的习惯。我专门做了调查，新的博士论文研究的就是北京的自发种植，现在都没了。我原来拍过北京城里好多特别漂亮的植物，连续拍了十几年，现在也都没了。

何志森：李老师，你看看你的发声，比如在一席的演讲，改变了中国多少。

李迪华：所以我说这个难度很大。

何志森：不大呀，我觉得需要有人站起来发声。

李迪华：越是在这种情况下，越要去做，这个倒是对的。北大的绿地现在就拓宽了人行道。那条人行道从前很窄，拓宽后变化非常大。这个方案还是我做的，没有报酬。但我还是很高兴，因为想法都被采纳了。过去的北京胡同非常漂亮，比如说有的胡同门口垒几块砖或放一个泡沫箱，往里面放点土，种些南瓜、丝瓜或豆类，有的混种了苦瓜之类的。到了夏天就会搭个架子，形成了一个凉棚，有一处就在北海公园的南门，我至少拍了15年，每年都要去拍一次。但是去年年底我再去那里，发现种花的池子都被清理掉了。

对于“共治的景观”一定要站在社会治理、城市治理的角度思考。从这个角度重新去审视这些事情的时候，它的价值才会真正得到体现，否则就是在做设计、做项目，要不就是在做社会实践。如果觉得做的是社会实践，那它背后的含义一定要大胆说出来，我们是带着一种社会变革的理想来推动改变。

曹书韵：何老师最近策划了很多展览，您认为策展是一种社区营造吗？如果说它是一种社区营造的话，在美学上和社区营造某些传统理念是否有冲突？比如在城中村里做社区营造和做展览，您觉得会遇到哪些困难？能否谈一下上次的经历？

何志森：对我来说策展不是社区营造。社区营造是在一个真实的生活世界里发声，赋予普通人权利并给他们带来一些解决的方案。策展是在真实的地方发现平凡人的能量和智慧，然后呈现出来，很多时候呈现的结果跟在地居民没有太多关系，有时会直接导致他们看不懂，变成自娱自乐，成为艺术家和策展人的自嗨。但我们的展览本来的受众就不是社区居民，要看懂我们的展览需要一定的建筑学背景。比如在南头古城的展览，去发现城中村背后权力关系也好，村民利用空间的智慧也好，其实我们更多的是想传递给那些城市管理者、建筑师、规划师一些在地理念和自下而上的空间策略，希望他们看到之后会影响到他们未来的行动或城中村改造。这是我们策展的目的。

但如果要在南头古城做社区营造，那就完全不一样了，那就是跟真实的人发生关系。当然我的mapping工作坊也是跟真实的人发生关系，但是到最后其实给它建立的关系就是观察者与被观察者。社区营造就是要重新去唤醒大众的家园主导意识。如果一个人觉得我连自己命运都主导不了，连自己的社区都参与不了的话，他永远不会去参与到你的行动中去，所以社区营造目的在于让民众看到我们还能回到过去那种相互依赖的熟人社会。刚开始一定是要尊重和接纳他们的功利，不然凭什么出租车司机工作这么辛苦，白天就睡几个小时，还要花一个小时参与到你的设计？要让他意识到其实我们做的一切都是为了一个共同的家园，培养这种家园意识。我觉得冲突不可怕，我们要拥抱冲突。你要尊重那里的每一个人，要接受他们现有的样子，把他们的利益当成自己的利益，变成他们来介入城中村。我认为在具体行动中不是要去改变他们，而是倾听他们，最后影响他们。这个在展览当中太难表达，展览最终不可避免会变成一个视觉语言的东西。

曹书韵：请问您如何解决或权衡这种展览过程中将在地公共空间变为流量公共空间或者全球公共空间的冲突与风险，有什么基于实践的思考？我们知道在社区里面做这些东西，如果做得太精致，容易曲高和寡，这是浅层风险，更重要的是由于流量经济其实无法惠及社群的在地非正式经济，并且还带来缙绅化，使得设计、展览最后背离初衷。上一次在南头古城的展览，很大的争议是由于在城中村里直接做带来的，我们也知道从学科的价值观出发非常值得做，也非常不容易，它直面真实的情境，要跟社区居民打交道，相比在一个不在场的精致博物馆的展览，在场展览有时候显得费力不讨好。那这种美学价值观的冲突，有一些不可回避的因素，是因为它存在的必要性而明知不可为之而为之，那么有没有协调的办法？

何志森：很多东西我觉得不是非黑即白这么简单。当然，在城中村做展览从一方面来说，我觉得一些艺术家就是在消费这个地方，把城中村和这里的居民变为素材，最后呈现的展览跟居民的生活没有任何关系，更不要说参与到艺术家的创作之中。但从积极的一面来看，策展人选择了这样的一个场所来做，我觉得这种行动的介入点很好，就像是一种宣示：我就要在这里开，因为它很重要！当然，策展人不能完全控制所有参展者的创作和呈现方式。

李迪华：我可以回答这个问题。就是之前何志森前面提到的“拥抱冲突”。山崎亮也说如果做得太漂亮是不真实的，其实就是说做得太漂亮之后，就掩盖了冲突。很多时候真正有价值的东西恰恰不是看上去和谐的，那些冲突才是要去思考、去推动、去改变的东西。

何志森：前年的深港城市建筑双城双年展导致全国大量学者、艺术家集体关注城中村，我觉得这本身是个特别有意义的地方，在那个极为敏感的时期，选在城中村办展览本是也是一件积极的事情。我全程参与这次展览，知道很多细节，现在的舆论由于一些不可抗力原因，最终没有暴露出来，这种冲突如果最终暴露出来也变成积极的力量的话，能会发生更大的作用。因为就像您说的，冲突本身是重要的，而冲突本身如果被粉饰掉的话，实际上其价值可能就没有体现。

所以你可能觉得这个会留下遗憾，但实际上不会的。另外一方面，我觉得这种冲突的介入或发生可能跟双年展初衷没有直接关系，媒体的报道也很重要。但如今媒体大部分都是选择性报道，内容不痛不痒。我觉得策展也是一个共治的过程，需要媒体、策展人、政府、民众，大家一起去把这个东西更好地传递给大众。

李迪华：改变需要一个过程，任何改变不是一蹴而就的，而且是反反复复的。前提是一定要有讨论，一定要不断把这个问题拿出来大家一起来谈谈。

何志森：关注是改变的第一步。

社区营造过程中多方利益的协调

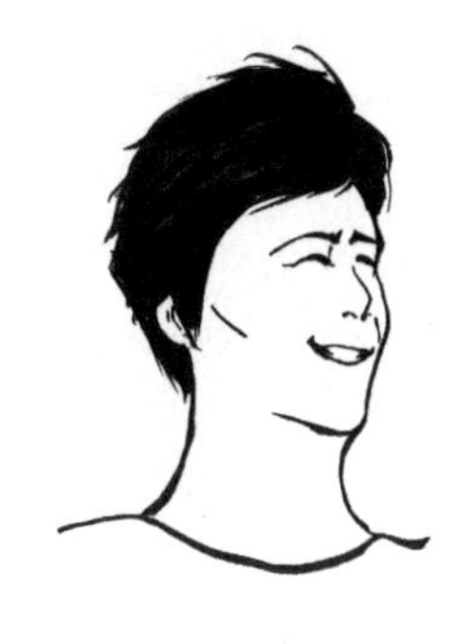

言语：我们都知道矛盾与其协调是社区营造的主旋律，那么社群的组织化程度也是其中的重要协调性命题。可以构想一个这样的坐标系，横轴是社区/社群/社会系统的组织化程度，也可以理解为人数，纵轴是去中心化程度，可以理解为它的扁平化程度。我一直在想MAUSS（马塞尔·莫斯引导的法国非功利主义运动）、柄谷行人NAM（New Associationism Movement，即新联合主义运动）与社区营造组织性的关联。从相对于资本主义体系关系上的独立性看，社区其实提供了一种全球资本主义体系全局下基于地方的替代性经济（参照TINA魔咒，即默认自由主义经济之外别无替代性选择）。当然这种替代性也是基于多方面的，而不仅仅是经济，比如还可以是基于空间与日常生活的，但经济关系显然是重要的透视角度。包括山崎亮老师说的，他的Studio-L的财团法人如何通过操作才能让自己不往过于体制化上的方向上倾斜，从而丧失自己的特性。比如允许产生只有一人的子公司。从这种“不可兼得曲线”形成的象限关系中，散作为社群的三点分布几乎都会因为“得其一而难得其二”导致第一象限的“兼得者”寥寥，几乎所有的散点都会被压在这个曲线波形之上或者之下。从这个曲线看，社群之于资本主义体系抵抗的替代性，就在于是否能够做到两者兼得从而到第一象限。Studio-L在这方面有没有什么心得呢？

金静：图1纵轴方向代表什么意思？

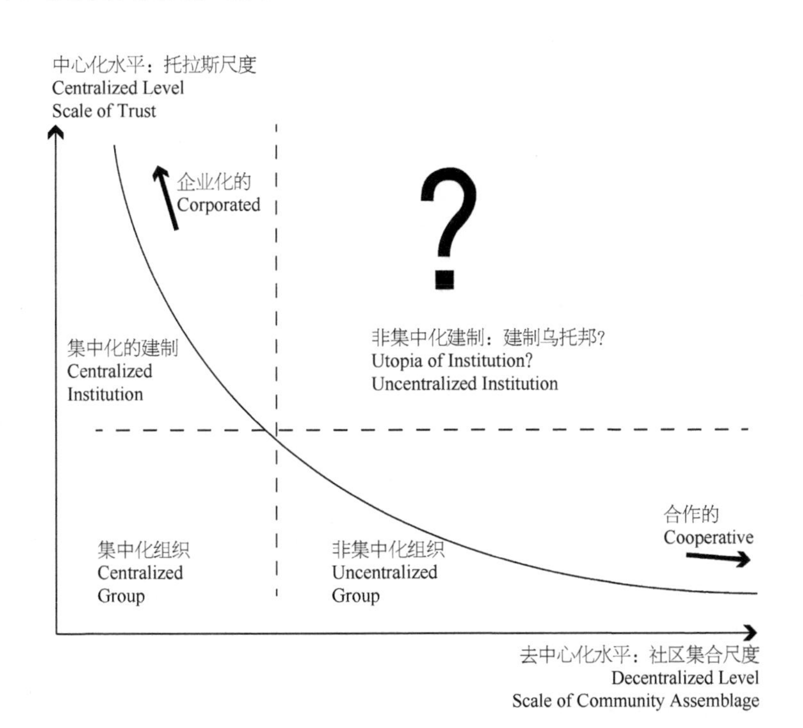

图1　社区营造组织性坐标系

言语：这个是往“托拉斯”的方向走了，即因规模越大不可避免导致的相较于初期的去中心化程度降低。反之往另外一边的话，社区感就越强，资源不会出现集中，当然缺点也可能会有，比如可能因此做不了集中力量办大事的筹划。

其实这个问题作为一个开头的问题，可以让老师们先想一下，这里面可以装哪些东西，比如哪个项目的规模比较大的而其社群性不是很足，或者说你认为规模和社群性得到特别好的兼容了，实际上就会超出上限，不会被这条线压在下面，跑到这个上限上面去，大概是这么个道理。

山崎亮：Studio-L一般不会去做很大规模的事情，但是这个大规模的达成可以换一种方式来看待。

曹书韵：您可以画一下吗？

山崎亮：比如Studio-L影响一百个人来参与工作坊，而这一百个人还会再去做各种各样的活动，这样的链式反应最终可能会影响一千人左右，基本上达成100到1 000人这样一个规模的事情（图2、图3），在时间次生的维度上间接完成了象限中的移动达到“不可兼得”的兼得。社区营造就是要通过这种时间维度上的操作达到规模效应。虽然走向规模化的方向确实并不是他们感兴趣的领域，但的确是存在这样的形式来考虑分权与集权在工具性意义上的相对性。

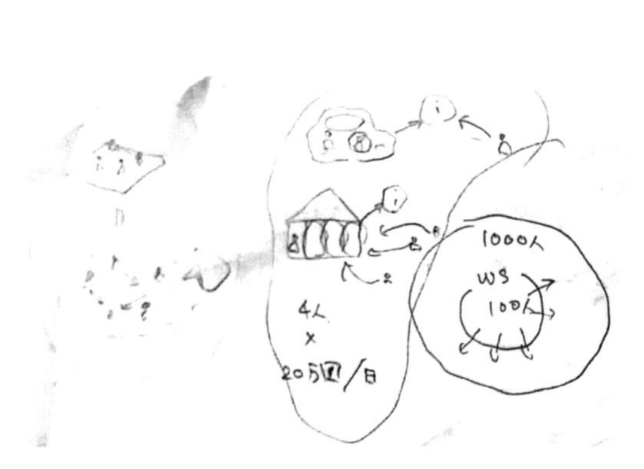

图2　图示规模与社群性

图3　山崎亮绘图示意

比如在网络端，以中国的微信为例，一些新媒体平台出现之后，基于具体事务的小团体在做自己感兴趣的各种事务中也会壮大，但因为其实平台增长方式不同就并不在这个象限中了。可能会存在这种特殊情况：他可能影响力很大或者规模越变很大，但也不受这条曲线的控制，在线下和线上呈现的社群形式与组织完全不同，这是网络平台的特性。

言语：既然聊到了新媒体在社造中的赋权作用。那么关于新媒体端发起的网络社群，结合在地社群进行社区营造战略上的部署，在利用这种网络平台特性上您有什么切身体会或者其他案例吗？

山崎亮：这个要在事务目的性上分各种不同种类看待，如果大家不是在工作坊里一起聊项目，而是线上交流推动，其实做的事情就会是类似的，我们通过网络和时间让它扩散与传播。但同样是往象限的规模化向度走，类似Airbnb、Uber就会出现有20万人在线使用的情况，这和我们组织社造的方式完全不同。尽管我们使用网络平台的目标是一样的，都是为了要创造出活动群体相应的规模效应。但这种工具性的分权和集权的讨论可能不在象限中，很难定义。可以确定的是，一个房间中住4个人这种社群也不是我们社造中想塑造的，因为它不会明确号召大家一起去创造或者设计某种东西。这就会是两类，并不一样。

飨庭伸：我刚刚一直在思考用另一种方式来理解这个议题，想从城市规划的方面来解释这个图。例如，1919年日本开始做城市规划时人口急增，急需快速地去规划一个城市，所以做出来的城市就是比较潦草的一种平面分布的规划方式，此处公园、彼处商店街，道路也就这样画吧（图4）。

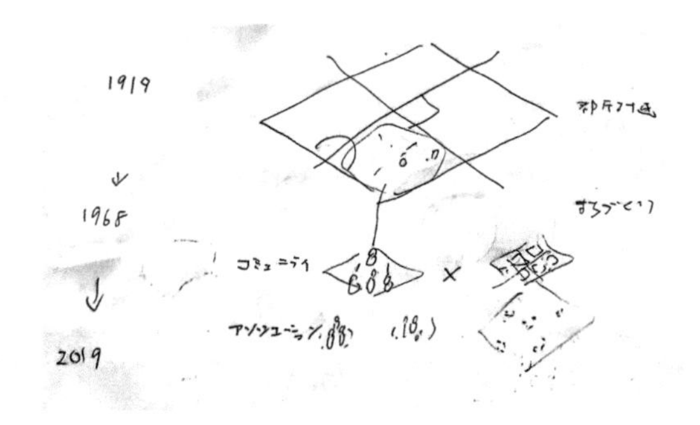

图4　日本的组织性变迁（飨庭伸手绘）

但是在50年之后，在1968年这个特殊的年份，他们开始想做最初版本的社区营造，那时因反思于前一阶段城市规划方式暴露的许多问题，进而用更加细分的方式去探索规划的可能。于是就开始在这样的一个区块里去做各种像居民委员会这样的东西，他们把这个叫作Community——类似社区管委会的组织。但这种把区块分得更小一点的精细化管理方式并没有变得更加细致、做得更好，反而失败了。因为通过这种方式还是没有办法做好整体的设计。

后来出现Association，即三五个人组织化地一起去行动这种模式。所以日本1968年到2019年这段时间有越来越多的小组织——自治组织、社会组织的诞生。通过这样促进自发的形式，越来越多的社区问题被小组织慢慢解决。这个阶段经历了自上而下的区块化的精细化管理模式，变成更加自组织的模式。

言语：这算不算当局在基层建设上的一种划分时代的方式，抑或只是迂回战术，还是两者皆有？

飨庭伸：更加整体规划、政府规划的这一类与更像是小团体一起去运营一个小空间的这一类都是需要的。但要区别偏行政意义上的Community与社群的区别，日本前期经验证明前者的独立作用是比较弱的。其实两者都需要且各有价值，关键在于如何搭配。

言语：继续文化层次上话题的讨论，中国的市民社会浮现之于日本的参照性，恰因同处东亚，也同样受集体主义文化根源影响，而对于社区营造的发展阶段类比研究来说会很有意思。如飨庭伸老师以前讲座中提到战后日本房地产泡沫破灭的问题，它产生失业人口和空屋，成为社区营造在当时的工作对象。但中国同发展阶段更多空屋产生在农村。基于这些异同点，飨庭伸老师有没有什么建议？

又例如，根据龙元老师的研究，美国的社区、日本的社区、中国的社区逐渐倾向于自上而下。用同一种眼光去看待，中间组织与第三方的缺失问题可能跟文化同源、制度同源有一定的关系。上海的社区微更新在自上而下方式转变处于刚您说的日本第二发展阶段，基于此您对上海现在这种模式有没有什么建议？

飨庭伸：其实日本也不是一开始就是自下而上的，互相协调的动态关系也一直在持续。在日本，大家比较熟知的划时代社区营造优秀案例世田谷区（图5），曾非常主动地给居民很好的土壤，让他们可以发挥主体性参与到社区的营造过程当中来。但在这之前旧有参与的做法就还是“我们要做这个，你们给点意见”这种自上而下的表象式参与，确实是原本很长一段时间的主流。世田谷区特别就在于市民主体性激发出来之后，让这些居民持续地在10年、20年时间跨度上都能非常自主地去创造新的发起运营的模式，所以即使是世田谷区也持续20年了。我认为上海现在的情况作为参照来看还是非常值得期待的。

言语：所以阶段与历史的时间概念在社区营造中非常重要。山崎亮老师画了好多，可以介绍一下。

山崎亮：如果把图6看作是一个街区，划分出大大小小的社区，所谓的“专家”原本也就理想化地以为，把社区按照做区划的图块一样组织去做自治会、居民委员会就能把街区管理好。但是后来发现参与自治会的人其实只占40%到60%，还有更多的人没有参与其中，这个参与比例也随着此方法进行持续下降，这就是1968年之后大家发现的现实。

但如果基于社群事务小一点的议题诸如爱好之类的去营造社群就会完全不同。图6上的黑色的点

世田谷村

石山修武（早稻田大学石山修武研究室）　东京都

Setagaya Village

Osamu Ishiyama Lab., Department of Architecture, Waseda University/Tokyo

图5　世田谷村

是足球爱好者。他们会聚到一起，虽然不是居住在一个社区。同理有的是象棋兴趣小组，有的是散步小组……社区中人一旦特别多就会吸引更多的人聚集，其他的人也会慢慢去到那个社群跟他们一起去活动。但如果这群人需要有想法把利益更好地分享出来，而不是关门活动。运营社群才能打破社区本身的区块限制，精细化编制的边界也会被因为打破而变得灵活。街区里这样非常活跃的状态需要靠社群基于事务，而不是行政的自发传递来塑造。

山崎亮：而像Uber、Airbnb中个人的影响是非常小的，就像图6中的一个蓝点，它可能会为一辆车中的三个人解决一个问题，同样这种复制模式可以为10万个或者30万个人解决这样的问题。但巨大

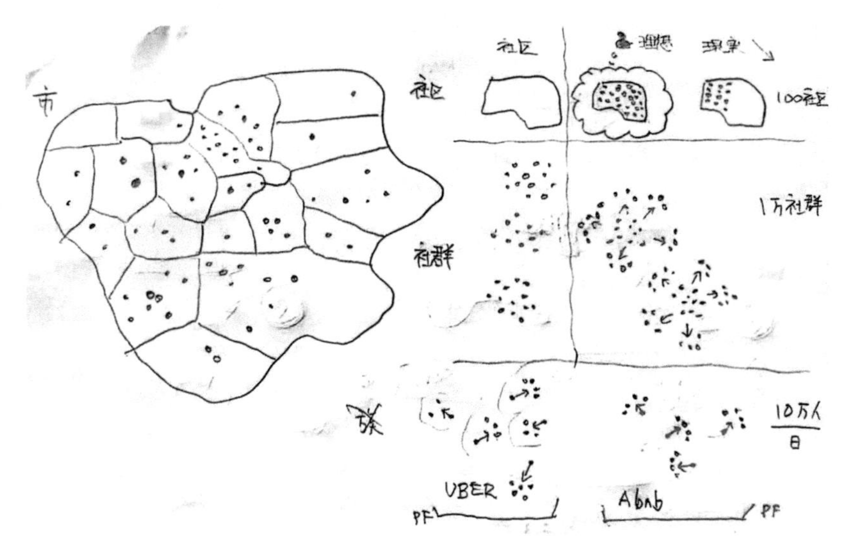

图6 街区、社区与社群

的流量下其实没有很明确的地方属性，这种商业社群和社造社群不一样，即使也是解决社区或者社会问题的一种补足形式。这三层工作方式没有哪一个好或不好，关键是对于互相叠加的存在方式的协调，协调好才能让社区变得更好。

另外，对于这种集体主义文化的市民交互，简而言之，Studio-L内部工作坊的交流方式、对外与市民的交流方式是要完全不一样的，对市民是只说YES不说NO，对Studio-L的员工是只说NO不说YES。说“yes, and”——即希望大家都是肯定式的，也有补足；而Studio-L这边是会说“no, but”——你这是不对的，可以这样或是可以那样。因为居民是业余的，对他们而言这不是一个工作，而对于Studio-L来说这是工作，所以要有区别。想法的碰撞的前提是不管遇到怎样的拒绝，比如有人抛出来“你这方案怎么能这样做”的质疑，通过专业的训练和经验让相关讨论人员都不会过于紧张，不会觉得没有办法进行下去。要让大家觉得被质疑的话没关系，下一步可以马上有另外一个提案提出来。做到这些的确需要一定专业性的，但居民就并不需要这样的训练，他们需要的是“大家一起可以做什么”这种方式。

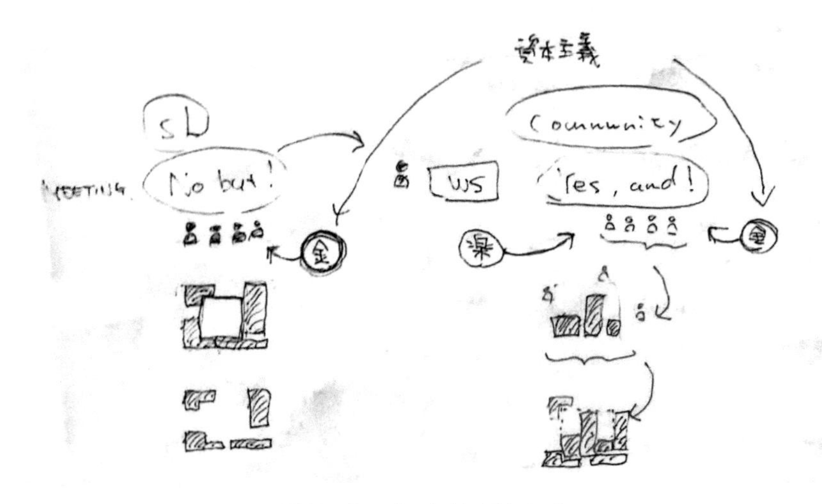

图7 Studio-L的交流方式

用图像来延展这个解释，同时透过它看社区设计的物质空间对象。其实专业的人应该做出外框，但外框也不是完全封死的。比如制作某个道具帮助讨论，也可能是某一个空间或者其他东西。组织在每个部分对应领域比较专业的人合作搭建，而当中留白的空间就是让市民参与进来去做点什么的空间。

而对市民而言最重要的事就是在这个过程中可以愉悦地发表自己的意见，去做自己想要做的事情，所以他们的“形”都是不定的。他们不会真的把这个空白全都给填满，和原有设计师的框架会构成不一样的形体甚至超出边界或者大量留白，但是这个并不要紧。但是专业的社区设计，会把一个设计得看似很硬的框架在活动和使用层面做得非常自由。

公司的机制当然也需要非常严格、严厉，对自己的伙伴有要求，同样做的东西也是非常具体化的。而居民这一块的东西自由度会很高。当然最大的区别就是设计方是拿着钱的，是要成就居民愉悦的心情的，这无可厚非。

但回到资本主义的话题之下去看，这些设计师也需要通过别的途径赚钱，居民在社区做的事情其实也是逃离原本的资本主义形态。以让自己变得更愉快的目的在做或者为自己或自己的家工作，是社区营造的方式。反而这群人其实是在这个体系之下，在资本主义的体系之下。

飨庭伸：这里要讲一下关于日本第三部门的历史。20年前日本NPO法被制定出来之后，有非常多的社会组织有了更好的土壤，可以更好地成长。但后来发现只有一部分的NPO组织发展得还可以，其中比较多的仍然是受政府资助的福祉类、医疗养护类。除资助之外还有养护保险，会有资金可以滚得起来，会有各种企业、组织支持。但是在城市规划、社区营造或者是设计这一块的NPO并没有运转得特别好，因为大部分的资产还是在不动产手上。

不动产持有者给自己制定了只对自己有利的规范，其实是为了保护自己，也无可厚非。但比如一些木造建筑30年以后会变得一文不值，同时还对社区产生副作用，那么产权制度的僵化就会限制它的营造改进策略。整体政策如果不突破的话，其实光靠社区营造者是非常局限的。即使日本在改变体制上也还有非常多的工作可以去做，现在有一些比如马场正尊之类的建筑设计师在做不动产的改革，从而创新地解决城市设计的制度问题。

社区花园的生存与发展模式

Q：近几年来，城市刮起“一刀切”拆除违建之风，包括之前有驱赶流动摊贩、拆店修墙等运动，您如何看待这种现象？

王本壮：有一位规划界的前辈说“城市可生不可造”，意思是城市的发展其实是一个有机的运作过程。所以在城市中生活最核心的价值是大家在群聚的生活中互相尊重、互相容忍、互相扶持，快乐地生活在一起。我们谈论安全、健康、舒适、便利，揭示的关键就是这样一个理想。所谓的违建违章代表与现行法令的冲突。其实法令的要求跟约束有它的时代背景跟价值观。因此，很多时候若是在快速变动的社会中，就可能无法及时贴近生活。一些居民自发地在某些特定时段去做一些小小的市集活动，很可能有机会增加城市的活力。而且如果它没有增加他人的困扰或不便，也许在城市生活的核心价值上就具有存在的合理性或正当性。只是它还是违反了一些与税赋相关的法令，以及公共空间使用的规范，造成了违法或违章的事实。因此很多时候就要进行符合公共利益的协商与沟通，进行再规范的过程。

我们从过去做社区营造的过程中获取的经验是在很多规范制定的过程中必须要大家一起讨论。探讨出适合社区和民众生活需求的共同模式，然后再去调整它，形成大家觉得应有的共同规范，而这个共同规范又要具有一定的弹性，而且这个弹性是可以去适应，或者是结合对生活的想象与需求，甚至社会发展的变化。因为有时候已经不是地方自身有没有意愿改变，而是外来的压力逼着它必须要往前走，可能必须要被开发或更新改造，那么在被催逼的过程中城市要怎么面对？而主体又是谁？

以道路为例，道路的主体是谁？是车辆，是人，是顺畅的交通，还是活动的场所？从不同的角度思考就可能有不同的定义。城市中的道路是一个被称为动线的线状空间，它可以有流动、交汇、接触、碰撞，可以有很多的关系网络产生，这就是道路。所以只要能够支持这样的功能产生，道路就有其存在的价值跟意义。

当然，这里可能会有一些百分比权重的考虑，或者说哪一些是它必须要负担的基础功能。因此，就需要想象在不同的情境、时段或区域下，道路会有不同的角色扮演。规划界也常常在谈怎样更有效率地使用道路，在它趋于专门化、层级化的状况下，那就要考虑是谁要追求效率，谁不需要就去享受生活情怀好了。所以我个人其实很好奇未来自动驾驶普及之后，城市中的道路会是怎么样的形态？有可能全部地下化，而把空间还给使用者吗？

因此在谈到违章建筑的拆除这类事情我们要看到更本质的东西。是仅仅为了私利，还是对社会有一些提升作用？做小生意的那些人一方面是在维系自己的生活，另一方面其实在某种程度上能促进街道活力，增加人与人的接触和交流，也许就可以协商出一些特殊的条例来支持这种活动的正面价值。

今年我国台湾的社区营造界有个很重要的热点话题——所谓的“社区微旅行”。意思就是推动做社区的深度文化之旅，让大家互相来体验社区的生活，促进地方创生。但我国台湾有很明确的关于观光旅游的规定，非合法的旅行业者不能去做车、船、住宿安排，以及需要相关的领队、导游证照等。但是在收益有限的限制下，一般旅行业者不太可能投入社区小旅行市场。所以现行的法律规范就可能扼杀了社区小旅行的存在。所以造成两难局面，没有法令规范，万一发生意外如何处理？严格依法执行又过于苛刻。于是开始协商能否基于在地社区的情况，给予一些原则性的要求，以及对正面或负面列举的情况给予一些弹性空间，以更符合现实的生活样态。

现代人的生活越来越没有时间与空间的距离，不论是线上线下，密集度越来越高。因此法令的限制和要求就需要有更多弹性，要能去结合很多在地情境，一起建构居民群体共同认同的生活规范，而且这个生活规范是以相互信任跟公义为基础。大家彼此信任，又能形成共识，才能迈向美好生活。

Q：您刚刚提到制定规范的弹性，那如何拿捏界定硬性和软性的标准，另外，关于“公义”有怎样的衡量标准呢？

王本壮：这也是一个一直被讨论的问题，我个人不认为有标准答案。有句话叫“法不责众”，意思是大多数人认为对就对，大多数人同意可以做就做。可是谁来做这个代表大多数的判定？或者说，少数就不值得尊重吗？例如都市更新中可能产生的钉子户问题。住户认为要维护他住在原地的权利，觉得那是无价的。谁有权力能够逼迫他离开？或是政府有权力去征收？这样的讨论和协商是人类在共同生活过程中必须要去面对的，并没有办法简单粗暴地用规范决定。不管是代议式、审议式或者协商式的民主，或者所谓由下而上的过程，什么最能够满足大家需求、最能够达成公义？背后其实都是一个不断运作的过程。这与民众的基本认知息息相关，我称之为“社造的素养”，比如对于身为人类有哪些很重要的普世价值是了解和认同的，或者你觉得在社区当中生活必须具有什么样的基本常识与行为习惯。

我们发现很多事情要从教育开始做起，不管是孩童的教育还是成人的教育。“尊重少数、服从多数”，两个是并重的，并不存在一条线能够切割，决定孰轻孰重。就像法令也会根据时空情境的变化而修订。因为法令的存在都是在具体的时间和地域上，在某种状况下所必须遵从的规范。既然有特定的时空背景，就很难说它一定会是这样僵固不变。做空间设计也一样，设计应该是永远未完成的，意思就是说会留白，能够有弹性去做一些调整，或者逐渐地改变。

我接触社区营造差不多30年了，在这30年中我学到的一件事情是永远不要立刻下判断或结论。为什么？因为所有事情都是在渐进地发生中，你可能看到一个很不合理的现象，但其实这个不合理的现象有一连串合理的发展过程，到底造成现象的真正内部原因是什么？原因本身是对或错、是好是坏其实是需要时时回头检视的。很可能在探究的过程中就会发觉真正的意涵。比如执法人员可能对于依法执行非常坚持，认为那是他的责任，然而由于情势的变迁也许就造成了一些困境和问题，假如这时能从立法的真正核心价值来思考、检视，也许执法的方式与标准就会有所弹性，当然，这些弹性还是有其基础的价值存在。

再者，像现在发展的对于生态环境和谐共存这样的概念，某些程度上大家彼此相互尊重就很重要。譬如里山里海这种跟聚落比较靠近的空间或者自然应该怎么被对待。是不是会有一些弹性的规范，那些地域是绝对不能使用，还是其实可以有某些程度的连接或者彼此的扶持，产生有多种模式的可能性。

你刚刚问的逻辑比较偏向二元论，它也许可以帮助理解，但在实际的人类社会的运作发展情境中，不会有这么鲜明的非彼即此，这种思考模式很难有机会碰触到“真实的现实”。

我们要尝试做一些突破，运用一些比较实验性的做法，从一些相对技术面的角度切入。举个例子，假设要做一个社区公共空间的改造，就像刘悦来老师在创智农园所做过的，他先把植栽箱放那里，看居民怎么应对。一开始放植栽箱的时候，植物一下就不见了，连土壤都被挖空了，然后他贴出告示说明整个状况。慢慢地，有些居民看不过去，他们就自己愿意出来复原植栽箱，这就启动了居民对这个事情的态度。对于实验有一个我自己认为最基本的态度，要相信人性本善。其实我觉得人格特质很重要，从事社造的人大部分都有一种特质，用台湾的说法是“鸡婆精神”，意思是什么事都想管，什么事情看了就想去掺和一脚。当然在社造过程中同时还要有这个能力，用开放的心胸或眼界去碰触、去连接，所以除了有“鸡婆精神”之外，还要有能力成为一个平台。在这个平台上大家如何共融、分享和交流？你要是能够成为一个平台型人物的话，你就有办法让所想的事情慢慢地实现。

Q：您对于社区花园作为一种社区营造模式的观察和评价如何？

王本壮：种植是人的本性，种植的目的在获取生存所需的食物。很多社造案例都免不了牵涉到食物，因为饮食是天性，从食物的源头去种植生产最容易形成人与土地的情感，人与土地情感连接上之后，再去连接起照顾这个土地的人和人之间的情感，所以那是一个很好的切入点。全世界各地在做可食地景也好，社区农业也好，社区花园也好，它都是一个很强大的、也相对容易切入，能做到所谓的人与人关系建立的模式。这里最核心的是在整个发展过程中参与者的态度和认知，假如是来这边稍微体验一下，所谓的“蘸酱油”，那就没意思。如果真的愿意投入进来，对社区花园产生了牵挂，愿意经常来看看、关心它，甚至把它当成宠物一样在爱护，那就不一样了。

在做这样的工作的过程中，如何激起民众真正的参与感，而且让其自己愿意承担责任，这个很重要。我们常常对小学生有所谓的生命教育，要求他们要去照顾一些小动物，养一下蚕宝宝，或照顾一个盆栽，都是类似的理念。所以如果你真的愿意去投入，对一个生命负责，不管它会动还是不会动，你可以承担的工作就越多。所以花园是做社区营造非常理想的一种模式，甚至能够凝结起某种共同的信仰。

Q：您觉得这当中的限制会在哪里？

王本壮：我觉得社区花园最大的困境可能在于它需要长时间、持续地投入，虽然这些植物不会动，可是它还是会生老病死，还是有季节变化，甚至还会遭受外来破坏，或是一些病虫害等。所以它其实是需要去持续地投入的。

所以有时候对一些参与者来讲，责任好像一承诺下去就是长期的，会有点痛苦。为了慢慢养成责任感，在实际推动的过程中慢慢发展出一些交错认养的概念。比如同一个盆栽可以有两户人家或三户人家来认养，那大家就轮流协调，如果我要出国去玩一段时间的话，就有人可以接替或者有代理人这样的模式。同时又建构起人与人另一层的关系，我们两个共同认养这个东西使我们的关系更密切，两个家庭共养一样东西，这其中又有关系建立，所以其实这就是在慢慢的运作过程中发展起来的。因为像刚刚提到的困境，面临长期的承诺对于现代人讲是很难，开玩笑地说，你跟另一半都不见得能有长期的承诺，何况是植物。所以这里要有一些弹性的模式，对于志愿者或认养制度的设定也要更人性化一点，才有机会更可持续。

Q：感觉社区花园的参与情况是会以亲子和老年人为主，您觉得可以怎样增强年轻人的参与感？

王本壮：增加年轻人的参与度一定要建立在他的生活行为循环周期上，什么叫生活行为循环周期？比如有工作的年轻人，他早上几点出门？晚上几点回家？假如要跟社区花园产生关系的话，他会在生活中哪一个时间点或者哪个时段有空，然后你在那个时间段将社区花园这个事情插进去，你能插得进去的话，让社区花园成为他生活的一部分，他就会跟社区花园产生关系，进而参与进来。也许他是来社区花园坐一下、吃夜宵、跟朋友聊天。而在那个时间点，就可能顺便参与社区花园的一些工作。而现在社区花园比较容易与老人和小孩的生活行为连接，所以就比较多的老人与小孩参与。换言之，当社区花园没有办法支持或者说进入到年轻人的生活模式时，社区花园就不会跟他有关系。

从社区花园看社会治理

Q：您一开始为什么会关注到创智农园，社区花园对您来说具有怎样的意义？

于海：我们首先关注大的背景，过去大概30年的城市建设和城市更新把一个城市的物理环境建成了，但却丢失了城市的社会性。也就是说人们居住的物理条件得到改善的同时，人们跟邻居、跟他人交往分享的机会越来越少。所以我用“社会性”这个词，实际上社会性不仅是减少，甚至在很多地方完全丧失了。当社区花园出现时，那里发生的种种活动把居民重新连接起来。我们一直在讲社区自治，希望通过社会互动来创造适合人居的社会生态环境。原来讲生态只谈环境的物质条件的改变，事实上我们还要追求彼此之间的信任和亲近感，我们希望能得到帮助，也愿意有贡献，很多人是愿意贡献的，但是不知道到哪里去贡献力量。

总体上来说，过去30年里社会性流失了。当社区花园比如创智农园做出来以后就可以看出它的趋势，它所致力于的目标准确找到了大家共同的兴趣点和利益点。如此一来，我认定在创智农园能通过自然教育和社区花园的营造，最终可以营造出一个社区来，它的价值要远高于单纯一个花园。

即使我们把家里打扮得花团锦簇，把自己的阳台做得再漂亮，也不见得一定幸福。如果你跟邻居之间非常冷漠，大家相互之间没有任何体谅、分享，遇到问题就对别人有一种敌视的态度……这不是假设，而是真实的。但当大家一块来做一件事，比如教育孩子学习劳动，教育孩子分辨植物，或者动手亲自种一棵植物，种黄瓜、种水稻出来的时候，在这个“做事情”的过程中，你就会发现人不仅学到自然种植的知识和技能，更学到很多社会的道理，如何跟别人的合作、对他人和世界的理解，以及自己所作贡献对于社区改善的价值等。

所以我一直强调把社区花园的“绿色”层面提高到社会层面去理解。建造花园的实际的效果是什么呢？孩子出来了，家长出来了，家长互相之间有分享、有互动。当他们在关心这个环境的时候，实际上就在关心一个更大的社区。创智农园的第一期沙龙就是我去做的。我在很多场合一直强调要推动社区花园成为未来城市社区发展的一个方向，一个潮流性的东西。四叶草堂正在做的就是结合了技能、爱心，对土地与人关系的理解，以及孩子与家长关系的理解，把“社区花园”变成一个操作性非常强的实践。同时在具体实践过程中，我们发现有一些抽象的、非实体性的社区关系就生长出来了，所以我从一开始就全力支持。

Q：您对于社区花园背后所包含的社区自治、公众参与具体是怎么理解的？

于海：我们一直在讲社区自治、居民参与，但是总找不到合适的入口，我们讲了很多大话，而大话对老百姓没用。事实上一旦找不到共同利益，民众是无感的。我在上海很早就参与了社区研究，我曾是上海社区研究会副主任，这是上海最先研究社区的专门组织，结合了社会学、经济学和其他社会科学的学者。我自己是学哲学的，关心“市民社会”等宏观问题，“社区”这个概念对我而言就显得是非常琐碎具体的、非常经验的、有烟火气的。朋友把我拉进上海社区研究会以后，我从20世纪90年代末期开始对此逐渐产生贡献，比如我最先提出了“居民社区自治”的概念并组织复旦的团队与中华基督教青年会合作开展了“居民自治研究”，这是1998年的事。

但一直存在的问题是政府号召、居民无感。政府拿出钱打造设施、做项目，但如何持续下去并未解决，比如要让垃圾分类能够可持续发展，必须要让民众“有感”，真正通过垃圾分类改变他的生活方式。

两年前杨浦区绿化局找到我，讲到他们在推进社区绿化自治。我看了几个案例，觉得绿化自治是一个比较容易切入的社区参与入口，大家对于其也都有需求。当把自家阳台上的花拿到走廊、拿到社区以后，实际上拿去不光是物，你通过这些物跟别人进行分享和交流，就形成一种社会关系了。

原先楼道走廊里都堆着杂物，晚上还容易绊倒人，对环境也不好，大家把自己家里收拾得山清水秀，而外面乌烟瘴气。所以当有一个积极分子主张大家把自己的垃圾收拾掉，把自家门前弄干净，又把阳台上的花搬过来，喜阳的植物在朝北的走廊养不活，大家就商量找一些喜阴的花花草草。借此邻居就有机会交流了，原来走廊上堆满的东西消失了，取而代之的是花草，或从顶上悬挂下来、或安放在窗台上。如此，整个走廊就变成一条绿色走廊。

人们从中看到生态、看到绿色环境，而我看到的是社会，在这个过程中人们会分享、交流、作贡献，这就形成了一个community（社区、共同体）。而community的关键要素就在于互动。费孝通把“community”翻译成社区，有两层概念，“区”是空间概念，而“社”是社群关系、互动的概念，是sociation，或者叫interaction。这条走廊就是一个“社区”。“社区”不是一个坚固不变的实体。如果没有互动，它就不是“社区”。

绿化的另外一种方式就是垃圾分类。垃圾分类的关键问题在哪？就是大家都关心这件事情，但又不愿意在源头上努力。我相信垃圾分类将来可以成为一个入口，人们对垃圾分类和垃圾不落地的践行，是大家对环境负有更大责任的实践，必定会改变自己个人和家庭的生活习惯。另外一个非常重要的事是通过垃圾分类工作来培养、增加自己对环境的公共责任心。但这件事情的难度跟绿化不一样。绿化不需要公众改变根深蒂固的习惯，垃圾分类就需要改变。改变最重要的是要培养什么，从垃圾的制造者，对垃圾的产生和处理都没有任何责任心，到后来有所改善，负起责任。什么能称作一个良好的社会？必须要有基本的道路，住房要有保障、生活质量有保障，在这个之上你可以建成不同的社会。也可能是不负责任的、自私的社会，也可以是很像样的社会，人们都很有责任心。

我在加拿大生活过一年，在法国、美国、北欧、西欧很多国家及日本都生活过，他们社会的富裕是一目了然的，但是最重要的还是人不一样。他们对环境敏感，而我们对环境不敏感，都是要“你来为我做事”。如果敏感的话就会觉得保护环境是每个人的责任，会去贡献、去维持，在这样的社会里的人也比较温和，不像没有责任心的社会，个人私欲就会放大，一有异议的话就坚持自己的立场和利益，就是喜欢压过别人。我觉得我们离一个体面的社会还比较远，但是怎么办呢？我觉得不能光靠道德教育，要靠做事，也就是古代哲人所说的“在事上磨炼”，光靠说教基本上是没用的。

做事的好处就是你一定是在物理环境中跟人打交道，一定是遇到一个超越性的存在，任何一个外人和环境对你来说都是超越性的。我们真正能支配的就是自己的意愿和身体。当你发现你有一个超越性的外在的时候，除非有强权，比如领导可以指使部下，若你跟别人是平等的，你要让他人跟你合作就要找到一种社会互惠的、平等的方式。要讲理，要为别人着想。在做大家的事的时候，会各有各的主意，所以过程中要学会适时地想到别人的方案和他的立场。如果你是负责人，你怎么去说服别人；如果你跟他都是路人甲和路人乙的话，也要考虑别人的方案合理性。总而言之，不能私心太重，不能把自己的意愿强加给别人，否则做不成事情。所以当大家一起来做社区花园的时候，你就要跟别人打交道了，要开始改变自己了。如果什么事都是别人在为你做，你不仅无感，还要挑剔，不会替别人着想，而当你自己参与的时候，你就发现做成一件事情真的是要忍辱负重、委曲求全。当然我们说的忍辱负重是有一个公共的目标，委曲求全求的是什么“全”？是大家的“全”。

Q：不知道您怎么看待当前的现象，就是现在社区规划师、社区设计受到越来越多关注，但社会工作、社会学这类学科却是凋零的状态，但事实上真的深入到社区工作里面的人，反而好像处于比较低的位置？

于海：是这样的，的确中国的社会工作的职业声誉不高，收入也不高。社会工作现在已经是变成一个有编制的工作了。但是原来我们没这个概念，也没什么社区，之前所有的社会福利或组织都是行政式的，比如主要就是单位和政府这两类。30年的社会变迁很重要的一点就是发展出"没有单位"的这种状态。行政已经覆盖全部的社群——这是大的背景，就是说社会里的确长出来了那些非单位的人，非单位的空间、非单位的职业。

另一方面，过去30年整个城市的更新基本上是政府意志加上资本力量，而且其背后的导向是非常明确的，就是打造全球城市、打造高端产业。总而言之，就是跟政绩连在一块，当然它里面还有很重要的一条就是居民住房的改善，这是用政府和资本的力量进行了大规模的城市更新。那么更新后出现的问题就是把城市原来的社会肌理破坏得很厉害，土地也没剩下多少了，土地财政本身是不可持续的，所以从2015年开始，上海就表示在城市未来的更新中，土地的供应将会是零增长，甚至是负增长。

这些都是大的背景。在这个背景下政府的合法性在社会服务方面要体现。30年之后很多社区、房屋都老旧了，所以上海在最近这几年都提到要把服务送到家门口。这些都是你刚才讲的社区规划，而原来的规划是不会下到社区的。现在要把服务送到家门口，包括环境改善、其他服务的提供，实际上就是需要这些做设计、做规划的人进到社区去。所以不完全是社会工作在凋零。社区规划师这些提法是超前的。政府是很喜欢赶时髦的，因为赶时髦的话，在话语上更有正当性。

没有大拆大建，城市现在所能做的改善就变成小修小补，就变成我们所说的"微更新"。"微更新"还是要叫专业人员去做，怎么做能够满足功能需求，把"送到家门口"的服务跟空间改造结合起来，这时设计师、规划师就有用武之地了。但关键在于如果只把它看成一个空间问题的话就会有偏差，所以我觉得社区规划师里应该有社会学家，他的责任应该包括空间的社会性的利用，而不只是一个物理性的改变。所以我这些年去同济大学演讲、呼吁多提供一点社会的角度，对于他们理解新时期的规划有帮助。

Q：您是不是主要作为研究者来看社区花园的发展？您参与过创智农园的什么活动，好像之前还去农园做过红烧肉？

于海：我是利用我的专业知识去阐述、提炼它的意义，我在文章中反复强调里面不光是花，不光是绿色。我自己是学哲学的，学哲学的人倾向于从平凡的事情里概括出意义来，抽象出价值来。虽然人们没有完全看见这个抽象的东西，但事实上会产生这样的一个结果。

种植这方面我不太在行。但我会把学生带到创智农园上课，这是我的工作。刘悦来老师会作为创始者和管理者来讲述，而我就会加一些分析。比如说讲到上海的社区发展，那么我可以说它原来是块废地，如果不做成这样一个农园的话，它就是一块废地。哪怕你种些花草也是废地，人们不会去停留。围绕着它的正好是三个社区，这三个社区互相不会来往。创智农园一年会有上百场活动，最重要的就是通过活动把人聚集起来了，把人连接起来了。然后人们会觉得我属于这里，而且这个地方给他带来了感受。所以我们讲社区讲到最后的就一定不是物理层面的东西，恰恰是关系层面的东西，那种人与人之间的联系、情感。没有这些东西的话，人不过就是偶尔经过一个地方而已。而如果对土地有依恋的话，去了以后有积极的感受，因为得到了别人的认同、过段时间不去的话会觉得自己个人的存在感也得不到滋养。这种社会性的存在对人来说非常重要。社会学家一方面批判性地去分析，一方面通达地理解各类人的生活和人性的需求。

Q：请问您觉得目前社区花园在发展上存在什么限制？另外您对于它未来五年、十年的发展抱有怎样的期待？

于海：实际上我们投入了很多的关注和精力在创智农园上，而日常生活中的社区花园不可能有那么多的关注度，这点我们需要意识到。但还是需要做出这样一个东西，它会不断起到典范的作用。所以我在《回到生活世界》那篇文章里面讲到，那么多的理想可以在一个项目中体现，但是很难在所有项目中体现。但是我觉得这个问题不严重，因为刘悦来老师自己也说了2 040个社区花园就是要让大家一块动手来做。

所以还是需要保留一个旗舰项目，举办很多活动，包括高端的活动，社区花园国际研讨会的主要经验也要从这里出来。但社区花园作为社区营造、社会发育的项目，它一定要更加粗糙一点、更加烟火气一点，更加土生土长、多种多样。但最重要的还在于改善环境的同时，改善了人跟人之间的关系，让自己的人性得到了丰富和成长这就很好了，不一定要有那么多炫目的项目和活动。社区花园本身就带有一点精神性，它本身就从日常生活的那种凡俗性里面提出了社会性、公益性、精神性。每一个社区项目大概都会有一些积极分子按照当地的资源来发展出适合他们小区的模式，任何东西只要是适合你的，就是对的。

Q：这里关键的就是人的培育，对吧？

于海：是的。所以我认为创智农园应该成为一个学校，就像伯利克里说雅典是全希腊的学校，它的民主、艺术、哲学、公民精神是全希腊的学校精神，创智农园应该成为社区花园的学校，它的功能可能会更强大。它只有2 000 m^2，在空间上翻不出什么花样了。所以它可以成为一个“总部”和一艘旗舰，在它的示范和召唤下，自治的社区花园会在上海遍地绽放。

采访人：

徐　鹏：同济大学设计创意学院博士生

言　语：同济大学建筑与城市规划学院建筑系博士生

曹书韵：伦敦大学学院（UCL）城市研究硕士，上海四叶草堂自然体验服务中心研究员

金　静：日语翻译，日本东京都立大学社区营造专业博士生、大鱼社区营造发展中心联合创始人

没有共识的共识——共治的景观　美好的社区 2019首届中国社区花园与社区设计研讨会专家对话

时　间：2019年4月27日

参与人：秦畅、刘悦来、侯志仁、王本壮、阿甘吴楠、周晨、何志森、魏闽、李迪华、杨波、高健、侯晓蕾、徐晓菁、黎海涛、孙虎、山崎亮、饗庭伸、金静、陈亚彤、尹科娈等

主持人：秦　畅

秦畅：我听到现在你们作为研究者或者实践者，都在讲连接、弥合，甚至高中生都在讲黏合社区关系。你们有没有一些连接、协同、彼此助力，共同成为一种什么样的更大的力量，变成一种声音，就像今天中国医师协会也发表声明，这在我看来是非常好的，但是在对舆情理性的探讨上我看不到任何积极的作用，这是我最痛苦的、绝望的地方。我很期待听听各位的想法，希望我也能够以我的专业能力触发一些大家深度的思考。今天不仅仅是一个专业分享，更是你们之间是否能够有更多的连接协同和合作，推动社会连接的力量。

刘悦来：社区花园只是一个社区规划、社区营造的切入点，很多人都不是做社区花园的，这种需求并不是非常急迫的一定要打什么旗号或是一定要寻求一种着急的方式。我希望找到一种从容的方式，大家彼此支持的方式。今天在一起听完之后各位应该会有很多的感想，希望我们可以更好的连接。

侯志仁：我听下来非常感动，因为看到这么多案例，而且短时间内，也没有说是依据国家的某一个政策，而是大家自动自发，觉得这个事情有意义，就开始做。刘老师最近经常有演讲，很多地方谈到你的案例，我觉得有几件事情接下来需要继续谈。比如很多人认同社区花园这个事情，表示大家对它有一个认同感，这是一个正确的方向，我们应该支持。然后下一步是什么，是不是有一个比较系统性的方式，可是又不要破坏它那种很草根、很自然、自由的自发的方式。比如说我在美国做社区规划经常碰到的事情就是土地的取得，是不是有类似这样普遍性的困难存在。这些困难是不是要有另外一种方式来做，比如要有法规的配合。我们过去在美国做社区花园时没有一个法定的定位，所以没有保障。比如在土地使用里面也没有特别一个项目是社区花园，所以我们就没有法律来管，没有办法保障社区花园的使用。是不是像这种困难需要突破，而且需要大家一起去集思广益，有不同层级的合作，比如说市政府层级或是社区层级的思考来突破，这个我不是很清楚。在这个背景下，再谈是不是有一个网络大家可以来做意见交流或是制度方面的发展，就有它的实际意义。

另外一件事情，我觉得目前在亚洲比如韩国、新加坡、日本等国和中国台湾地区，城市花园变成一个潮流。亚洲城市人口密度和城市规模又跟欧洲和美国不一样，所以我觉得要发展一个亚洲国家的

城市花园的论述，我们可以一起讨论这个事情，是不是要发展这种高密度城市，特别是上下主导性比较强的社会怎么推动社区花园的发展，让它在理论上、实物上有一些比较好的发展基础。

王本壮：我觉得侯老师讲的很有趣，目前，亚洲城市很多都是一些混居的形态，跟我们传统认为的分区模式是不一样的。所以我觉得混居的情况下，特别是这样的社区农园社区花园模式下，它会是一个什么样的情况是很有趣的，这是我先呼应侯老师的一点。

我们现在看到的是一个百花齐放的状况，有一些情景是我稍微担心一些的。虽然我并不一定完全认为很多事情我们要有明确的定义，但是我总觉得刚刚刘老师提到是不是会有一些某种宣誓或是某些价值的呈现，就是我们认知的价值呈现。可能大家今天可以讨论一些可能性的发展。举个例子，有些社区花园在一些有污染的区域和位置种植可食地景，种出来的东西是有问题的。台湾传统的市场，一些有执照的摊贩卖的东西比较贵，有一些居民就在市场外面买老太太的菜，我们原来以为那些老太太种的东西安全健康，可是我们真的了解之后发现，这些老太太也用农药，也用化肥，但她不知道怎么正确使用。市场摊贩知道农药要稀释1 000倍、要等多少时间再收，而老太太则觉得差不多就可以收了。菜有菜虫咬过不等于没有农药，所以你看到的菜可能第一天喷了农药第二天就采摘给你吃了。所以我们谈一些很多名词运用的时候，是不是要有一些更基础的知识或是所谓的素养，或是某些宣誓性的动作，在尝试的过程当中，某种程度上有些事情还是跟专业有关系。所以我觉得，社区花园相对安全一点，这是我希望看到的一个状况。联想到另外一个事情，社区花园到底会产生什么样的社会影响，大家都在谈这个问题，这一块行政部门和政府都要有更清楚的认知，不然他们会觉得种花没有什么，其实这就是人跟自然，人跟土地的一个连接机制，有非常强大的扩散性的影响可能性，这也是我们尝试性的大力推动思考和修养的可能性。

阿甘吴楠（南京翠竹园互助会）：今天的嘉宾包含各个层次的多元性，我能够感受到通过你们共同发声，上海现在慢慢地把氛围调动起来了，这个还是挺关键的。我们做这个事情的时候倡导力产生的影响力很重要的一方面是有科学家的支持，政府、企业也都参与其中，所以如果我们以后把这个良好的生态真正建立起来的话，这估计是一个很大的好处。我们要增加它频繁出现的可能性。大家都谈社区花园是一个美的事情，爱的事情，好的事情的时候，就忽略了城管限制种菜这样的事情，尤其政府的人看得多了以后会影响政策的改变。所以接下来我们应该提高宣传性，在我们社区群里面吵架的时候，我们就会说，如果高校不主动出现的话社会组织就会迅速占领市场。我们眼中看到的都是两种状态的互加，但是那是30%、50%的互加，如果90%里面的人出来发声，有可能这10%的几个人的声音就抵消掉了。因为现在这个社会你没有办法堵这些10%的人的嘴。正常的公众表达就是情绪宣泄，但是没有批判性思维支持的时候，只讲一些激烈的东西没有讲我们自己客观的东西，我们通过批判性思维以后思考过的东西，这实际上是要训练的，我们中国人从小接受这个训练不多，但是通过这些事情不断的训练，达到我们公共表达上面的可能性。我的建议就是，通过研讨会或是事后出现的一些东西，包括网络，可以更多地发声。

周晨：很羡慕上海有这样一些政策的支持，其实我一开始的想法是想做社区花园，连接社区，但是我有很重的教学任务，做连接社区很吃力，我们就想找社区，但是他们不肯。就像阿甘老师说的，宣传是非常重要的，不仅仅是上海，从上海这里应该是一个起点，影响到全国，这个事情它就有了生命力。实际上大家都认同了，做起来就很容易了。第二，如果说社区花园被大家认识了，我们怎么想办法让它被大家接受。我也喜欢发朋友圈，我发朋友圈的目的就是让大家来了解这个事情，让大家知道周老师在做这个事情。我有时候也想是不是我老发朋友圈不太好，后来我想不管这么多了，要让大家知道这个事。现在做民宿的也会找我们，民宿想加入农园的模式，也有地产的来找我们，想在地产项目里做一块这样的农园，慢慢地大家的接受度就高了。所以群体共同发声，大家通过各种渠道去对社会产生一定的影响力，我很认同这一点。

何志森：今天我讲完之后，有人说我可不可以请你帮我做项目，我的项目前期就由你来做，把花园给政府做，钱可以商量，政府喜欢社区营造这一套。我觉得蛮悲哀的，我不太相信社区营造，虽然刘老师做得很棒。我曾经做过一个菜市场的营造，是社区营造的一部分，我是通过街道介绍进入的菜市场，因为摊贩根本对大学老师不感兴趣。我以社区营造的名义带20个研究生进入到菜市场，让他们变成摊贩。我让学生跟摊贩一起生活工作了三个月，摊贩每天睡觉五个小时，晚上三小时，下午两小时。这三个月里面，因为是街道介绍的，他不得不接受学生，他们摊位这么大，学生在里面帮他们卖菜的时候摊贩就站在旁边。摊贩很厉害的，他们切鱼不会直着切而是斜着切，西红柿他们最喜欢摆在外面，因为阿姨们最喜欢捏西红柿，但是她们不会买，然后就买其他的东西，所以摊贩是被逼的。我们通过消费他们达到我们社区营造的作品。他们根本不知道我们做什么，他们也不管，他们管的是每天能多睡半个小时多挣十块钱。

去年广州下大雨把整个菜市场淹了，20个研究生中19个认为自己今天不用做功课了，因为放假了，下大雨我去干吗？只有一个人去了，他回去帮摊贩搬冰箱、搬菜，就一个人，摊贩就被感动了。我相信各位今天加了很多人微信，未来很多人找你们做营造的工作坊，社区营造的项目肯定很多。我觉得就是因为他一个人回去了，摊贩重新定义了我们20个研究生。现在摊贩跟我说，本来他说何老师你的学生，而现在说我的孩子，这是一个很大转变。他觉得这些人不是过来消费他们，利用他们做项目的，而是真的帮助他们，跟他们在一起。所以很多时候就是因为这个东西，他们接纳了我们的学生，跟我们一起参与菜市场的项目。如果没有那场大雨，我们永远走进不了他们。所以中国这样的一个以金钱为主导的社会，有几个人会在一个社区长期的陪伴他们，我觉得大部分是消费他们，都是短暂的。我觉得今天的社区营造都很短暂，名字都不留，有的还会留名字。项目做成了钱拿到了，然后你做演讲的时候就说这是社区营造，那些人都不知道这些跟我生活有什么关系。我觉得刘老师那天发的把墙（指的是创智农园睦邻门）打开那一瞬间我真的是感动到了。之前我还是觉得他做的东西是在有钱人的社区里面，我想什么时候穷人的设计跟有钱人的设计融为一体。所以那一瞬间我真的感动了。

我质疑今天的社区营造四个字变成一个赚钱的工具。中国也不止今天这一个营造大会，营造完之后就开始做项目了，所以我觉得刘老师发起的社区营造会议跟其他人发起的营造会议有什么不一样，这是今天晚上回答不了的话题。今天的社会太冷漠了，也就是说到最后要群殴，变成相互践踏。是不是通过社区营造回到我们的熟人社会？

刘悦来：大家今天说我们因为在上海做了很多案例，大家都说做得不错，但是我一直觉得，我是有担心的，像社区规划一样，每个地方都在配规划师，我非常担心民间的方式刚刚开始，你自己做点事情的萌芽又被全社会的社区淹没了。我们对侯老师这个社区网络，类似于这样的一种学术的民间的交流我非常钦佩，这是我的梦想，是大家共同的梦想。非常真实的，质朴的，草根的状态，如果维持20年的发展，这是真正的社区花园。

侯志仁：我们这个网络20年前成立的时候，目的就是要带着批判性的观点来看我们自己做的事情，而且有时候看自己从别人的观点来看会比较客观一点，这种互相的批判和学习，是我们建立网络的初衷。

刘悦来：我们对社区营造社区规划的消费，已经看成为一个快速消费式的了。我们以前反对快速消费型的景观生产空间生产，我们更多地让人参与进来又是另外一场运动。我们讨论的目的并不是形成一个什么大家多做项目，把价格抬高的氛围，我是反对这样的做法的。我们要清醒地看到当下我们所面临的问题，尽管我们在上海做了不少，现在很多人找我们做，但是做得越多我们越恐慌。

魏闽：我特别想回应一下何老师，从今天的演讲一直觉得他有一丝淡淡的忧愁。刚才刘老师也在说，其他的社区花园我不知道，但是在四叶草堂运维的一些点，譬如说创智农园，我们确实就是一个陪伴式的，不管在开门前还是开门后，就是这样，理由很简单，就是我们带着我们的孩子在这个社区当中一起成长。因为自己的孩子认识更多别事，别的人，这样的一种陪伴吧，可能就是因为这样的关系，这个功利性就会少很多。

秦畅：我刚才又在网上查了一下，基本上你们都是建筑师、景观师、规划师，很专业的工作者，这已经很令人感动了。何老师的要求有点高了，梦想，是悲观的理想，可能每个人对行业就这样，就像我刚才说我对舆论环境媒介环境是持悲观态度的。你们真的做社区营造，对于你们这群专业工作者来讲，你们的专业能力是不够的，因为它做的是大量的社会工作，是社工专业相关的，所以认识刘老师之后我很惊讶，我说你做的事情当中一小半是做你景观规划师，一大半都是社会工作，连接、搞活动，让大家在这里彼此认识，前面搞五次，中间搞三次，后来还要搞一次，还要培育一个花友会，然后还要扶持它，成立一个社区组织，这完全是社区工作。

何志森：媒婆（南方周末后来有一期有关于社区规划师的一篇专题报道，题目是：从被报警到打开围墙社区规划师：设计空间的“媒婆”）。

秦畅：对，从我一个外行人看，你们今天有了共治的理念已经很好了，真的已经很好很好了。我们以前大量的生产是你们景观师专业傲慢、专业的审美偏好。今天你们已经愿意说研究研究这里的老百姓喜欢什么，他们是什么样的阶层。

何志森：这个本来是设计师应该要做的。

李迪华：这是尝试。

秦畅：但是你们以前不管，因为快速的生产过程当中，甲方说什么，甲方喜欢什么，哪个东西成本最低就做什么。你们的主题今天非常好：共治的景观，美好的社区。以我这个媒体人看来，你们这样的一群专业人士，在你们的构建当中能够不断推动共治的理念，你们作为专业工作者有整合社会各种能量和资源的意向这就够了。慢慢来，别忧伤，还是要做。

刘悦来：您昨天没有听山崎亮教授做的讲座，他在2000年之前做的设计，都是100%纯粹的空间设计师的作品，但是2000年到2005年开始有一些改变，改变到什么程度，近10年他设计当中有一半都是刚才您说的工作坊的形式来做。

秦畅：如果不减少你们的收入把这条路走通更棒了。

刘悦来：要像山崎亮老师学习。

秦畅：如果你们收入减少、麻烦增多，这个东西就不可持续，形成不了太大的社会力量。

何志森：说到痛点了。

阿甘：我以前是建筑师，现在做社区。我认为，大多数设计师并不知道有社区营造、社区规划和社区花园这种手段可以用到规划和设计中去。

秦畅：以前快速城市化的过程当中有没有时间让你们用这种慢的路径来做这样的事情，它都是三两个月交工，来不及。

阿甘：来得及也没有像这样自下而上，因为我们老师教的就是自上而下。

刘悦来：我们在同济读书的时候老师就跟我们讲倡导性规划，规划原理的时候有一章就讲这一块。

阿甘：用了吗？

刘悦来：没用，但是有啊。

阿甘：现在有时间和路径给这些人的话，才能发挥作用。

刘悦来：我1995年毕业开始工作，到2000年的时候工作了五年，每天就做设计，做各种政府和企业的设计。2000年我开始反思，觉得每天做的这些设计其实并不是我特别喜欢的，时间很急，做下来又有人反对，但是我必须要做完它。然后我回到学校读研究生读博士，我博士生毕业就研究景观的推动力是什么，是资本和权力吗？是我们最终的消费者、我们用户的想法吗？发现都不是。我们最终的消费者就是市民，但是并不是市民的想法。

我博士论文是景观管治，当时我研究了社区营造，看了很多日本和中国台湾的案例。2010年起我们做社区花园也好，社区设计也好，我们做了很多的项目，你刚才说的路径我都知道，我们每次做规划都免费提供一个管理建议、实施建议、营造方式之类的，参与式方式都提了。每一个项目我们必须提，别人不要我也要讲，他们觉得都挺好的，但是没有办法做，也没有人愿意买单，政府不愿意买单，开发商也不愿意。2014年我们一起商量一下，觉得不能再等了，没有人相信这个事能成，没有人觉得它好看好用或是长久。因为花钱少的感觉都很LOW，老百姓又不专业，觉得这个东西不好，代表不了这个品牌，所以我们决定自己干。2014年我们开始，一直到2018年的时候贴了200多万。我们三位联合创始人贴了这么多钱就是做各种试验，大家看这个东西大家喜欢不喜欢，能不能持续，有没有用。后来确实2014年到2016年大家开始逐渐接受。所以我觉得这个观念并不是不知道，而是知道但是没有人干。因为没有人买单，你自己做就很累，又烧钱。我们前面牺牲了一点，这么烧下去我们谁都受不了，这时候我们开始想办法，政府、企业开始愿意买单了，但是数额都比较小。

山崎亮老师去年接了厚生劳动省的一个项目，费用是非常充足的，一年的时间内8个地方在做。所以到这个程度可以了，这样就可持续了。社区营造是可持续的，政府认识到了它的价值，有人愿意买单了，像请一个明星，山崎亮说他们活动以前都是请大明星搞演唱会宣传一下，民生福祉特别好，但是他们接受了他的观点改变了，做工作坊，大家觉得这个成果更持久。就像现在房地产销售一样，看到景观的面貌，请人代言之类的。如果它让人民代言，社区花园来代言，效果也可以很好。所以我觉得，我接着何志森说的，这个过程并不是不知道，但是确实没有形成氛围，没有人买单你还是白做，做起来还是很难持续。

秦畅：你们都是拓荒者。希望你们都成为先驱而不是先烈。

李迪华：我想接着说一下批判性的东西。首先对今天这个会的提出我是有一点点觉得美中不足的，这个不足有几点，一个就是说这些项目做得太精致了，花钱太多了，参与方太少了，有更多是自己在玩。为自己的孩子做一个花园，这个出发点是好的，但是跟刘老师最初了解的那个花园或者社区花园还有一定的距离。恰恰这个时候，我们一定要做的一件事情就是要出台一个社区花园的很清晰的定义。这个定义里面首先要体现的是，我们希望向社会传递什么样的价值不只是共治的，我们传递一个什么样的价值，如果这个价值只是一个参与，那我觉得这是远远不够的。在我看来，这些就是说哪些东西我们一定要有。第一，它一定是自下而上的，一定要强调各个社会阶层的参与。如果你只是本小区的社区居民参与是不够的，一定要真正实现五大方面有三个连接，几个老师都讲了，这个连接一定要很清晰体现在我们的价值里面。我觉得这要倡导出来的。

第二，它一定是跟我们今天社会追求的没有成为主流的主流价值相结合，比如说低碳、节约资源、废弃物再利用，我们一定要大胆说出安全、健康这些东西来。

第三，就是生物多样性保护。今天我们做这样一个参与性的工作不能把全球关注的生物多样性保护说出来，我觉得这个东西还是没有意义，那就是又跟我们作为一个园林规划师重新做绿地有什么区别呢?

尽管我们不一定能做到，但是我们背后有一个坚定不移的价值，这个价值至少是超越现在十年二十年的，那就是要真正关怀人类命运，关怀整个社会，这一点我真的是特别特别可以说膜拜志森，他做的每一件事情背后真的是发自内心的。如果我不能做到我进入到我眼睛里面的所有的人，排斥他们的人，建立起他们的联系。社区营造恰恰做的是这部分，否则就变成我们的专业技能了，这是没有多少意义的。

还有我们为什么要呼吁，我们谈到钱的问题，钱很重要，但是要呼吁的是什么，是把钱用在什么地方。你为什么要花钱买玉兰树呢，为什么不把买玉兰树的钱用在雇社区规划师。志森在菜市场做的工作，不断跟人做试验，不断的沟通，不断化解误解，为了沟通可能还要人为制造一些误解和冲突，这是工作方法的一部分，只有这样的想法我们做这个社区营造，对我个人来说才有吸引力，否则的话就只是在做一件事而已。尤其做完之后，那又怎么样呢，政府说这个东西重要，然后政府把钱砸下去，这些钱本来是可以做别的更重要的事情的。所以通过这个社区花园，一定要做到的就是我们要解决社会问题，解决管理问题、资源问题，推动社会问题、环境问题的解决，这就是我们侯志仁老师说的做的宣言。只要来参加同济大学刘悦来组织的工作坊的，你进入到这里面来的，首先我要看你是不是认同我们的价值，而不只是你玩了一个很嗨的花园就够了。

秦畅：真正有影响力的是价值观，形成长远影响力的一定是价值观，没有价值观再完美也是昙花一现。

杨波：我来自大自然保护协会，我们是做自然保护的，我们以前没有在城市里面做过自然保护，但是我们现在把城市跟自然连接起来，为什么，因为以后对于自然最大的影响是城市。城市的变化导致自然也有很大的变化，所以我们说不能再远离城市了，而是进入城市。城市里面怎么做自然保护呢，这又是一个挑战。我们在上海也跟刘老师合作，以社区花园为载体提高它的自然性，我们提出来生境花园。我们考虑一个是城市环境的问题，另外一个是人的问题，就是想在人们身边就有自然，这个自然不是远离的而是近的，比如像我们小时候有蝴蝶、蜻蜓。另外一个就是自然的载体发挥作用，我们说灰色建筑和绿色基础设施之间一定要平衡，否则灰色基础设施也是不持续的。我们要发挥行道树、花园在净化空气、降温、给城市提供一个好的水的含蓄当中发挥作用，这是我们在倡导的。

我们现在想以社区花园为载体，让自然真的跟它融入进去，包括今天大家在讲这个花园里面有花有草，为什么有花有草呢，是因为考虑到花草很漂亮大家都很喜欢，你还可以考虑得再多一点，为什么用本地的植物而不是外来的植物，为什么少用农药，因为你帮助这个城市恢复它的生物多样性，这是我们想给社区花园注入的元素。

高健：我们自然设计工作室做的事情就是让参与式的行为、让公众参与到日常身边的行动改造当中去，再一个就是将生态的意识注入每个人的心中，让他赋予能力、行动，再共享这个东西。我想说的就是人人可以参与，从自己个人的成长经历当中发觉议题参与到社区营造当中，而不是说一个集体的意识让你做这件事。这是完全不同的两个方向。我比较担心盲目服从集体这个事情，可能我们现在有政策支持，有资金，也有各种各样的渠道，但是否有一些设计师遇到一些问题，就开始从自己的专业性和需要服务的群体之间的连接产生自己的怀疑。我想让他如何从资深的主体性里面出来，回应这个社会的集体的议题。

秦畅：个人是需要激发的，是需要唤醒的。唤醒建筑师规划师的意识。

何志森：也是很难。又做梦了。

阿甘：我觉得我们设计师想得太多了，干嘛想这么多。

秦畅：一开始肯定是不完美有缺陷的，人是有功利性目标的。我特别同意李迪华老师说的，作为你们的群体的话你们要成为社区花园和社区营造的代言人。

侯晓蕾：我其实从来没有想到社区营造真假的问题。我从个人的体会出发谈两个小例子两个小思考。第一个小例子就是砌砖，我跟居民一块砌砖，居民收了很多砖瓦，很多都是上百年的，我觉得那个砖蛮好看的。一开始居民不参与，觉得这个凭什么我也一块做，我觉得这个就体现了这个小例子里面对共治的理解。我就开始自己砌，不管他们，也不想这个问题，砌着砌着居民也不好意思了就来一起了。还有菜市场画灯笼，一开始摊贩也没有一块参与，后来画着画着他们小孩觉得好玩就一块画，小孩觉得好玩爸妈就过来了，共治很大程度是一个主动，我们自己先做，慢慢也许自然而然就共治了。也许像我们上课一样，因为大家都是艺术家，老师不要求你必须准时上课，所以很多学生都迟到，都是因为老师迟到。所以他们都说为什么侯老师的课不迟到，因为我说我从来不迟到，这是相通的。

第二就是共享的理解。北京都是大杂院，我们给50多人的大杂院做空间改造，有一个孤寡老人在门口有一个2 m^2的危建房，开门之后就是一张床，20世纪90年代的时候一个月出租100多块钱，后来就没有人租这个房子了。后来我们提了一些方案，因为他腿脚不方便，我们就沿着这个门口用他存的木头做了一个无障碍栏杆，他可以扶着这个栏杆走到他的屋前，还用废旧木头给他做了一个下棋的桌椅。后来他跟我们说门口那个门楼你拆了吧，可以做一个社区花园，没有说谁为了谁。其实这里面是存在利益的，觉得我们给他东西了他才会交换，但是我觉得这种交换是美好的，你没有给人家东西人家就不会给你东西。所以利益的平衡也是我的一个体会。

我做这两个事都是不挣钱的，我一直也有一个事向大家请教，这个事能挣钱吗？我觉得我做的事似乎是在探索一些事，但是也说不清楚。学校也有很多的项目可以做，我放弃了。很多老师同事说我们可以接很多大项目，但我们内心总觉得这条路是对的，所以一直坚持，但是还没有找到平衡，也没有找到太多的认可，对我们高校来说也没有找到一个平衡。

徐晓菁：我是政府部门的工作人员，嘉定这几年更多的是在想怎么样在社区治理推进当中搭建一个平台。今天举办的这个共治的景观美好的社区，包括社区花园或是社区设计为主题听了一整天，我的感觉是信息量大爆炸。我本来感觉对社区花园认识蛮清晰的，听了以后发现有点云里雾里了。社区花园最终的目的是什么，就是为了做花园而做花园还是什么？我们现在社区里面这些是不是花园，社区花园是不是有一个模式，网上全部是一种模式化的，这样做我开始有点困惑了。

社区花园一直在讲共治，还有社区营造，包括嘉定提出的社区共赢，还有刚才讲的共治。到底什么是共治，是不是几个居民过来就是共治，理解上大家不一样。社区治理也好，社区花园也好，就是解决人与人之间的交往和社会治理，这个过程当中，不管我们发展到什么程度，我个人认为，我们今天在这里召开这样的一个社区花园国际性的论坛，实际上也是国家、社会发展到一个交汇点的时候。一个是解决人与人之间的交往，怎么解决社会制度；一个是怎么样重构一个良善的社会秩序。社区花园的意义就在这里，否则就是作秀，就是花费大量政府财力，今天就是说用纳税人的钱做这个事。

怎么样从整个社会治理的系统中做社区花园，这是我今天听了一整天以后脑子里面跳出来的一个想法。社区设计是不是只是停留在空间设计，还是对整个社会治理的总体发展规划设计。嘉定远景规划师是注重一个全面设计的过程。这个过程当中，社区花园也好，社区治理也好，包括我们每个人，是不是要以一种跨界的、开放的、包容的而且明确的责任主体。感觉听下来，大家的责任主体似乎都是社会组织，或是高校或是在座的，如果这样的话并没有做到全社会的动员。我们社会治理是社会的动员，全社会的参与才是目的。

还有一个资金的投入，所有过程当中，大家都回避钱的问题，这恰恰就是我们政府在推动过程当中最关注的。嘉定这几年在推第一个参与式共建，这个参与式共建是我们整个家庭社区共赢的过程，这个过程当中通过参与我们有了动力营造，包括我们昨天的蔷薇艺术节，在这个过程当中，政府几乎没有投入钱而是激发居民的活力达到我们社区环境的美化，后续社区安全方面怎么样一步步做。

第二做好社区共治才可以做好我们的内升活力，第三怎么做好我们的共享。我们是一个共同体，共同体怎么样生长，我们去做好一个整体性的共享。政府是决策者，你如果不了解基层的情况，不了解高校的情况，不了解学院和第三方的情况，你怎么做政策出台，你出台的政策都是书面的，从书面到书面不可行，我们希望了解最基层最前沿第一线的需求才可以出台一个真正有效有用的政策来推动。

黎海涛：我们要怎么营造可再生的世界，创建这样的社区和社区花园。这个可再生的社区最关键的模板是什么，我们现场做的是社区里面参与到生态部分的建设，比如生物多样性的恢复，整个土壤的恢复，城市土壤的恢复，这是生态部分在做，接下来是社区营造的部分，刚才刘老师说亏了200多万，这是经济的部分，然后还有文化的部分。现在四叶草堂从社区部分在做，做社区营造、经济的部分，然后再形成整体的可再生的社区的文化的部分，会形成一个整体的脉络在里面。所以如何创建可再生的社区，可再生的世界，一定要从这四个维度做延伸和更深度的连接。这里面会讲到在城市里面的部分，因为我经常在城市和乡村之间串联，在城市里面有很多不同的社区营造，有经济部分很厉害的、有文化部分很厉害的、有生态部分很厉害的、也有社群部分很厉害的，这四个维度不同的人群做的不同的部分一定要联合起来形成一种共识的价值观。也就是如何使这些构建的社区部分形成一个可再生的世界的价值观里面来才可以形成真正的社区。

孙虎：我说一下，我一直在听。因为我是做设计的，现在带着1 000多位设计师，实际上李迪华老师对我影响很大，每次李老师讲的批判性的东西在我们那里发生得很多。学者的价值真的就出来了，每次他讲了都让我重燃激情。一开始我不理解他，随着时间的推移我越来越有感受了，包括刘悦来老师也是。因为我接触过这样的项目，真的是不赚钱，或者目前这种乡村建设不赚钱。我做设计，以前也不太谈钱，但是后来人越来越多了，说实话我决定看钱了，我知道开公司做企业如果不谈钱只讲情怀的话就是耍流氓，我一定要赚钱。后来我也发现，随着设计师年薪越来越高，我对设计师的情怀越来越浓，他赚的钱越来越多想做的事就越来越多。有了钱之后就更想做一些有情怀的事情，这是成正比的。不一定说富人的游戏，他可能各个方面接触的更多，不是为了养家糊口天天奔波。

我也在思考这个问题，我关注这些是想研究设计的未来。我们原先只是视觉，只是看，到现在开始关注空间，开始赋能，我们说对社区功能赋能。现在我理解我真正的核心或是社区花园的核心是解决人的问题，我觉得做设计的意义就是在做人的问题，我所设计的空间能够连接人与人之间交往的可能。我看到社区营造连接了更多人，让很多人参与进去共建和共享，这个非常棒，这一块对我启发很大。所以我想如何把我们做的这么大范围的公共建设也好、房地产建设也好，能不能让更多人真正参与进来，我大概有这么一两点想法。

第一，我觉得咱们现在做的社区营造应该有80%是在老旧社区里面，但是新的社区没有关注，所以我想，我的理解应该是在星火燎原，通过下面的星火燎原往上燃烧。能不能我们提前就是新建的社区能不能在摇篮里面开始植入参与的概念，不要让它等变旧以后再回去救它。过了很多年之后这些新社区也变成旧社区了，再进行社区营造，让更多人参与，我想这个问题能不能在摇篮里面设计。

前段时间我跟开发商谈参与这个概念，我们能不能做一块预留，留一个白，将来多少年之后可以开展这项工作。因为我们做房地产新的项目不是你一上来就有人，都是一些新的，逐渐的人员增加，然后再建设。所以我想这块应该是有一定的空间。

另外一个，我也想看到会不会出现刘悦来老师出的那本书已经产生作用了，会不会出现更多各种各样的轮胎，我指的是我们的手法，是不是有更多的做法。因为我们做了很多美术馆这样的东西，这个东西我们能不能也在参与方面有更多的多样化，更多的方式去呈现。

山崎亮：我不能说大家说的话我都理解了，这可能是我的问题，但是我还是想做一些自己感想的发表。最开始我们听到秦畅老师提到的这个事件，可能我也没有把这个事件的原委说得很仔细，他们捕捉到一些细节，作为一个业余者跟一个所谓的专业者这里面的一些差异，到底专业者是否是真的专业者，我其实是在有一定的背景下听大家的这番话。听着这番话我画了这样一幅图，是一个三角形，上面非常尖，下面是生活者，往上走一个一个台阶走上去人数越来越少，到顶尖就是非常专业的人。在我们社会上社区里面会有各种各样有趣的专业者，比如说有卖菜的专业者和其他有趣的专业者，我们跟他们一起做社区设计的时候，会发现不是一个角会出现，而是各个方向都会辐射出来各个方向的专业者，之后就会成为这样一幅景象。这个是想说，如果大家都去向了专业的方向，专业者跟专业者之间就产生了距离。比如说这边的警察跟这边的医生去到了专业的方向，然后就离得更加远，就没有办法对话了。但是在哪里他们相连呢，就是他们的根部。所以我认为，能否在这个根部在这个核心的部位跟大家有更多的交流，这个部分才是最关键的。也就是说，就算你是一个专业者，你能不能下到生活者的这个层面跟其他人连接，这就可以看到你是不是可以做连接的人。这是我的第一个观点。

第二个观点就是你以为你想下来就下得来吗？我们来一个日本式的玩法，剪刀、石头、布，大家一起玩一下。我会说剪刀石头布，我先出手，大家不要跟我一起出手，等到看我出手之后再出手，大家一定要赢我，所有人一起来。我们先尝试一下，把你的右手举起来，剪刀、石头、布。好，我们接着来，一定要输给我。输有点难，有没有觉得很难？有没有觉得你一直还是在想赢我？

（注：山崎亮老师的这个游戏，是我当晚感受最深的，久久不能平静，至今，很多话都忘记了，但是这个体验还在）

所以你已经成为一个专家之后，要真的可以放得下来，把自己变成普通的生活者真的是非常有难度的事情，你越专业越难。

我来分享第三个观点。还有一个现象大家有没有发现，当我们一起玩游戏时给我们做记录的伙伴儿，他们在玩游戏的时候都停下了手，因为这是很难记录的一件事。只有体验留在了我们身体之内，就是这种想下去但是下不去的这个难受的感觉留在了我们的心里，只剩下这个体验的感觉。但是其实我们经常会把社区设计、社区花园、社区营造到底去到一个什么方向，给它定很多的基准，很多的条条框框，好像可以把它保护好一样。如果我们在做社区营造的过程中，跟某些人发生争执和不愉快，我们又去协调再调整，最后又到了一个可能比较好的位置，但是这整个过程能够很好地被记录下来吗？所以我认为，如果大家也可以认同这样的真正的社区营造社区设计的价值，并不是普通的数字跟言语可以去表达出来的东西的话，我相信我们更容易下到生活者这样一个平台去。

我其实也是一个学校的老师，我也在一个领域可以算作一个专家，但是我也会有这样的困扰，就是我很容易把一些东西数字化，将它做总结。好像我们这个房间就是做博士学位答辩会的场地。虽然我也做这个事情，我会告诉很多学生你们做得怎么样等等，但是我并不相信这个行为。我认为，就像刚刚我们体验的一样，有没有共同的一番体验是非常重要的，如果没有或是在我们工作过程当中没有一半以上这种体验的存在，可能这样的工作就变得很难。就像我刚刚有一些人员发言说到有一些彷徨和新的困惑出现，到底居民的主体性怎么样可以浮现出来，只有在把我们专业性不断往下降的过程当中才有可能看到他们的主体性慢慢地提升上来，这就是大家刚刚所体验的那样，是非常难的事情。所以我们现在不用再聊下去了，咱们去喝一杯吧。

饗庭伸：听了大家这么多的感想，我有三点想要给大家做一下分享。

TOP、BTM这个词我们是不是经常用，可能大家有时候会把它看作是两种不同的形式，但是其实这是一个世界的语言，因为有TOP就会有BTM。比如说我们在一个社区里面对于一些比较普通的居民说你是不是生活在底层的居民，一定会怎么样，他会很生气，我是？你怎么可以这样说我。

其实我是想说，就像是我们把政府看作是上，把市民看作下一样，其实我们改变一下我们对这件事的视点和看它的角度，会有不一样的启发。这样其实非常简单，怎么做呢，就是把它横过来看。如果把它横过来了，它们就可以连接起来了。

在日本也经常有上下之说，我们会发现政府里面特别有趣的一些要员，也会有居民里面非常有领导力的居民，我认为在这里面如果建立起很好的网络关系，会是非常好的方向，所以希望大家可以试着把原本上下的结构拿掉一下看看。这是第一个跟大家分享的。

理论、案例还有手法，这三个词我们中国也有吧。在日本社区营造怎么变得越来越走到前面来的，听了大家今天晚上的这些分享，我开始想起来了。大家在座的可以想象一下，可能会有一些伙伴认为是不是因为有理论的形成然后才可以更好地推广出去了？但是其实并不是这样，更多的是案例跑在前面，这个案例特别的好，我们去看，我们去学，一般这种情况是跑在前面的。然后接着会发生什么呢，他们好像都做的很好，我们去学，不如我们也模仿，在自己的土地上试试。所以我认为，并不是说从理论开始往下走，而先是从行动开始。我听了今天这么多人的分享，已经看到很多有趣的手法了。什么是好的手法，好的技术，什么是不好的呢，如果是好的手法的话，可以诞生非常好的理论，比较好的状态就是大家一边做一边把这个手法总结出来再提炼成理论的方式。我不知道作中国是怎么样的顺序，我现在分享的是日本的情况，比较好的案例出来，大家去试验去试错这种方式是比较好做的。

人、计划、顺序这三个词，刚刚大家提出一个问题，社区营造社区设计怎么样评价它呢？我觉得这个回答是非常简单的，就是这三个词。比如说在座的有很多设计出身的人，作为一个设计师，如果能做出一个好的策划，一个好的计划就是一种成功的方向。这个计划大家也可以理解成Design，我不想把它翻译成设计，因为它有不同的概念在里面。比如说大家一起去做各种试验，然后真的做出一个比较舒服的椅子。还有一个评价的基准，我觉得是顺序，就是怎样一个走向会让这件事情往更好的方向推进，这个顺序我认为也非常重要。日本的政府方是非常在意这个顺序的，到底我们的工作坊有没有成果，是不是在工作坊之前更好的招募到了人，会有比较好的一个流程在那里，而它也会成为一个成功的关键。特别是我们中国的体制下一定要注意这个顺序的。还有一个判断的基准就是人，整个过程当中有没有真的是非常积极的、真的在做一些好的行动的人出现呢？

我认为这三点当中最最核心的是人。这三点里面有任何跑在前面其他一个落在后面都是不太平衡的状态，这三者一定是一起往上走的方向才是更好的。也就是要有好的人，有好的设计计划、也要有好的顺序。这里有一个箭头画在上面，上面是空白的状态，这是想说明，这个东西要在有人的基础上才会出现，而不是前期去把它创造出来的一个东西。这可能是这里的人会有生活的更加美好。所以我认为，社区花园并不是我们做这个事情的目的地，而只是其中的一个手法，只是一个过程而已。所以这里有一个更大的目标在上面，而社区花园是在下面的一个阶段。

当然我们做一些好的景观出来也是非常重要的，这个过程我们可以把它的视角看得再远一点，怎么样才可以有一个更加好的街区跟社会，把这个作为我们的一个终极目标来看的话，方向性会更明确。虽然山崎亮老师说了我们不要再说了，我们可以去喝一杯了，但是我说的还是有点长，不好意思。

刘悦来：非常感谢大家，今天这么长时间大家在这里，当我们每个人发表自己观点的时候，不管前后顺序，尽管刚才山崎亮老师说顺序很重要，我们今天发言的顺序没有那么重要。从某种角度来说大家都有一个逻辑在里面。山崎亮老师讲到体验感的时候，其实无法用数据用指标衡量的时候，对我有很大的启发。在做学术研究和政府工作考核的时候往往都会有一系列的指标和数据考核，我们也会自己设定一些这样的指标，因为没有这个很难考核。而人们的生活很难用指标考核，虽然我们说所有的专业者在根部可以相互理解取得共识，这种情况是非常难以用一个标准去控制或是解释清楚的。这也恰恰是我们山崎亮老师为什么提出叫社区设计这个词。我觉得这可能是它的魅力所在，我们一直很难界定它，大家会在这个当中不断从各方面去实践，不要排斥任何东西，我们得出一个很纯正的什么叫社区花园或是什么叫社区设计，我觉得都很困难。至少我自己觉得都可以叫，有的翻译成社区园圃、社区农园，我们叫社区花园，没有把它翻译成社区农园，因为这是中国文化的特点，如果带一个农字的话，尤其像城乡结合这一部分就很难做，所以当时就想叫社区花园，这是我们一直坚持叫社区花园没有改变的原因。这是为了更好的让大家理解这个事情，更好地在当下被接受。也许后来会变成社区园圃，但是社区花园的特点一直没有改变，社区花园基本代表的意思就是一种广泛的让大家协同参与的，而且是有内在自发性的特点。就像我们讲的有自组织的基因在里面，所以大家会有一些观点，但是不一定要明确的。

如果再进一步去说的话我非常赞同阿甘的，我们前面搞过一个社区营造的道、法、术、器，如果再说社区花园还有道，它在方法上有哪些方法哪些路径，术上有哪些技术，哪些是可以成为我们进行更多学习的，或是参考的范式，我们后面再详细的去讨论。之前我想写一个共识，但是后来我决定放弃，因为这还是要大家讨论才行。

秦畅：你们都是行动者、实践者，都是在其中的人；我做媒体人这么多年，今天听了之后，感觉我这个媒体跟大家不一样，我们跟市民的连接还是非常紧密的，这是由我这个节目的特质决定的。刚才日本朋友说的一句话很好，他隐晦的提到今天在中国的背景和环境下，行动比什么都重要。你们都是行动者，你们已经在行动了。我觉得所有的做都可以变成一种力量，只要你们今天在你们不同的领域当中，用你们理想的方式也可以，在经济链条有自己的方式也可以，用公益的方式也可以，像我们中央美院的老师，我对自己生活要求不高，但是我可以获得内心的富足和安定，你也是有得到的。各种各样的方式方法今天只要做就可以推动，你们今天只是通过一种方式来做社会构建和社会营造，还有各种各样的手段，其他人也是通过不同的路径，你们是建筑师和设计师，还有很多的社工，还有于海老师他们这样的社会研究者进入到社会的基层。今天发生的不仅仅是自上而下，自下而上的已经开始了，对这点我是充满信心和希望的。为什么我作为一个媒体人希望你们连接起来，因为这个过程当中你们资源共享，你们会彼此鼓励，你们彼此连接起来就会形成力量。我们这个行业里面还连接不起来，我觉得你们的路会走得更好。

我今天感受到你们是非常开放、非常多元、非常包容的，非常乐得见到各种各样的手法也好，方法也好，能够在这个领域当中带领大家突破、试错，这是最有价值的。我愿意作为一个媒体人，在我的范围内为你们鼓劲。

推荐阅读

1. CAUP思享|“共治的景观美好的社区”2019首届上海社区花园与社区设计国际研讨会

2. 上海四叶草堂社区花园的实践和探索

3. 花开上海2040社区花园计划

4. 生活不可能是别的，因为生活就是爱

5. 火车菜园|第一所魔都市区中的自然学校

6. 创智农园|繁华都市中的桃源秘境

7. 可参与式景观设计——从空间生产到社区营造

8. 想自己做社区花园？萌芽计划来帮你

在感动中战战兢兢地继续前行

梳理思想、整理书稿是一个焦灼的过程，当你刚刚坐下的时候，微信不停跳动，一个电话打过来，一封封的邮件，还有不停的各种催PPT，一些褒奖，各种质疑……这是一个信息扑面而来，需要你去删选的时代，作为一个侧重实践和行动的团队，这是一个常态，我们不是在社区花园，就是在去社区去花园的路上。这里补录一些最新的动态。今年8月份，我们团队正式入选阿拉善SEE劲草同行伙伴，并成为该计划有史以来支持导师最多的团队，我们团队小伙伴为此感动而欣喜不已。而就在10月的世界城市日，2020年度《上海手册：21世纪城市可持续发展指南》（联合国人居署、国际展览局、中华人民共和国住房和城乡建设部等）发布，四叶草堂倡导的SEEDING行动和上海黄浦滨江岸线开放还江于民，共同成为全球案例。SEEDING行动还是中国唯一入选本次社会篇的案例，案例主笔昭吟老师一点一滴、一字一句的撰写和修改，最后总结的“**只有当这个集体行动是基于市民自发的串联，才是真正的回应生命的召唤——自发，是生命本来的轨迹**”。所以我们一致决定在本书最后，一定要一字不差地附上SEEDING案例的全文，既是致敬昭吟老师，也致敬多年来一直关心支持并在理论上给予关键营养的于海教授，还有超过1 000位没有见过面的SEEDING行动者们，正是你们的一点一点的行动，点燃一个一个的阳台、楼道、楼下，进而产生一个一个迷你的社区花园，真是让人欣慰。也正是在10月份，创智农园迎来了《三联生活周刊》评委的现场评审，我们团队的“花开上海——上海社区花园系列公众参与公共空间更新实验”入选了首届三联人文城市奖入围奖（最终案例正在评选中）。就在评委来之前，我收到了“都市实践”联合创始人王辉老师的信息：“你们一定要认真准备下，你们得不得奖不是你们团队的事，是中国当下城市化价值路线的事。”感动至极！后来，三联官网发布了对我们项目的评审意见：**“花开上海——上海社区花园系列公众参与公共空间更新实验”是非常罕见的设计师改变一个社区、乃至一个城市的案例，而且改造的对象是无比庞大的魔都上海，改造的手段却是无比纤弱的社区种植。然而正是这种四两拨千斤的方法论，精准地找到了城市化的阿喀琉斯之踵，逆转了在消费主义时代人被城市化的异化，使城市的冗余边角空间能够有效地变成市民消费日常生活的场所。刘悦来老师的团队不仅仅是一个设计的主体，同时也是一个实施和运营的主体，通过一种公司化的可操作模式，保证了他们的“社区花园”理念的落地性、推广性和可持续性。这也为知识分子型设计师实现社会理想提供了一种范式。**

这么高的评价，无论是否最终入选，都是莫大的荣誉，实在是战战兢兢，我们唯有百分百努力探索与实验，才能对得住各位的关爱与支持。感谢四叶草堂团队的小伙伴们，正是你们这么多年不离不弃的共同奋斗，我们才看得到社区花园的今天。感谢各个合作的企业、政府和社会组织的伙伴，是你们的包容和支持，才有社区花园这样的微更新微治理实验的开启。感谢各个社区的居民和商户，是你们各自对社区的爱，才使得社区花园生活得以成为可能。感谢首届社区花园国际研讨会的各位嘉宾与参会者，是你们的智慧奉献和共建，才有本书的关键内容。另外特别感谢你们的包容，因为突如其来的疫情，因为我们团队为了生存而精力难以聚焦，本书的出版一拖再拖，实在对不住大家，这里也特别请求谅解。感谢同济大学、建筑与城市规划学院和景观学系领导，首届社区花园研讨会和本书的出版也得到了院系科研和出版基金支持。感谢合作伙伴山水比德集团的支持，在论坛经费不足的情况下，赞助和支持使得本次研讨会和展览得以顺利举行。感谢媒体记者伙伴们，没有你们的深度报道和解读，社区花园这样的实践价值和意义很难被更多的人理解，也难有推广的机会。最后，感谢许俊丽、曹书韵、尹科娈的辛勤付出，感谢刘锟山同学的精美插画的支持。

刘悦来、魏闽、范浩阳

2020年11月于创智农园

附：上海SEEDING
SEEDING行动：重建信任，种下希望

案例背景

2020年1月24日前后，全国31个省区市启动重大突发卫生事件一级响应，景区、公园、博物馆、演艺厅、社区活动中心、地铁、公交、商场、餐厅、酒吧等凡是能产生人群聚集的活动场所基本关闭，全民居家防疫。封城中，城市和乡村的每一个路口和出入口都布置了体温检查站；社区门禁森严，非本社区居民不得进入，居民在社区开放空间闲荡会被巡查人员劝回家。社区是防疫第一线，公共治理最基层的社区居委会启动了前所未见的权力高度集中的"战时"机制，既获得居民的共体时艰支持，也无可避免地存在治理张力。防疫紧张气氛、疫情趋势无法预测和居家隔离，人们之间一方面产生了隐蔽的"敌意"，另一方面又渴望温暖的拥抱。

3月份，深陷疫情中的意大利阳台音乐会视频疯传社交媒体，表达着公共生活的珍贵；当人们无法交头接耳时，起码也要鸡犬相闻。4月份，提琴双杰之一的斯蒂潘·豪瑟在其家乡克罗地亚的普拉竞技场举行一场名为《独自，一起》（*Alone*，*Together*）特别音乐会，当终曲医护、社工、警察一一摘下口罩之际，屏幕前的人们潸然泪下，稍得平静。与此同时，上海正在悄悄地开展一个没有狂欢、没有泪水的计划，它不是一场活动、一次疗愈，它回应疫情因果论而试图创造"地球意识的社会连接"，这个计划名为社区花园SEEDING邻里守望互助计划（简称"SEEDING行动"）：重建信任，种下希望。

实践过程

1. 发起：四叶草堂

2020年2月中，推广社区花园多年的四叶草堂在上海发起SEEDING邻里守望互助计划。四叶草堂成立于2014年，致力于城市中可体验的、公众参与的绿色空间。一方面提倡在种植中体验生命过程——种子破壳发芽的脆弱苦楚，苗株生长的生命力，花朵绽放的惊艳，以及土壤本身也是生命——甚于城市绿化和收成食用的简单功利性。另一方面将种植营造为共同学习，拓展为社区花园的参与式设计和自管理，让生活在城市中的人能善意地感知身边的环境和人的存在，由此建构公共性中的温柔——也许你不喜欢雨天，但你依然会感谢雨水滋养了植物与其他生命；也许你喜欢干净，但你也会捧着有着小蚯蚓的泥土开怀大笑——当人们关照这个匆忙世界的方式开始变得柔软起来，城市的公共治理也会因此更有生命力。

带着这样的愿景，截至2019年底，四叶草堂在上海运营着创智农园和火车菜园2个社区花园基地，承接政府的服务采购和社区居民共同设计营建了88个社区花园，此外还培训超过200名街道办事处和居委会干部，协助其共建共治超过600个社区花园。

2020年2月初的元宵节本标示着中国农历新年的结束，人们又将回到工作岗位全力冲刺，四叶草堂亦然——创智农园将转移给社区组织自运营、自管理，春末的创智农园和火车菜园将迎来一批收成，社区花园的生态种植技术和公共管理要进一步推进，参与式规划设计培训有待执行。然而，防疫下的社区花园却冻结了——好不容易建立起来的种植伙伴关系里有了一层怀疑的张力，而为了个体安全，

你不可能天真地呼吁大家捐弃恐惧互相拥抱——如何使社区花园以一种适应防疫的方式重新活过来乃至走得更远更深，成为了四叶草堂的当务之急。

2. 标语：重建信任，种下希望

在防疫导致的人与人不信任和对疫情的恐惧中，“重建信任，种下希望”这一愿望应运而生。在这个阴霾的春天，四叶草堂的SEEDING行动意欲借助种子的播撒，使得宅家防疫的人们在窗边、阳台、露台、楼道都能看到春色破茧而出的希望；同时借由种子分享作为媒介，促使人们一点一滴地突破心防，成为携手防疫的共情经验，为社区关系更良好的发展打下基础。

3. 定位：最后一米，社区花园内卷入阳台花园

如果说社区花园解决的是“最后一公里”的社区参与，SEEDING行动试图解决的便是“最后一米”的近邻信任。疫情使得四叶草堂产生新的视角：原先被视为私人空间的阳台，能不能和小区绿地、城市公园一样，都是城市生命的基础设施？是否无论在哪里、无论规模大小，只要是由居民共同参与建设的花园，就是“社区花园”？于是，社区公共空间从社区花园内卷入阳台花园与近邻的穿梭连接，看似尺度缩小内求小确幸，实则更需突破自我的边界防御，内化无边界/少边界状态——当人们在一块被指定的公共用地上共同种植时，公与私的界线十分明确；当人们使自己的阳台花园向楼道、向门前荒地渗透时，家与近邻的边界必须有所突破，公私的二元对立变成公中有私、私中有公的暧昧关系。然而，暧昧难道不正是多样性交织的生命力和美的特征吗？

4. 行动：积极行动者

一个需要突破边界的计划，须有积极行动者开始实验，打响第一枪。行动的第一步是组建园艺爱好者的线上社群，以从中寻找积极行动者。基于社区花园的实体积累和知名度，社群成员主要来自过去六年社区花园实践中的志同道合伙伴，其次是疫情期间渴望社会交往的居民。乐于给予是积极行动者的特征，他们主动付出、不计较、乐在其中，以一种感染力活跃社群氛围。当积极行动者浮现时，如何使积极行动者过渡为组织者，是行动成为计划的关键。因为，倘若缺乏组织化能力，乐于给予若非成为奉爱善行，便易成为被搭便车滥用的公地悲剧。

SEEDING行动的积极行动者中，张永梅最为四叶草堂津津乐道，并被昵称为“超级行动者”。张永梅是一位从事文化交流传播工作者，平日打理自家小院，参加SEEDING行动后在小院里用颜料把废弃自行车装扮成种子接力站（图1)，分享种子和收成；从善如流地接纳四叶草堂建议，向邻居开

图1　张永梅小院的自行车种子接力站和她的邻居们
图片来源：张永梅

放小院，并多次举办社区导赏和邻里交流活动，原本陌生的邻居因此有了认识交往机会。又因同属SEEDING社群，张永梅得以结识居住在同一社区的一对建筑师夫妇，他们商议着邀请邻居一起动手改善小院前的公共绿地。

这就是SEEDING行动的生命性特征：在适当的引导下以一种自发的秩序发育。所谓引导，即如物种生存繁衍的栖地。作为计划发起者和总组织者，四叶草堂的引导是给予积极行动者组织化的支持，并将其路径整理为个案以为更多伙伴提供经验借鉴。

5. 感知春天：鼓励播种

拥有社群的行动不是指挥别人干活，而是创造氛围、创造感知，因此SEEDING行动的第二步是鼓励播种。播种的首要条件是获得种子，手上已有种子的居民可以直接在自家的阳台或者楼道里开始种植，没有种子的居民首先是收集种子。种子来源有：在社区的土地上找寻到掉落的种子；从日常食物中获取种子，如草莓、土豆；向邻居发出征集种子的信号；向社区花友会、绿植队、社区花园寻求支持；SEEDING也提供一些居家自制种子的攻略。而后是播种。随着大部分地区的复工，SEEDING的“10秒撒种法”教大家如何利用上班、买菜、遛狗时，在社区荒废闲置空间“顺手”播种。

无论阳台种植或荒地撒种，SEEDING提供不同种类的植物养护方法和指南，并且提供线上的指导和问答，以期社群成员的播种能让更多邻居们看到春天的力量，感受到土地和种子萌芽的疗愈力。

6. 规则：以种子为媒介的无接触社会交往

第三步是将播种与社会交往互相绑定，种子的收集、种植、分享和再收种都是链接人与人的过程。为适应疫情，无接触的社会交往成为一项挑战。为此，SEEDING进行了一系列实验。首先是推出“移动种子方舟”（图2），给已经开始行动并链接到10户以上邻居的社群配送种子和全年的种植指南。其次，在位于开放街区的创智农园启动无人值守的“种子接力站”，将火车菜园的有机作物收成整理成50份种子蔬菜包，供周边居民和企业员工以家庭为单位免费领取一份，领取人须留下自己的信息，种子用于参与SEEDING行动，植物用于分享或留种。最后，基于创智农园的种子接力站实验经验不断调试升级，使种子接力站成为更方便好用的传播媒介，向积极行动者及其所在社区推广。

图2 社区儿童参与制作移动种子方舟

图片来源：孙小样

7. 工具：种子接力站工具包

有规则还要有技术，以使规则更为有效。为此，SEEDING尝试研发种子接力站应包括哪些元素。最初是提供与陌生邻居互动的小工具，如便签纸、种子信封、种子投递等，以便利成员们将植物分享给邻居。接着有几位积极行动者在社区自制了简易种子接力站（图3、图4），多次实验如何降低成本、避免被清洁人员当作垃圾扔掉、置于何处更能吸引人们驻足、如何激励取走种子的人留下信息等。

在简易种子接力站的实验经验上，SEEDING集结上海和广东7位设计师组成共创小组，设计了种子接力站工具包（图5），内容包括：告示板、20份种子袋、参与者申请表、投递箱、21天社区互动行动建议、种植指南、种植盆栽以及其他配件。工具包生产100套，首批用于近五十个社区站点。出于成本考虑而选用纸质材料的工具包只能用于室内，一些社区便提出在自己的社区花园中有一永久性种子接力站装置的愿望，以便种子的分享和保存。于是共创小组将三轮车改装为“移动种子接力站”（图6），骑行巡游社区，主动和路人互动介绍SEEDING行动，探索社区性的装置如何建构人与场所的关系。该装置于7月18日参加名为“回家”的全民创作公益展，于公众视野公开亮相。

图3　积极行动者刘锟山自制的环保鸡蛋版种子接力站

图片来源：刘锟山

图4　积极行动者Sandy自制的卡通手工版种子接力站

图片来源：Sandy

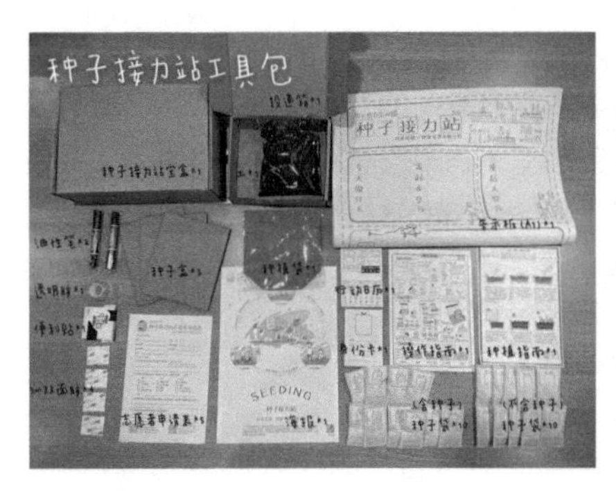

图5　种子接力站工具包

图片来源：尹科娈

图6　“回家”展场中的移动种子接力站

图片来源：何志森

8. 抛砖引玉：社群内外的滚雪球成长

SEEDING不是一次性活动，如何使组织起来的社群保持日常活力并自我演化，是生命取向的SEEDING行动有意追求的静默的力量。社群内部要建立的是自我赋能机制，SEEDING行动一方面将组建社群的线上沙龙以两周一次的频次常态化，聚焦于种植技术、社区花园设计运维、社区花园案例介绍和社区规划理论等方面的能力建设；另一方面组织线上线下联动的活动，以增加社群成员间的社会黏性。在内部赋能和增加社会黏性的过程中，进一步挖掘积极行动者，鼓励其主动成为分享者、协力者和组织者，推动SEEDING社群的持续运转。

即使认同度很高的社群也应保持边界开放，迎接复杂的演化可能。SEEDING行动进行过程中，获得了园艺公司、木工厂、短视频拍摄平台、官方媒体、民间媒体、社区营造圈、景观设计圈等提供种子、苗木、木料、视频录制、宣传推广、共谋共建等的支持，截至6月已在全国范围内得到了华南、北京、天津、西南SEEDING联盟的响应。

问题分析

1. 城市文明从疫情到后疫情，应不是安抚而是转化

新冠病毒疫情是全球化资本主义将消费主义发展到极致的一个结果，不是“地球母亲对人类疯狂报复”的剧情大片，而是人类文明转化且必须转化的契机。所谓转化，不是危机处理的安抚策略，也不是人为地设计一个新的“XX主义”作为转移，而是直面现有文明的短板——二元对立下的全物种生命意识缺失——重建我们回应生命的觉知，从而自然而然地衍生无界的包容。

2. 必须在日常生活中即可体验到地球生命，从而转化为觉知

生命意识无法来自说教，只能来自经验，而且必须是日常生活中即可获得的体验——将无意识经验点亮为有意识的觉知，转化方为开启，成为黑暗中不灭的阑珊火苗。SEEDING选择将种植作为日常生命经验的道场，因为从种子到巨树，其本身就是一个由内而外的生命过程；同时，植物与我们的关系密切，不只在一呼一吸中与我们交换氧与二氧化碳，也作为食物以其生命滋养着我们的生命。

3. 需有实体在无接触条件下传递，犹如信物

疫情使得生命意识更为敏感，同时也使得生命体验更为脆弱——人们比过去任何时刻都更须同时拥有“独自”和“一起”。“独自，一起”需有实体物作为媒介，传递和显化无接触下的“一起感”，如同情人或知己或秘密任务的“信物”。SEEDING所设计的信物是投递信箱的种子包和无人看守的种子接力站；在人人皆为可疑病毒的疫情紧张时期，持续可见的SEEDING信物犹如神秘的“情书”，撩拨着人们心中的社会交往之爱。

4. 衍生为自发的集体行动，方为具有社会转化意义的城市文明

个人的生命意识转化如无社会交往，便只是独善其身；社会交往若没有成为有意识的集体行动，便不足以推进文明进程。集体行动的组织方式若仍依赖权力集中的发号施令，那么这个转化就是不完整的、不彻底的、言行不一的。只有当这个集体行动是基于市民自发的串联，才是真正的回应生命的召唤——自发，是生命本来的轨迹。为了涵养自发的集体行动，SEEDING在种子接力中设置了群组化[1]要求，以促进每个人都可以是积极行动者；并通过线上线下共学的常态化运作，以提升种植技术能力、生命感受力、组织能力和社会黏性。

经验借鉴

1. 生命取向的社区发展方式

相对于机械主义的蓝图取向的社区治理，SEEDING实践的是生命取向的社区发展方式。SEEDING行动的生命取向不来自于宗教、学科、理论，它从对生命的直接理解入手，实际是回应生命的召唤，在社区发展中重置生命本来该有的样子——由内而外的转化，你中有我、我中有你的交互穿透，边界的不断突破，充分的投入，学习的喜悦，自发的善意，温柔的力量，渐进的演化，无界的包容。重置的途径是“真实经验—种植—显化生命现象”，此时种植的深刻意义远超碳排放和生物足迹的量化度量。

2. 赋能和演化的过程

当社区和城市被看作是生命体，它便是生长的而不是组装的，是过程而不是产品。生命永远会面临不确定性，我们能为生命所做的不是控制不确定性，而是使生命具有适应不确定性的能力，在变局中保有优雅、尊严和喜悦。SEEDING是社区花园项目因应疫情而生的变种，更是一次面向未来的行动——疫情不是特殊事件，不确定才是我们所处的社会常态，从社区花园内卷到家庭阳台和近邻楼道，是借着疫情的隔离契机，过滤纷杂的社会强加，有意识地探索和学习“独自，一起”的冷静、独立、善意、合作的能力，以个体和家庭的生命力，保障社区和社会整体的韧性。在这个意义上，评价一座城市、一个社区、一个项目的标准，不应再只有“成果”一词，而还应看过程和能力的动态性。

3. 一次一个步骤一个实验

生命的发育有造物主设定的秩序和步骤，能力的涵养亦然，它必须在真实世界中通过经验积累，而不是来自于逻辑推演。那么，推进城市文明进程的路径，便需在真实世界中探索，攫取机缘，一次一个步骤、一次一个实验，如此才能逐渐揭开城市生命体的奥秘，找到它的规律，臣服于它并驾驭它。

1 群组化：将具有相同特征的人按照一定的组织化规则，连接成有一定共识的群体的过程。

SEEDING行动证明了“一次一个步骤一个实验”的正确性以及步骤顺序的重要性，因为只有这样才能有抛砖引玉之效的展开过程，从而衍生滚雪球的资源聚集。遵循生命逻辑的对立面，是商业利益瓜分的资源聚集，后者没有步骤顺序，没有实验，一旦利益不存在，资源便四下纷飞。

4. 政府服务采购向过程评价倾斜

可以说没有社区花园就没有SEEDING行动，没有政府服务采购就没有数量大的、符合政策法规的社区花园，由此可见政府服务采购始终是孵化社会进步的摇篮。然而，这也许只是上海市杨浦区政府运气好，采购了四叶草堂这么一支主动回应变局的有生命力的队伍的服务，因为政府服务采购合同存在低价竞标或基于科层主义规定了刚性量化指标，二者皆会压制服务提供的生命力。是时候适当调整政府服务采购的评价体系了，正是由于政府服务采购具有无可替代的孵化作用，其评价体系应向过程倾斜，以小而多的实验取代一次性大成果，重视一次次实验的演化而非一成不变的重复；也许更重要的是，购买服务的政府甲方应成为项目的共学者，使自身从权力取向转向生命取向。

注：本文节选自联合国人居署，国际展览局和上海市人民政府联合主编的《上海手册：21世纪城市可持续发展指南：2020年度报告》，社会篇主持于海教授，主笔刘昭吟老师。